观赏花卉图鉴

—主编—
徐晔春　邓樱

—副主编—
金风　田实

—参编—
朱红　曲志伟

Guanshang Huahui

Tujian

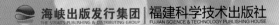

海峡出版发行集团 | 福建科学技术出版社
THE STRAITS PUBLISHING & DISTRIBUTING GROUP | FUJIAN SCIENCE & TECHNOLOGY PUBLISHING HOUSE

图书在版编目（CIP）数据

观赏花卉图鉴 / 徐晔春，邓樱主编. —福州：福建科学技术出版社，2018.8
ISBN 978-7-5335-5528-3

Ⅰ.①观… Ⅱ.①徐… ②邓… Ⅲ.①花卉—观赏园艺—图集 Ⅳ.①S68-64

中国版本图书馆CIP数据核字（2018）第014813号

书　　名	观赏花卉图鉴	
主　　编	徐晔春　　邓樱	
出版发行	福建科学技术出版社	
社　　址	福州市东水路76号（邮编350001）	
网　　址	www.fjstp.com	
经　　销	福建新华发行（集团）有限责任公司	
印　　刷	福州德安彩色印刷有限公司	
开　　本	700毫米×1000毫米　1／16	
印　　张	19	
图　　文	304码	
版　　次	2018年8月第1版	
印　　次	2018年8月第1次印刷	
书　　号	ISBN 978-7-5335-5528-3	
定　　价	68.00元	

书中如有印装质量问题，可直接向本社调换

前 言

　　花卉美丽的色彩、芬芳的气息，让人身心放松，精神愉悦，仿佛置身于自然环境中，由此消除疲劳、舒缓压力。同时花卉还可净化居室空气，改善小环境，有益于身体健康。因此，花卉深受人们喜爱。

　　我国有着悠久的花卉栽培历史，花卉品种繁多，花卉资源在国际上享有盛名，被誉为世界"园林之母"；加上国际交流日益频繁，国外的新品种也不断涌入我国，因此，在花市上、公园里、野外环境中，见到的花卉品种林林总总，其中有些品种难免不认识，更不知道要如何栽培。基于此，作者编写了此书，希望能为花卉爱好者辨识、鉴赏、种植花卉提供帮助。

　　本书收录花卉品种554种，其中一二年生花卉62种，常绿花卉66种，宿根花卉32种，兰科花卉22种，球根花卉40种，水生花卉10种，观赏蕨类8种，多浆花卉66种，棕榈植物6种，藤本植物76种，观赏灌木150种，观赏乔木16种。每种花卉用星级的形式标注种植难度、市场价位、光照指数、浇水指数、施肥指数，扼要介绍其形态特征、莳养要诀等，并配有精美照片。

　　在编写过程中，我们参考了大量文献。由于作者水平有限，书中难免出现错误和疏漏，敬请广大读者批评指正。

作 者

目 录

一二年生花卉

常绿花卉

观赏灌木

观赏乔木

一二年生花卉

醉蝶花
Tarenaya hassleriana

种植难度：★☆☆☆☆　　市场价位：★☆☆☆☆
光照指数：★★★★★　　浇水指数：★★★☆☆
施肥指数：★★☆☆☆

辨识要点： 又名凤蝶草、紫龙须、西洋白花菜，为白花菜科白花菜属草本，株高60~100厘米。掌状复叶，小叶草质，椭圆状披针形或倒披针形。总状花序顶生，花白色到淡紫色，蒴果。花期6~9月，果期夏末秋初。

莳养要诀： 播种繁殖，春、夏、秋三季均可。喜阳光充足及温暖的环境，对土壤要求不高，较耐热。生长期控制水分及氮肥的施用量，以防徒长，开花后停止施肥。如盆栽宜选择腐叶土或肥沃的菜园土。

行家提示： 部分品种植株过高，须设支柱防倒伏；种子成熟后及时采收。

欧洲报春
Primula vulgaris

种植难度：★★★☆☆　　市场价位：★★☆☆☆
光照指数：★★★☆☆　　浇水指数：★★★☆☆
施肥指数：★★★☆☆

辨识要点： 又名德国报春、西洋樱草，为报春花科报春花属一二年生草本，丛生，高约20厘米。叶基生，长椭圆形，绿色。伞状花序，花有红、粉红、紫色、黄、橙、白及蓝等色，花心黄色。花期秋冬。

莳养要诀： 播种繁殖，春至秋均可。性喜温暖、湿润及凉爽通风的环境，不耐酷热，生长适温12~18℃，土壤以肥沃、疏松的微酸性土壤为佳。忌偏施氮肥，以防开花减少。花芽分化时，不宜置于高温的地方，

行家提示： 叶面脆嫩，极易受损，施有机肥时不要污染叶片。

紫背金盘
Ajuga nipponensis

种植难度：★☆☆☆☆　　市场价位：★☆☆☆☆
光照指数：★★★★☆　　浇水指数：★★★☆☆
施肥指数：★★☆☆☆

辨识要点： 一或二年生草本，高 10~20 厘米或以上。基生叶无或少数，茎生叶纸质，阔椭圆形或卵状椭圆形。轮伞花序多花，向上渐密集组成顶生穗状花序，花冠淡蓝色或蓝紫色，稀为白色或白绿色。花期春季，果期秋季。

莳养要诀： 播种繁殖，春至秋均可。喜温暖及阳光充足的环境，生长适温 16~25℃。不择土壤，如土壤肥沃可不施肥。在生长期施用 2~3 次复合肥为宜，并尽可能置于光照充足的地方，以防生长不良，开花减少。

行家提示： 宜密植，上盆时应适当遮阴。

假龙头花
Physostegia virginiana

种植难度：★★☆☆☆　　市场价位：★★☆☆☆
光照指数：★★★★★　　浇水指数：★★☆☆☆
施肥指数：★★☆☆☆

辨识要点： 唇形科假龙头属多年生草本，多做一年生栽培，株高 40~80 厘米。叶披针形，绿色，叶缘具齿。穗状花序顶生，花粉色。花期夏季，果期秋季。

莳养要诀： 播种或分株繁殖。喜温暖及阳光充足的环境，生长适温 18~28℃。喜肥沃深厚土壤，耐寒性强。定植成活后摘心以促发分枝。肥料以氮、磷、钾平衡肥为主，10~15 天施肥 1 次，花芽分化时可增施磷钾肥。

行家提示： 植株如果过高，须设立柱以防倒伏。

朱唇
Salvia coccinea

种植难度：★☆☆☆☆   市场价位：★☆☆☆☆
光照指数：★★★★★   浇水指数：★★★☆☆
施肥指数：★★☆☆☆

辨识要点： 又名红花鼠尾草，为唇形科鼠尾草属一年生草本，株高60~90厘米。叶长心形，叶缘有钝锯齿。总状花序，花冠红色。花期春夏，果期秋季。

莳养要诀： 春至秋均可播种，种子喜光，播后不覆盖。性喜温暖及阳光充足的环境，生长适温20~28℃。土壤以肥沃的壤土或沙质土壤为佳。定植成活后摘心1次。土壤表面干后可补水，肥料以复合肥为主，可浇水追施，每月1次。

行家提示： 花谢后及时将残花剪掉，新株会继续开花。

蓝花鼠尾草
Salvia farinacea

种植难度：★☆☆☆☆   市场价位：★☆☆☆☆
光照指数：★★★★★   浇水指数：★★★☆☆
施肥指数：★★☆☆☆

辨识要点： 又名粉萼鼠尾草，为唇形科鼠尾草属一二年生草本，株高30~60厘米。叶对生，长椭圆形。花轮生于茎顶或叶腋，花紫色或白色，具芳香。花期春夏，果期秋季。

莳养要诀： 春至秋均可播种。喜温暖及阳光充足的环境，耐热，喜疏松、肥沃的壤土。定植后具3对真叶时摘心1次。保持土壤湿润，土壤表面稍干即可浇水。生长期每月施肥1次，以复合肥为主，花芽分化时增施磷钾肥。

行家提示： 花后剪除花枝，促其再次开花；摘心可促其花枝增加，也可延迟开花。

一串红

Salvia splendens

种植难度：★☆☆☆☆　　市场价位：★☆☆☆☆
光照指数：★★★★★　　浇水指数：★★★☆☆
施肥指数：★★☆☆☆

辨识要点： 又名墙下红、西洋红，为唇形科鼠尾草属多年生草本，常作一年生栽培，株高50~80厘米。叶对生，卵形。总状花序顶生，小花2~6朵，轮生，红色，花冠唇形。花果期5~10月。

莳养要诀： 春至秋播种，或扦插繁殖。一串红喜暖好阳，最适生长温度为20~25℃，耐高温。对土壤要求不严。定植后可摘心1~2次，促发侧枝，可有效增加开花量。在生长期应控制水分，以防徒长，开花减少。半个月施1次复合肥，开花前增施磷钾肥，也可间施鸡粪等有机肥，效果更佳。

行家提示： 在开花前温度控制在18~20℃，可形成良好的株型。花后及早摘除残花，可再次开花。

天蓝鼠尾草

Salvia uliginosa

种植难度：★☆☆☆☆　　市场价位：★☆☆☆☆
光照指数：★★★★★　　浇水指数：★★★☆☆
施肥指数：★★☆☆☆

辨识要点： 唇形科鼠尾草属多年生草本，一般作一二年生栽培。株高30~90厘米。茎四方形，叶对生，长椭圆形，先端圆，全缘或具钝锯齿。轮伞花序，花紫色或青色。花果期6~10月。

莳养要诀： 春季播种，多直播。性喜温暖及阳光充足的环境，对土壤要求不严，耐旱，不耐涝。定植后可摘心，促发分枝。喜稍干燥，土壤半干后浇1次透水。半个月施肥1次，有机肥及速效性肥料均可。成株后可对植株疏剪，促其旺盛生长。

行家提示： 植株干燥后香气浓郁，可用于制作香荷包，也可用于炮制香草茶。

银边翠

Euphorbia marginata

种植难度：★☆☆☆☆　　市场价位：★☆☆☆☆
光照指数：★★★★★　　浇水指数：★★★☆☆
施肥指数：★★☆☆☆

辨识要点： 又名高山积雪，为大戟科大戟属一年生草本，株高 50~80 厘米。下部叶片互生，顶端叶片轮生，叶卵形至长圆形或矩圆状披针形，全缘。枝梢、叶片边缘或叶片大部分为银白色。花小。花期夏季，果期秋季。

莳养要诀： 春季播种，1 个月即可移栽。性喜温暖及阳光充足，不耐热、不耐寒，有一定的抗旱性。定植成活后，当苗高 10~15 厘米时摘心 1 次，可促进分枝。在生长期保持土壤稍干燥。半月随浇水追施 1 次速效性复合肥或饼肥等有机肥。

行家提示： 种子成熟后需随时采收，以防落地；全株有毒，勿让小孩接触，以免误食。

凤仙花

Impatiens balsamina

种植难度：★☆☆☆☆　　市场价位：★☆☆☆☆
光照指数：★★★★★　　浇水指数：★★★☆☆
施肥指数：★★☆☆☆

辨识要点： 又名指甲花、小桃红、急性子、金凤花，为凤仙花科凤仙花属一年生草本，株高 60~100 厘米。叶互生，最下部有时对生，叶片披针形、狭椭圆形或倒披针形，边缘具齿。花单生或 2~3 朵簇生于叶腋，花白色、粉红色或紫色，单瓣或重瓣。花果期 7~10 月。

莳养要诀： 播种繁殖，春季为适期。凤仙花性喜阳光，较耐热，不耐寒。不择土壤，喜疏松、肥沃的中性至微酸土壤。定植成活后摘心，促其分枝。对肥水没有特殊要求，一般土壤半干时浇 1 次透水，20 天随水追施 1 次复合肥即可。

行家提示： 种子将成熟后及时采摘；植株基部刚开的花可摘掉，有利于枝顶花芽生长。

华凤仙

Impatiens chinensis

种植难度：★★☆☆☆　　市场价位：★☆☆☆☆
光照指数：★★★★★　　浇水指数：★★★★☆
施肥指数：★☆☆☆☆

辨识要点： 又名水边指甲花，为凤仙花科凤仙花属一年生挺水或湿生草本，株高 30~80 厘米。叶对生，无柄或几无柄。叶片硬纸质，线形或线状披针形，边缘具齿。花单生或 2~3 朵簇生于叶腋，紫红色或白色。花期初夏至冬季。

莳养要诀： 春季播种。喜温暖及阳光充足的环境，较耐热，耐水湿，稍耐旱。不择土壤，以疏松、肥沃的壤土为佳。生长适温 20~28℃。生长期保持土壤潮湿，即使短期积水也不会影响生长。对肥料要求较少，在生长期施肥 2~3 次即可，可随浇水追施。

行家提示： 极适合庭院的山石边或水岸边栽培，种皮见黄后及时采收。

旱金莲

Tropaeolum majus

种植难度：★☆☆☆☆　　市场价位：★☆☆☆☆
光照指数：★★★★★　　浇水指数：★★★☆☆
施肥指数：★☆☆☆☆

辨识要点： 又名金莲花、旱荷、荷叶莲，为旱金莲科旱金莲属一年生草本，株高 30~70 厘米。叶互生，圆形，边缘具浅缺刻。单花腋生，花黄色、紫色、橘红色或杂色。花期 6~10 月，果期 7~11 月。

莳养要诀： 播种繁殖，春至秋均可。性喜温暖、阳光充足的环境，耐热，生长适温 18~26℃。对土壤要求不严，在中性至微酸性土壤中均生长良好。小苗长出 3 片真叶时即可定植，浇水掌握见干见湿的原则，过干叶子失水黄化，过湿则易烂根。半个月施 1 次复合肥或有机肥液。注意控制氮肥，以免徒长。

行家提示： 室内栽培时注意转盆，使植株均匀受光；因其植株呈蔓性，植株过大时需搭架。

福禄考

Phlox drummondii

种植难度：★☆☆☆☆　　市场价位：★★☆☆☆
光照指数：★★★★★　　浇水指数：★★★☆☆
施肥指数：★☆☆☆☆

辨识要点： 又名小天蓝绣球，为花葱科天蓝绣球属一年生草本，株高30~60厘米。基生叶有柄，对生，茎上部叶常呈3枚轮生，长椭圆状披针形至卵状披针形。聚伞花序，花萼筒状，花冠高脚碟状，花冠粉紫色至白色。花期6~10月，果期6月。

蒔养要诀： 播种繁殖，春季或秋季均可。性喜温暖及阳光充足的环境，耐寒性较差，不耐热。喜排水良好、肥沃的土壤。苗高10厘米左右时定植，生长期间保持土壤湿润，土壤表面干后浇1次透水。每月施1次复合肥，在孕蕾期增施1~2次磷钾肥，有利于花芽生长。

行家提示： 花谢后摘除残花，可促发新枝再次开花。

蜀葵

Althaea rosea

种植难度：★☆☆☆☆　　市场价位：★☆☆☆☆
光照指数：★★★★★　　浇水指数：★★★☆☆
施肥指数：★☆☆☆☆

辨识要点： 又名一丈红、熟季花，为锦葵科蜀葵属多年生宿根草本，多作一年生栽培。株高2~3米。叶互生，叶心脏形。花单生或近簇生于叶腋，总状花序，花色有粉红、红、紫、墨紫、白、黄、水红、乳黄、复色等，单瓣或重瓣。花期5~9月，果期秋季。

蒔养要诀： 播种繁殖，多于春季进行。喜凉爽及阳光充足的气候，不耐热、不耐寒。对土壤要求不严，以肥沃、排水良好的土壤为佳。定植后宜保持土壤稍湿润，不宜过干。开花前半个月施1次复合肥，花芽分化时追施1~2次磷钾肥，以促使花大色艳。花后剪除残枝，可促植株萌发新芽。

行家提示： 种子变黑后及时采收，南方栽培宜选择冷凉季节，否则花茎极难伸出。

玫瑰茄

Hibiscus sabdariffa

种植难度：★★☆☆☆　　市场价位：★★☆☆☆
光照指数：★★★★★　　浇水指数：★★★☆☆
施肥指数：★★☆☆☆

辨识要点： 又名洛神花，为锦葵科木槿属一年生草本，株高 1~2 米。叶互生，叶矩圆形，先端钝或渐尖，基部圆形至宽楔形，边缘具锯齿。花单生于叶腋，花冠大，深黄色。蒴果。花期 10 月，果期秋末冬初。

莳养要诀： 播种繁殖，春季为佳。喜温暖及光照充足的环境，生长适温 20~30℃。耐旱，忌水湿。不择土壤，以疏松、排水良好的壤土为宜。定植后摘心可促发分枝，可粗放管理，一般每个月施 1 次复合肥。土壤半干后浇 1 次透水，忌积水，以防烂根。

行家提示： 花萼采收后晾晒，干后可用于泡茶饮用。

锦葵

Malva sinensis

种植难度：★☆☆☆☆　　市场价位：★☆☆☆☆
光照指数：★★★★★　　浇水指数：★★★☆☆
施肥指数：★☆☆☆☆

辨识要点： 又名钱葵、欧锦葵、小熟季花，为锦葵科锦葵属多年生宿根草本，多作一年生栽培。株高 60~100 厘米。叶互生，掌状裂。花簇生于叶腋，花冠紫红色，亦有白色。花期 6~10 月，果期 8~11 月。

莳养要诀： 播种繁殖，春季为适期。喜温暖及阳光充足的环境，不耐热，生长适合温 20~28℃。不择土壤。定植后进入生长期，每月施 1 次复合肥，开花前增施磷钾肥，可提高植株抗性，且多开花。土壤以湿润为佳，表面干后即浇 1 次透水，在高温季节，适当控水，以防烂根。

行家提示： 花、叶、茎入药，具有清热利湿、理气通便的功效。如施氮肥过多，则植株极易徒长。

六倍利

Lobelia erinus

种植难度：★★☆☆☆ 　市场价位：★★☆☆☆
光照指数：★★★★★ 　浇水指数：★★★☆☆
施肥指数：★★☆☆☆

辨识要点： 又名南非半边莲、南非山梗菜，为桔梗科山梗菜属多年生草本，常作一二年生栽培，半蔓性。株高 15~30 厘米。基部叶倒卵形，茎上叶披针形至线形。花小，浅蓝色或蓝紫色。花期春至秋。

莳养要诀： 播种，春至秋均可。种子较小，为使播种均匀，可掺入细沙后再播。喜温暖及阳光充足的环境，生长适温 18~22℃。生长期 20 天左右施 1 次速效性复合肥，在花芽生长后补充磷钾肥，有利于开花。保持土壤湿润，忌过干，不可大水喷淋，以防植株倒伏。

行家提示： 播种不用覆土，补水应采用浸水法浇水；宜摘心促发侧枝。

熊耳草

Ageratum houstonianum

种植难度：★☆☆☆☆ 　市场价位：★★★☆☆
光照指数：★★★★★ 　浇水指数：★★★☆☆
施肥指数：★☆☆☆☆

辨识要点： 菊科藿香蓟属一年生草本，高 30~70 厘米或有时达 1 米。叶对生，长卵形或三角状卵形，边缘有规则的圆锯齿，齿大或小，或密或稀。头状花序，花冠檐部淡紫色。瘦果。花果期全年。

莳养要诀： 播种繁殖，多于春季进行。喜温暖及阳光充足的环境，生长适温 20~28℃。对土壤要求不严，中性至微酸性壤土均可良好生长。虽然较耐旱，但保持土壤湿润，生长更佳。对肥料要求不高，生长期追施 2~3 次复合肥或有机肥液即可。

行家提示： 耐修剪，开花后期可随时强剪，促发新枝后可再次开花。

雏菊

Bellis perennis

种植难度：★★☆☆☆　　市场价位：★★☆☆☆
光照指数：★★★☆☆　　浇水指数：★★★☆☆
施肥指数：★★☆☆☆

辨识要点： 又名太阳菊、延命菊，为菊科雏菊属多年生草本，多作一年生栽培，株高15~30厘米。叶基部簇生，倒卵形或匙形；先端钝圆，边缘具钝锯齿。头状花序单生，舌状花多轮呈白、粉、红色；管状花黄色。花期4~5月，果期夏季。

莳养要诀： 播种繁殖，春季或秋季进行，种子较小，可混入细沙撒播。喜温暖及光照充足的气候条件，生长适温为18~25℃。喜疏松、肥沃及排水良好的土壤。3对真叶即可上盆定植。在生长期10天施肥1次，以通用型复合肥为主。土壤以稍湿润为宜，不可积水，以防烂根。5℃以上可安全越冬。

行家提示： 施肥及浇水时不要污染叶片，以防烂叶。栽培时应施置于通风良好的地方，防止下部叶片因通风不良而烂叶。

金盏菊

Calendula officinalis

种植难度：★★☆☆☆　　市场价位：★★☆☆☆
光照指数：★★★★★　　浇水指数：★★★☆☆
施肥指数：★★☆☆☆

辨识要点： 又名黄金盏，为菊科金盏菊属一年生或多年生草本，株高30~70厘米。基生叶长圆状倒卵形或匙形，全缘或具疏齿，茎生叶长圆状披针形或长圆状倒卵形。头状花序单生，花黄色或橙黄色。花期4~6月，果熟期5~7月。

莳养要诀： 播种繁殖，春或秋季播种。性喜温暖及阳光充足环境，较耐寒，忌酷热，生长适温12~22℃。对土壤要求不严，以疏松、肥沃的微酸性壤土为佳。小苗5片真叶时可定植，成活后摘心促发分枝。生长期10~15天施1次复合肥或腐熟的有机肥液均可，土壤保持湿润，表土干后即浇1次透水。

行家提示： 因金盏菊生长过程中需要较长的低温阶段，所以春播植株比秋播的生长弱，花朵也小，建议秋播。

翠菊

Callistephus chinensis

种植难度：★☆☆☆☆　　市场价位：★☆☆☆☆
光照指数：★★★★★　　浇水指数：★★★☆☆
施肥指数：★☆☆☆☆

辨识要点： 又名江西腊、七月菊，为菊科翠菊属一年生草本，株高 30~90 厘米。单叶互生，上部叶卵形，下部叶匙形，边缘具粗锯齿。头状花序单生枝顶，边缘舌状花，呈白、粉、紫或蓝色。中心筒状花黄色。花期 7~10 月，果期秋季。

莳养要诀： 播种繁殖，春季为适期，夏至秋也可播种。性喜温暖及阳光充足的环境，生长适温 18~26℃。不择土壤。喜肥，但应控制氮肥的使用量，以防徒长。以复合肥为主，在开花前增施磷钾肥。土壤保持稍湿润即可，可有效抑制植株徒长。

行家提示： 翠菊耐移植，移植 2~3 次，可促使茎秆矮壮。

矢车菊

Centaurea cyanus

种植难度：★★☆☆☆　　市场价位：★☆☆☆☆
光照指数：★★★★★　　浇水指数：★★★☆☆
施肥指数：★★☆☆☆

辨识要点： 又名蓝芙蓉，为菊科矢车菊属一二年草花。叶线形，全缘，茎部常有齿或羽裂。头状花序顶生，边缘舌状花为漏斗状，花瓣边缘带齿状，管状花有白、红、蓝、紫等色。花期 4~6 月，果熟期 7~8 月。

莳养要诀： 播种繁殖，春秋两季均可。喜阳光充足及凉爽气候，较耐寒，不耐炎热，生长适温 15~25℃。对土壤要求不严，以肥沃、疏松的壤土为佳。小苗 10 厘米时即可定植，缓苗后即可施肥，半个月施 1 次复合肥或有机肥液。土壤以半干半湿为宜，忌积水，以防烂根。

行家提示： 矢车菊为直根性植物，最好直播。如需移植，应带土坨，否则不易缓苗。

黄晶菊

Coleostephus multicaulis

种植难度：★★☆☆☆　　市场价位：★★☆☆☆
光照指数：★★★★★　　浇水指数：★★★☆☆
施肥指数：★★☆☆☆

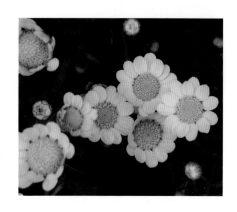

辨识要点： 又名春俏菊，为菊科鞘冠菊属二年生草本，株高 15~20 厘米。叶互生，肉质，叶形长条匙状，羽状裂或深裂。头状花序顶生，花色金黄，边缘为扁平舌状花，中央为筒状花。花期冬末至初夏。5 月果熟。

莳养要诀： 播种繁殖，春或秋季进行。喜阳光充足及凉爽的环境，较耐寒、不耐炎热，生长适温 15~25℃。对土壤适应性广。小苗定植后，每月追施 1~2 次复合肥或有机肥液，随着植株不断长大，可逐渐增加施肥的浓度。因花期较长，花期应补充磷钾肥。花谢后及时剪除残花，可促发新的花枝生长，使植株多开花。

行家提示： 可将初期的花蕾摘掉，盆栽时通过摘心，可形成花球。

秋英

Cosmos bipinnatus

种植难度：★☆☆☆☆　　市场价位：★☆☆☆☆
光照指数：★★★☆☆　　浇水指数：★★★★★
施肥指数：★☆☆☆☆

辨识要点： 又名波斯菊，为菊科秋英属一二年生草本，株高 1~2 米。叶互生或对生，叶为 2 回羽状分裂，裂片稀疏叉状，线形，全缘。头状花序单生叶腋，舌状花有白、粉红、红、紫等色，管状花黄色。瘦果线形。花期夏秋，果期夏至秋。

莳养要诀： 播种繁殖，春季为适期。性喜温暖及光照充足的环境，耐热，不耐寒，生长适温为 18~28℃。不择土壤，对土壤适应性极强。小苗在 4~5 片真叶时摘心，可促其枝繁叶茂。土壤以湿润为宜，忌积水。如土质肥沃，一般不用施肥，特别是不能多施氮肥，以防徒长而影响开花。

行家提示： 波斯菊具有自播能力，一般第二年不用再播。

松果菊
Echinacea purpurea

种植难度：★★☆☆☆　　市场价位：★☆☆☆☆
光照指数：★★★★★　　浇水指数：★★★☆☆
施肥指数：★★☆☆☆

辨识要点： 又名紫松果菊，为菊科松果菊属多年生草本，多作一二年生栽培，株高60~150厘米。基生叶卵形或三角形，茎生叶卵状披针形。头状花序单生于枝顶，或数花聚生，舌状花紫红色，管状花橙黄色。花期6~7月，果期秋季。

莳养要诀： 播种繁殖，春季或秋季为适期，也可用扦插法繁殖。喜温暖、喜光照，生长适温18~26℃。定植后摘心1次，可促其分枝，开花繁茂。浇水掌握见干见湿的原则，忌积水及干旱。生长期追施稀薄液肥2~3次，复合肥及有机液肥均可。室内栽培时，应放在通风良好的地方。

行家提示： 施肥及浇水注意不要大水喷淋，以防沾污叶片而造成烂叶。

天人菊
Gaillardia pulchella

种植难度：★☆☆☆☆　　市场价位：★☆☆☆☆
光照指数：★★★★★　　浇水指数：★★★☆☆
施肥指数：★★☆☆☆

辨识要点： 又名虎皮菊，为菊科天人菊属一年生草本，株高30~50厘米。叶互生，披针形、矩圆形至匙形，全缘或基部叶羽裂。头状花序顶生，舌状花黄色，管状花紫色。花期7~10月，果熟期8~10月。

莳养要诀： 播种繁殖，春季播种。喜阳光，耐半阴，耐干旱，较耐热，有一定的耐寒性。不择土壤。定植时施入适量基肥，成活后即可施肥，需控制氮肥施入量，防止徒长。虽然耐旱，土壤以湿润为佳，不可积水，雨季注意排水。

行家提示： 花后及时剪除残花及枯枝，有利于新枝萌发并促其开花。

勋章菊
Gazania splendens

种植难度: ★★☆☆☆　　市场价位: ★★☆☆☆
光照指数: ★★★★★　　浇水指数: ★★★☆☆
施肥指数: ★★☆☆☆

辨识要点: 又名勋章花,为菊科勋章花属一二年生草本。叶由根际丛生,叶片披针形或倒卵状披针形,全缘或有浅羽裂。头状花序,舌状花白、黄、橙红色,有光泽。花期4~6月,果期夏秋。

莳养要诀: 播种繁殖,春播。喜光照充足,较耐热,不耐瘠,有一定的耐寒性,生长适温15~25℃。喜肥沃、排水良好的沙质壤土。定植时遮光,待缓苗后见全光照,不用摘心。生长期保持基质湿润,表土干后即浇1次透水。

行家提示: 及时将残花剪除,以减少养分消耗。

白晶菊
Mauranthemum paludosum

种植难度: ★★☆☆☆　　市场价位: ★★☆☆☆
光照指数: ★★★★★　　浇水指数: ★★★☆☆
施肥指数: ★★☆☆☆

辨识要点: 又名晶晶菊,为菊科白晶菊属二年生草本花卉,株高15~25厘米。叶互生,1~2回羽裂。花顶生,边缘舌状花银白色,中央筒状花金黄色。花期冬末至初夏。5月下旬成熟。

莳养要诀: 播种繁殖,春播、秋播均可。性喜阳光充足及凉爽的环境,耐寒、不耐炎热,生长适温为15~26℃。对土壤要求不严。生长期保持湿润,切忌长期过湿或积水,以免烂根。20天施1次氮、磷、钾复合肥。花谢后,剪除残花,促发侧枝产生新枝,以促使多开花。

行家提示: 白晶菊不耐热,如遇高温,宜放于通风及冷凉的地方,可延长花期;盆栽时通过摘心可形成致密花球。

皇帝菊
Melampodium divaricatum

种植难度：★★☆☆☆　　市场价位：★★☆☆☆
光照指数：★★★★★　　浇水指数：★★★☆☆
施肥指数：★★☆☆☆

辨识要点： 又名美兰菊，为菊科黑足菊属一二年生草本，植株高 30~50 厘米。叶对生，阔披针形或长卵形，先端渐尖，边缘具齿。头状花序顶生，舌状花金黄色，管状花黄褐色。花期春至秋季。

莳养要诀： 播种繁殖，春或秋季均可。性喜温暖及阳光充足的环境，耐热、耐湿，稍耐旱，不耐瘠，生长适温 18~28℃。喜疏松、肥沃及排水良好的壤土。生长期保持土壤湿润，过湿土壤会导致根系生长不良，植株衰弱。半个月施 1 次速效性复合肥。

行家提示： 成熟种子落地能自然发芽，可直播。种子具嫌光性，播后一定要覆土。

蓝目菊
Osteospermum ecklonis

种植难度：★★☆☆☆　　市场价位：★★☆☆☆
光照指数：★★★★★　　浇水指数：★★★☆☆
施肥指数：★★☆☆☆

辨识要点： 又名蓝眼菊、非洲万寿菊，为菊科蓝目菊属多年生草本，多作一二年生栽培，株高 20~50 厘米。基生叶丛生，茎生叶互生，羽裂。顶生头状花序，中央为蓝紫色管状花，舌瓣花有白色、紫色、淡黄色、橘红色等。花期 2~7 月，果期夏秋。

莳养要诀： 播种繁殖，春季及秋季均可。喜光、喜冷凉、较耐热，有一定的耐寒性，生长适温 18~22℃。喜疏松、肥沃的微酸性土壤。开花前宜低温，白天不高于 20℃有利于花芽分化。浇水掌握见干见湿的原则，不能过干及积水，过湿则植株徒长。半个月施 1 次含钙的复合肥。

行家提示： 施肥时不要施用含铁元素过多的肥料，以免中毒导致黄叶。

瓜叶菊

Pericallis hybrida

种植难度：★★☆☆☆　　市场价位：★★☆☆☆
光照指数：★★★★★　　浇水指数：★★★★☆
施肥指数：★★☆☆☆

辨识要点： 菊科瓜叶菊属多年生草本，常作一二年生栽培，株高 30~60 厘米。叶大，卵状，叶缘波状，具细齿。头状花序簇生成伞状，舌状花具有各种颜色及斑纹，管状花紫色，少数黄色。花期 1~5 月，果期夏至秋。

莳养要诀： 播种繁殖，春至秋均可。喜温暖、冷凉及通风良好的环境，不耐高温、不耐寒、不耐瘠。生长适温 10~15℃为佳。小苗 3~4 片真叶上盆，7~8 片真叶时定植。半个月追施 1 次含氮素较高的复合肥，现蕾后增施磷、钾肥有利于开花。

行家提示： 极不耐旱，在风大及干燥天气注意补水，否则叶片极易萎蔫而导致植株死亡。

万寿菊

Tagetes erecta

种植难度：★☆☆☆☆　　市场价位：★☆☆☆☆
光照指数：★★★★★　　浇水指数：★★★☆☆
施肥指数：★☆☆☆☆

辨识要点： 又名臭芙蓉、蜂窝菊，为菊科万寿菊属多年生草本，多作一年生栽培，株高 60~100 厘米，茎粗壮。单叶对生或互生，羽状全裂，裂片披针形，具锯齿。头状花序，舌状花有长爪，边缘有皱。花黄色或橘黄色。花期 8~9 月，果熟期 9~10 月。

莳养要诀： 播种繁殖，春季为适期，也可用扦插法。喜温暖及阳光充足的环境，耐热、耐旱、耐瘠，生长适温 20~28℃。一般土壤均可良好生长。苗高 12 厘米即可定植，定植前施足底肥。生长期保持土壤湿润，不能积水。如土质肥沃一般不用施肥。

行家提示： 花谢后，如不留种及时剪除残花，并施 1 次复合肥，可促新枝产生并开花。

孔雀草
Tagetes patula

种植难度：★☆☆☆☆　　市场价位：★☆☆☆☆
光照指数：★★★★★　　浇水指数：★★★☆☆
施肥指数：★☆☆☆☆

辨识要点： 又名小万寿菊、红黄草，为菊科万寿菊属一年生草本，株高 20~50 厘米。叶对生或互生，羽状全裂，裂片线状披针形。头状花序单生，舌状花黄色，基部或边缘红褐色，瘦果黑褐色。花期 6~9 月，果熟期 9~10 月。

莳养要诀： 播种繁殖，春季为适期，也可用扦插法。喜温暖及光照充足的环境，耐热、耐旱。生长适温 18~26℃。不择土壤。管理较为粗放，基质保持湿润。每个月施肥 1 次，如土质肥沃不用施肥。

行家提示： 苗期不可过阴及水分过大，否则小苗徒长，不易培养壮苗。

百日草
Zinnia elegans

种植难度：★☆☆☆☆　　市场价位：★☆☆☆☆
光照指数：★★★★★　　浇水指数：★★★☆☆
施肥指数：★☆☆☆☆

辨识要点： 又名步步高、百日菊，为菊科百日草属一年生草本，株高 30~100 厘米。叶对生，广卵形至长椭圆形，基部抱茎，全缘。头状花序，舌状花扁平、反卷或扭曲，常多轮呈重瓣状，有白、绿、黄、粉、红、橙等色，或有斑纹，或瓣基有色斑。花期 6~10 月，果期秋季。

莳养要诀： 播种繁殖，春季为适期。喜温暖，喜光照充足，较耐热，不耐寒。生长适温 18~26℃。对土壤要求不严，中至微酸性土壤均可良好生长。定植后摘心促发侧枝。管理较为粗放，生长期保持土壤湿润，一般不用施肥。花谢后如不留种及时摘除残花以集中养分供应其他花枝。

行家提示： 易徒长，可采用增加光照、减少氮肥施用量、基质偏干等方法控制。

角堇
Viola cornuta

种植难度：★★★☆☆　　市场价位：★★☆☆☆
光照指数：★★★★★　　浇水指数：★★★☆☆
施肥指数：★★☆☆☆

辨识要点： 又名香堇菜，堇菜科堇菜属多年生草本，多作一二年生栽培。叶基生，叶片圆形或肾形至宽卵状心形，开花期叶片较小。花色有深紫色、浅紫色、粉红色或白色，具芳香。蒴果。花期 2~4 月，果期夏季。

莳养要诀： 播种繁殖，春播及秋播均可。喜冷凉气候，喜光，不耐高温，有一定的耐寒性。生长适温 12~18℃。喜排水良好、疏松的壤土。定植时选择通风、日照良好的地方，光照不足植株徒长，开花不良。生长半个月施 1 次复合肥，因其花期较长，可补充磷钾肥，促其开花不断。

行家提示： 种子细小，播后不用覆土，可覆少量较细的蛭石。

三色堇
Viola tricolor

种植难度：★★★☆☆　　市场价位：★★☆☆☆
光照指数：★★★★★　　浇水指数：★★★☆☆
施肥指数：★★★☆☆

辨识要点： 又名蝴蝶花，为堇菜科堇菜属一二年生草本，株高约 30 厘米。基生叶有长柄，叶片近圆心形，茎生叶卵状长圆形或宽披针形。单花生于花梗顶端，花瓣近圆形，花色有紫、蓝、黄、白、古铜等色。蒴果。花期 4~7 月，果期 5~8 月。

莳养要诀： 播种繁殖，春秋两季为适期。性喜温暖及阳光充足的环境，较耐热、不耐寒，生长适温 15~22℃。小苗 5~6 片真叶时定植，需带土球。喜肥，不同时期适当调整氮、磷、钾的比例，生长期 10 天施肥 1 次，复合肥为主，并保持土壤湿润。冬季需控水，防止烂根。盆栽时宜置于通风良好的地方。

行家提示： 果实开始向上翘起，外皮发白时及时采收。

扫帚菜

Kochia scoparia f. trichophylla

种植难度：★☆☆☆☆　　市场价位：★☆☆☆☆
光照指数：★★★★★　　浇水指数：★★★☆☆
施肥指数：★☆☆☆☆

辨识要点： 又名地肤，为藜科地肤属一年生草本。叶为平面叶，披针形或条状披针形，先端短渐尖，基部狭楔形，具短柄。花两性或雌性，通常 1~3 朵生于上部叶腋，组成疏散穗状圆锥花序，花淡绿色。胞果扁球形。花期 6~9 月，果期 7~10 月。

莳养要诀： 播种繁殖，春季为适期。喜温暖及阳光充足的环境，较耐热、不耐寒、耐瘠。生长适温 18~25℃。苗高 10 厘米时定植，可粗放管理，一般不用施肥，表土干时浇透水。

行家提示： 嫩苗可用作蔬菜，植株老化后可做扫帚使用。

美丽月见草

Oenothera speciosa

种植难度：★★★☆☆　　市场价位：★★☆☆☆
光照指数：★★★★★　　浇水指数：★★★☆☆
施肥指数：★★☆☆☆

辨识要点： 又名红月见草，为柳叶菜科月见草属多年生草本，多作一二年生栽培，株高 50~80 厘米。叶对生，线形至线状披针形，基生叶羽裂。花白色至水粉色，具芳香。蒴果。花期 6~9 月，果期秋季。

莳养要诀： 播种繁殖，春至秋均可播种。喜温暖气候，喜光照充足，稍耐寒、不耐热、耐旱，生长适温 16~25℃。对土壤要求不严，在贫瘠的土壤上也可生长。管理粗放，一般不用施肥，如土壤过于干燥可补水 1 次。

行家提示： 遇雨水天气，注意排水。

飞燕草

Consolida ajacis

种植难度：★★☆☆☆　　市场价位：★★☆☆☆
光照指数：★★★★★　　浇水指数：★★★☆☆
施肥指数：★★☆☆☆

辨识要点： 又名千鸟草，为毛茛科飞燕草属一二年生草本。茎直立，株高 30~60 厘米。叶互生，呈掌状深裂至全裂，裂片线形。顶生总状花序或穗状花序。花色有蓝、紫、红、粉白等色。花期 5~6 月，果期夏季。

莳养要诀： 播种繁殖，春播或秋播。喜冷凉及阳光充足的环境，稍耐热，生长适温 12~20℃。喜疏松、排水良好的壤土。幼苗需经低温处理，否则易形成簇生叶，影响开花。定植后保持土壤湿润，并保持低温促其花芽分化，提高开花质量。半个月施 1 次稀薄液肥。

行家提示： 在花芽分化时，减少氮肥施用量，防止徒长及花期延后。

大花飞燕草

Delphinium × cultorum

种植难度：★★☆☆☆　　市场价位：★★☆☆☆
光照指数：★★★★★　　浇水指数：★★★☆☆
施肥指数：★★☆☆☆

辨识要点： 又名大花翠雀、大花飞燕草，为毛茛科翠雀花属一二年生草本，株高 30~60 厘米。叶互生，掌状深裂，叶片具长柄。顶生总状花序或穗状花序，花色有蓝、紫、红、粉白等色。花期春至夏季，果熟期夏秋。

莳养要诀： 播种繁殖，春季及秋季均可。喜阳光充足、通风良好生长环境，不耐热，较耐寒、耐旱，生长适温 15~25℃。喜富含有机质的肥沃沙质壤土。6 片真叶时定植，植后遮阴，成活后保持土壤湿润。怕水涝，注意排水。每月施肥 1~2 次，复合肥及有机肥均可。

行家提示： 如植株较高，花序较大，可能倒伏，须设支柱。

大花马齿苋
Portulaca grandiflora

种植难度：★☆☆☆☆　　市场价位：★☆☆☆☆
光照指数：★★★★★　　浇水指数：★★☆☆☆
施肥指数：★☆☆☆☆

辨识要点： 又名半支莲、太阳花、死不了，
为马齿苋科马齿苋属一年生肉质草本，株高
10~15厘米。叶散生或互生，圆柱形。花顶生，
基部有叶状苞片。花瓣有单瓣、半重瓣、重瓣。
花色有白、深、黄、红、紫等。蒴果。花期6~7月，果期夏秋。

莳养要诀： 播种或扦插，在生长季节均可。喜温暖及光照充足环境，耐热、耐旱，不
耐寒。生长适温18~28℃。不择土壤。极为强健。粗放管理，一般不用施肥，土壤
干后浇1次透水。

行家提示： 果实变成黄白色或灰白色时，即可采收晾干贮藏。阳光越强，开花越好。

美女樱
Glandularia × hybrida

种植难度：★★☆☆☆　　市场价位：★★☆☆☆
光照指数：★★★★★　　浇水指数：★★★☆☆
施肥指数：★★☆☆☆

辨识要点： 又名草五色梅，为马鞭草科马鞭
草属多年生草本，常作一年生栽培，株高
30~50厘米。叶对生，长圆形，边缘具锯齿。
穗状花序顶生，小花多数密集，呈伞房状，
花色有蓝、紫、粉红、大红、白、玫瑰红等。花期4~11月，果期夏秋。

莳养要诀： 播种繁殖，春或秋季为适期。喜温暖及阳光充足的环境，较耐寒，不耐酷
热，生长适温10~25℃。喜疏松肥沃、较湿润的中性土壤。播后30天可定植，一般
不用摘心。半个月施肥1次，如生长散乱，可适当修剪，调整株型。对水敏感，过
干过湿对生长均不利。

行家提示： 种子喜光，播后不用覆土。

细叶美女樱
Verbena tenera

种植难度：★★☆☆☆　　市场价位：★★☆☆☆
光照指数：★★★★★　　浇水指数：★★★☆☆
施肥指数：★★☆☆☆

辨识要点： 马鞭草科马鞭草属多年生宿根草本，多作一二年生栽培，株高20~30厘米。叶对生，条状羽裂。花序呈伞房状，顶生，花粉紫、白色。坚果。花期4~10月，果期7~10月。

莳养要诀： 播种繁殖，春秋季为适期。喜温暖及光照充足的环境，较耐寒，生长适温10~25℃。喜疏松肥沃、较湿润的中性土壤。可粗放管理。在温度较高季节，注意及时补水，并根据植株长势情况补充肥料。光照不足时，枝条徒长，开花少。

行家提示： 生长快，注意修剪，以控制株型。

指天椒
Capsicum annuum var. *conoides*

种植难度：★☆☆☆☆　　市场价位：★☆☆☆☆
光照指数：★★★★★　　浇水指数：★★★☆☆
施肥指数：★☆☆☆☆

辨识要点： 又名观赏辣椒，为茄科辣椒属多年生草本，常作一年生栽培，株高30~60厘米。单叶互生，卵状或卵状披针形。花单生叶腋或簇生枝梢顶端，花小、花色。浆果直立，指形，成熟时有白、黄、橙、红、紫等色。花期5~9月，果熟期7~10月。

莳养要诀： 播种繁殖，全年均可播种。喜温暖、喜光照，耐热、不耐寒，生长适温15~30℃。喜肥沃、疏松的土壤。苗高10厘米时定植，成活后摘心促发分枝。对肥水要求不高，土壤以湿润为度，不可积水。生长期施肥2~3次。

行家提示： 果期过后进行修剪并补充肥水，可促进新枝萌发并开花。

花烟草
Nicotiana sanderae

种植难度：★☆☆☆☆　　市场价位：★☆☆☆☆
光照指数：★★★★★　　浇水指数：★★★☆☆
施肥指数：★★☆☆☆

辨识要点： 又名美花烟草、烟仔花，为茄科烟草属一二年生草本，株高 30~50 厘米。叶披针形，花顶生，喇叭状，花冠圆星形，花有白、淡黄、桃红、紫红等色。花期春季。

莳养要诀： 播种繁殖，春或秋季播种。喜凉爽及光照充足的环境，生长适温 10~22℃。喜富含腐殖质的沙质壤土。小苗应及时上盆，否则根系盘结易导致植株老化。定植后基质保持见干见湿，可促根系正常生长，施肥以氮、磷、钾均衡肥为主，成株后改施磷钾较高的开花肥，以促花芽。

行家提示： 对于刚定植的小苗，温度控制在 15℃上，过低可能出现白化苗。

矮牵牛
Petunia × hybrida

种植难度：★★☆☆☆　　市场价位：★★☆☆☆
光照指数：★★★★★　　浇水指数：★★★☆☆
施肥指数：★★☆☆☆

辨识要点： 又名碧冬茄、番薯花，为茄科矮牵牛属多年生草本，多作一二年生栽培，株高 15~40 厘米。上部叶对生，中下部互生，椭圆形，先端尖，全缘。花单生，花冠漏斗状，有白色、红色、紫红色、蓝色或杂色。蒴果。花期 5~11 月，果期 7~12 月。

莳养要诀： 播种繁殖，春至秋均可播种。全日照，喜温暖，较耐热，生长适温 15~30℃。喜疏松肥沃的微酸性土壤。苗期土壤以稍湿润为佳，过湿不利于根系生长。浇水掌握"不干不浇、浇则浇透"的原则，肥料选择全素肥料，不可偏施氮肥，否则营养生长过旺影响开花。

行家提示： 开花后注意防风，过大花朵易失水。摘心促发分枝，盆栽可形成致密花球。

乳茄
Solanum mammosum

种植难度：★★☆☆☆　　市场价位：★★★☆☆
光照指数：★★★★★　　浇水指数：★★★☆☆
施肥指数：★★☆☆☆

辨识要点： 又名五指茄、牛头茄、五代同堂、黄金果，为茄科茄属多年生植物，通常作一年生栽培。叶阔卵形，叶缘不规则掌状钝裂。花冠钟形，堇紫色。浆果倒梨状，成熟后金黄色或橙色，具有 4~6 个乳头状突起物。花期春季，果期秋冬。

莳养要诀： 播种繁殖，春季为适期。喜光照、喜温暖，耐热、不耐寒，生长适温 22~30℃。对土壤适应性强，喜肥沃、排水良好的沙质壤土。定植后保持土壤湿润，不可过干，花期控制浇水，过湿易落花。每月施肥 1 次，以复合肥为主，开花后半个月喷施 1 次 1000 倍的磷酸二氢钾。

行家提示： 盆栽则在株高 50 厘米时摘心，如果实过多，须设立支架防倒伏。

桂竹香
Cheiranthus cheiri

种植难度：★★☆☆☆　　市场价位：★★☆☆☆
光照指数：★★★★★　　浇水指数：★★★☆☆
施肥指数：★★☆☆☆

辨识要点： 又名香紫罗兰，为十字花科桂竹香属二年生或多年生草本，株高 20~70 厘米。叶互生，叶披针形。总状花序，花橙黄色或黄褐色，有香气。长角果条形。花期 4~6 月，果期秋季。

莳养要诀： 播种繁殖，秋季为佳，也可扦插繁殖，多用于重瓣品种。喜光、喜冷凉环境，生长适温 10~24℃。对土壤要求不严，喜排水良好、疏松肥沃的壤土。因须根少，移栽时需带宿土，并遮阴，成活后正常管理。生长期保持盆土湿润，20 天或 1 个月施 1 次速效复合肥。

行家提示： 为提高开花量，可摘心促侧枝萌发。

香雪球

Lobularia maritima

种植难度：★★☆☆☆　　市场价位：★★☆☆☆
光照指数：★★★★★　　浇水指数：★★★☆☆
施肥指数：★★☆☆☆

辨识要点： 又名庭荠，为十字花科香雪球属多年生草本，可作一二年生花卉栽培。植株较矮。叶条形或披针形，全缘，互生。顶生总状花序，花小、密生呈球状，花色有白色、淡紫、深紫、紫红等，具淡香。角果。花期3~6月，果期夏季。

莳养要诀： 播种繁殖，春季或秋季均可。喜温暖、喜光照，不耐热，不耐寒，生长适温15~25℃。对土壤要求不严，以疏松、肥沃的土壤为佳。半个月施1次稀薄液肥。越冬时移入室内，以防霜冻。花后剪除残花，可促发新的花枝再次开花。

行家提示： 在南方度夏困难。夏季重剪，放于通风凉爽处，秋后会再次开花。

诸葛菜

Orychophragmus violaceus

种植难度：★☆☆☆☆　　市场价位：★☆☆☆☆
光照指数：★★★★☆　　浇水指数：★★★☆☆
施肥指数：★☆☆☆☆

辨识要点： 又名二月蓝，为十字花科诸葛菜属一年生或二年生草本。基生叶和下部茎生叶有羽状分裂，上部叶长圆形或窄卵形。花紫色、浅红色或褪成白色。长角果线形。花期4~5月，果期5~6月。

莳养要诀： 播种繁殖，春季为适期，可自播或人工撒播。喜光照、耐寒力强，生长适温12~20℃。不择土壤，以肥沃、排水良好的壤土为宜。可粗放管理，土壤以稍湿润为佳，土质肥沃一般不用施肥。

行家提示： 嫩茎叶可作蔬菜，用开水烫后，再用清水漂洗去除苦味，即可炒食。

午时花

Pentapetes phoenicea

种植难度：★★☆☆☆　　市场价位：★★☆☆☆
光照指数：★★★★★　　浇水指数：★★★☆☆
施肥指数：★★☆☆☆

辨识要点： 又名夜落金钱、金钱花，为桐科梧桐属一年生草本，株高 50~80 厘米。单叶互生，条状披针形，基部三浅裂，边缘钝锯齿。花 1~2 朵腋生，开时俯垂，大朵，红色，花冠状如金钱。花期 7~10 月，果期秋季。

莳养要诀： 播种繁殖，春季为适期。喜温暖、喜光照，耐热、不耐寒，生长适温 18~26℃。不择土壤，以肥沃、疏松的沙壤土为佳。幼苗生长较慢，定植前应施些底肥。定植时，应遮阴，防止蒸发过快，叶片萎蔫。土壤表面干后即补水，生长期内施肥 2~3 次。栽培应选择通风良好的地方。

行家提示： 在施底肥时，不宜过浅，防止栽苗时肥料与根接触。

苋

Amaranthus tricolor

种植难度：★☆☆☆☆　　市场价位：★☆☆☆☆
光照指数：★★★★★　　浇水指数：★★★☆☆
施肥指数：★☆☆☆☆

辨识要点： 又名雁来红、老少年，为苋科苋属一年生草本，株高 80~150 厘米。叶对生，叶片长圆形、阔卵形、长椭圆状披针形或狭披针形，先端尖，基部狭，全缘或波状。花腋生，穗状花序下垂。胞果卵圆形。花期 5~8 月，果期 7~9 月。

莳养要诀： 播种繁殖，春季为适期。喜光照、喜温暖，耐热、耐瘠，生长适温 20~30℃。不择土壤，喜疏松、肥沃的壤土。苗高 10 厘米带土球定植，植后遮阴，缓苗后即可施肥。在生长期施 2~3 次复合肥即可，土壤半干后浇 1 次透水，并注意通风。

行家提示： 不能偏施氮肥，以防止徒长，叶色变差。

鸡冠花
Celosia cristata

种植难度：★☆☆☆☆　　市场价位：★☆☆☆☆
光照指数：★★★★★　　浇水指数：★★★☆☆
施肥指数：★☆☆☆☆

辨识要点： 又名红鸡冠、鸡公苋，为苋科青葙属一年生草本。叶互生，卵形、卵状披针形或披针形，顶端急尖或渐尖，基部渐狭。花多数，穗状花序呈扁平鸡冠状、羽毛状，花被片红色、紫色、黄色、橙色或红黄相间。花果期6~10月。

莳养要诀： 播种繁殖，春至秋均可。喜温暖及阳光充足的环境，耐热、耐瘠、不耐寒，生长适温20~30℃。不择土壤，喜疏松、肥沃的中性至微酸性土壤。土壤保持湿润，但不要积水。对肥料要求不高，生长期施肥2~3次即可。种子变黑后及时采收，以防脱落。

行家提示： 花枝抽生后可将下部叶腋间的花芽抹除，以集中养分供主穗生长。

千日红
Gomphrena globosa

种植难度：★☆☆☆☆　　市场价位：★☆☆☆☆
光照指数：★★★★★　　浇水指数：★★★☆☆
施肥指数：★☆☆☆☆

辨识要点： 又名火球花、百日红，为苋科千日红属一年生草本，株高30~60厘米。单叶对生，长椭圆形或矩圆状倒卵形，全缘。头状花序着生于顶端，球形，呈深红、紫红、粉或白色。花期7~9月。

莳养要诀： 播种繁殖，春或秋季均可。喜温暖及阳光充足的环境，耐热、不耐寒，生长适温16~30℃。不择土壤，以疏松、肥沃的中性至微酸性土壤为佳。生长期控制水分，不宜过湿，半干后浇1次透水，雨季注意排水。如土壤肥沃可不用施肥。光照不足易徒长，且开花少，花朵瘦弱。

行家提示： 耐修剪，第一批花残后及时修剪可再萌发新的花枝继续开花。

百可花

Bacopa diffusa

种植难度：★★☆☆☆　　市场价位：★★☆☆☆
光照指数：★★★★★　　浇水指数：★★★☆☆
施肥指数：★★☆☆☆

辨识要点： 玄参科假马齿苋属一二年生草本。
叶对生，叶缘有齿缺，匙形。花单生于叶腋内，
具柄。花冠白色，二唇形。蒴果。花期5~7月。

莳养要诀： 播种繁殖，春秋为适期，也可采
用扦插法。喜温暖及光照充足的环境，不耐热、不耐寒，生长适温18~25℃。喜疏松、
肥沃的壤土。定植后需摘心促基部分枝。浇水掌握见干见湿的原则，过湿根部易患病，
过干植株易萎蔫。半个月施1次稀薄液肥。

行家提示： 如光照不足，开花会延迟；施氮过多，会导致开花少。

荷包花

Calceolaria crenatiflora

种植难度：★★☆☆☆　　市场价位：★★☆☆☆
光照指数：★★★★☆　　浇水指数：★★★☆☆
施肥指数：★★☆☆☆

辨识要点： 又名蒲包花、拖鞋花，为玄参科
蒲包花属多年生草本，多作一年生栽培，株
高约50厘米。叶对生或轮生，基部叶片较大，
上部叶较小，长椭圆形或卵形。伞形花序顶
生，花二唇形，下唇发达。花色有红、黄、粉、
白等色。蒴果。花期2~5月，果期4~5月。

莳养要诀： 播种繁殖，春季及秋季为适期。种子细小，播后不用覆土。喜光、喜冷凉，
不耐热。生长适温10~20℃。喜肥沃、疏松和排水良好的微酸性沙质壤土。土壤需
保持湿润。如水分不足，叶片很快凋萎；如过湿加之低温易烂根。施肥时氮肥不能过多，
否则易徒长且叶片皱缩。10天施肥1次。浇水施肥后注意通风，以防湿度过大烂叶。

行家提示： 花芽分化时温度不要超过20℃，否则开花不良，开花期最好控制在
10~12℃。

毛地黄
Digitalis purpurea

种植难度：★★☆☆☆　　市场价位：★★☆☆☆
光照指数：★★★★★　　浇水指数：★★★☆☆
施肥指数：★★☆☆☆

辨识要点： 又名洋地黄，为玄参科毛地黄属二年生或多年生草本，株高 50~100 厘米。叶基生，呈莲座状，卵圆形或卵状披针形。顶生总状花序，花冠钟状，紫红色，内面有浅白斑点。蒴果。花期 5~6 月，果期 8~10 月。

莳养要诀： 播种繁殖，春或秋季播种，也可采用分株法。喜冷凉及光照充足的环境，生长适温 10~20℃。喜湿润，喜肥沃及排水良好的土壤。定植后，土壤应控制半湿润到潮湿之间，不能太湿或太干。成熟植株温度控制在 8~12℃，以利于促进花芽分化。半个月施肥 1 次，以复合肥为主，忌偏施氮肥。

行家提示： 种子喜光，播后不用覆盖。

蓝猪耳
Torenia fournieri

种植难度：★★☆☆☆　　市场价位：★☆☆☆☆
光照指数：★★★★☆　　浇水指数：★★★☆☆
施肥指数：★★★☆☆

辨识要点： 又名夏堇、花公草，为玄参科蝴蝶草属一年生草本，株高 20~30 厘米。叶对生，长心形，叶缘有细锯齿。花顶生，花色有白、紫红或紫蓝，喉部有斑点。花果期 6~12 月。

莳养要诀： 播种繁殖，春至夏均可，也可扦插繁殖。全日照，喜湿润，较耐旱、耐热，生长适温 15~30℃。喜肥沃的壤土或沙质壤土。3~4 对真叶时定植，并摘心促使萌发侧枝。浇水掌握见干见湿的原则，不可过湿。10 天施 1 次薄肥。在栽培过程中，阳光强烈时应适当遮阴。

行家提示： 播种后轻压土壤，使种子与土壤紧密结合，不用覆土或少覆土，并用浸水法浇水。

花菱草

Eschscholtzia californica

种植难度：★★★☆☆　　市场价位：★★☆☆☆
光照指数：★★★★★　　浇水指数：★★☆☆☆
施肥指数：★★☆☆☆

辨识要点： 又名金英花、人参花，为罂粟科花菱草属多年生草本，常作一二年生栽培，株高30~60厘米。叶基生为主，茎上叶互生，多回3出羽状深裂，裂片线形至长圆形。单花顶生，花色有乳白、淡黄、橙、桂红、猩红、玫红、浅粉、紫褐等。蒴果。花期5月，果熟期夏秋。

莳养要诀： 播种繁殖，春季或秋季为适期。性喜凉爽及日照充足的环境，不耐热、不耐寒，生长适温10~22℃。喜疏松、排水良好的湿润土壤。小苗高10厘米时可摘心，当侧枝长至8厘米左右时再次摘心，可促发分枝，使株型美观。生长期土壤应稍干燥，不要过湿，肥料以复合肥为宜。氮肥过多则枝条柔弱，生长不良，开花减少。

行家提示： 花枝柔软，浇水时不要大水喷淋，以防倒伏；不耐移植，一般直播。

虞美人

Papaver rhoeas

种植难度：★★★☆☆　　市场价位：★★☆☆☆
光照指数：★★★★★　　浇水指数：★★★☆☆
施肥指数：★★☆☆☆

辨识要点： 又名丽春花、赛牡丹，为罂粟科罂粟属一二年生草本，株高30~90厘米。叶互生，羽状深裂、裂片披针形，边缘具粗锯齿。花单生长梗上，有红、紫、粉、白等色，并有复色、镶边和斑点。花期5~6月，果熟期夏秋。

莳养要诀： 播种繁殖，春或秋季进行。喜光照、喜凉爽，不耐暑热，生长适温10~25℃。喜排水良好、肥沃的沙壤土。一般直播时施足底肥，出苗后保持土壤湿润，掌握见干见湿的原则，忌积水。生长期施2~3次复合肥，现蕾后喷施1000倍的磷酸二氢钾，有利于开花。

行家提示： 虞美人不耐移植，一般直播。如需移植，则需多带土，少伤根。

琉璃苣
Borago officinalis

种植难度：★★☆☆☆　　市场价位：★☆☆☆☆
光照指数：★★★★★　　浇水指数：★★★☆☆
施肥指数：★★☆☆☆

辨识要点： 又名琉璃花，为紫草科琉璃苣属一年生草本，株高 50~60 厘米。叶卵形，叶脉处正面下凹。聚伞花序，花冠深蓝色或淡紫色，具芳香。花期 5~10 月，果期 7~11 月。

莳养要诀： 播种繁殖，春季为适期。性喜温暖及全日照环境，生长适温 18~28℃。耐热、不耐瘠。喜以疏松、肥沃的壤土为佳。定植后长至 15 厘米时摘心，促其分枝。喜湿润，在生长期注意补水，待表土干后即可浇水。半个月施 1 次速效性肥料，浇水施肥时不要污染叶片，防止烂叶。

行家提示： 琉璃苣多作为香草植物栽培，茎叶具清香，可用于制作沙拉，花可用于制作蜜饯，也可用于点缀糕点。

紫茉莉
Mirabilis jalapa

种植难度：★☆☆☆☆　　市场价位：★☆☆☆☆
光照指数：★★★★★　　浇水指数：★★★☆☆
施肥指数：★☆☆☆☆

辨识要点： 又名胭脂花、地雷花、晚饭花，为紫茉莉科紫茉莉属多年生草本，多做一年生栽培，株高 60~100 厘米。单叶对生，三角状卵形。花数朵顶生，花冠漏斗形，边缘有波状浅裂。花色有白、黄、红、粉、紫，并有条纹或斑点状复色。坚果。花期 7~10 月。

莳养要诀： 播种繁殖，春季为适期，也可用地下块根繁殖。喜温暖、喜全日照，生长适温 22~30℃。不择土壤。管理较粗放，定植后保持土壤湿润，不可积水。每月施 1 次复合肥或有机液肥，如土壤肥沃，可不用施肥。

行家提示： 紫茉莉具褐色的块根，可做盆景。

常绿花卉

狐尾武竹

Asparagus densiflorus 'Meyeri'

种植难度：★★☆☆☆　　市场价位：★★☆☆☆
光照指数：★★★★☆　　浇水指数：★★★☆☆
施肥指数：★★☆☆☆

辨识要点： 又名狐尾天门冬，为百合科天门冬属多年生草本，株高 30~70 厘米。植株丛生，呈放射状，茎圆筒状，稍弯曲。叶片细小呈鳞片状或柄状，鲜绿色。小花白色。浆果。花期夏季。

蒔养要诀： 播种繁殖，随采随播，也可在生长期采用扦插或分株法。性喜温暖及半阴环境，耐热、不耐寒。生长适温 22~28℃，8℃以上可安全越冬。喜疏松、排水良好的壤土。根系粗壮，抗旱性较强，但长期缺水叶片会脱落。如天气干热，需喷雾保湿。半个月施 1 次速效肥或有机肥。2 年换盆 1 次。

行家提示： 植株出现黄叶时及时修剪。如栽培过久，植株老化，可重剪更新。

蜘蛛抱蛋

Aspidistra elatior

种植难度：★★☆☆☆　　市场价位：★★☆☆☆
光照指数：★★★☆☆　　浇水指数：★★★☆☆
施肥指数：★★☆☆☆

辨识要点： 又名一叶兰，为百合科蜘蛛抱蛋属多年生常绿草本。叶单生，矩圆形、披针形至近椭圆形，先端渐尖，基部楔形。花钟状，紧附地面，褐紫色。花期 4~5 月。

蒔养要诀： 分株繁殖，生长期均可，以春季为佳。性喜温暖及半日照环境，耐热、耐瘠、不耐寒。生长适温 18~28℃，5℃以上可安全越冬。不择土壤。生长期保持土壤湿润，表土干后即可浇 1 次透水。每月施肥 1 次。2~3 年换盆 1 次。

行家提示： 光照强烈时需适当遮阴，防止灼伤叶片。

万寿竹

Disporum cantoniense

种植难度：★★☆☆☆　　市场价位：★★★☆☆
光照指数：★★★★☆　　浇水指数：★★★☆☆
施肥指数：★★☆☆☆

辨识要点： 百合科万寿竹属多年生草本，高30~70 厘米。叶互生，厚纸质，椭圆形，卵形至阔披针形。花 2~6 朵，伞形，簇生于枝端，花下垂，白色或淡黄绿色。浆果球形。花期5~6 月，果期 7~8 月。

莳养要诀： 播种或分株繁殖。性喜温暖及半阴环境，耐热、稍耐寒、耐瘠。生长适温15~28℃。对土壤要求不严，中性至微酸性土壤中均可良好生长。生长期忌强光直射，保持土壤湿润。如遇干热天气，应向植物及地面喷雾保湿。每个月施 1 次速效性复合肥或有机肥。

行家提示： 早春是新枝生长季节，要注意水肥管理。

万年青

Rohdea japonica

种植难度：★☆☆☆☆　　市场价位：★★☆☆☆
光照指数：★★★☆☆　　浇水指数：★★★☆☆
施肥指数：★☆☆☆☆

辨识要点： 又名开喉剑、冬不凋，为百合科万年青属多年生常绿草本。叶 3~6 枚，矩圆形、披针形或倒披针形，先端急尖。花葶短于叶，穗状花序，具花几十朵，花淡黄色。浆果。花期 5~6 月，果期 9~11 月。

莳养要诀： 分株繁殖，春及秋季为适期，春季也可用种子繁殖。性喜温暖、半日照，耐热、耐寒、耐瘠。生长适温 15~26℃。喜疏松、肥沃的壤土。生长期保持土壤湿润，空气干热时喷水保湿。每月施 1 次速效性有机肥或有机肥均可。

行家提示： 花期可人工授粉，提高结实率。

橙柄草

Chlorophytum amaniense

种植难度：★★★☆☆　　市场价位：★★☆☆☆
光照指数：★★★☆☆　　浇水指数：★★★☆☆
施肥指数：★★☆☆☆

辨识要点： 又名旭日东升，为百合科吊兰属多年生常绿草本，株高 40~60 厘米。叶长卵圆形，先端尖，基部楔形，叶柄橙色。

莳养要诀： 分株繁殖，春季及秋季为适期。性喜温暖及散射光充足的环境，耐热、不耐寒、不耐瘠。生长适温 20~28℃，越冬温度最好保持在 12℃以上。生长期保持基质湿润，表土干后马上补水。20 天施 1 次含氮量较高的复合肥。

行家提示： 遇干热天气，多向植株喷雾，否则叶片边缘极易干枯。

吊兰

Chlorophytum comosum

种植难度：★★☆☆☆　　市场价位：★★☆☆☆
光照指数：★★★☆☆　　浇水指数：★★★☆☆
施肥指数：★☆☆☆☆

辨识要点： 又名挂兰、垂盆草，为百合科吊兰属多年生常绿草本。根状茎短，叶片基生，条形至长披针形，全缘或略具波状，绿色。叶丛中抽生出走茎，花后形成匍匐茎。总状花序，花白色。花期春夏。

莳养要诀： 分株或用走茎上的小植株繁殖，生长期均可进行。喜温暖、湿润及散射光充足的环境，耐热、不耐寒。生长适温 20~28℃。喜肥沃、疏松、排水良好的土壤。肉质根，抗旱力较强，生长期保持土壤湿润，忌积水。施肥以氮肥为主，磷钾肥为辅，半个月 1 次。每年换盆 1 次，于春季进行。

行家提示： 在空气干燥的环境下，多向植物喷雾，可有效防止叶片干尖。

银边山菅兰

Dianella ensifolia 'White Variegated'

种植难度：★★☆☆☆　　市场价位：★★☆☆☆
光照指数：★★★★☆　　浇水指数：★★★☆☆
施肥指数：★☆☆☆☆

辨识要点： 百合科山菅属多年生常绿草本。叶狭条状披针形，基部稍收狭成鞘状，边缘银白色。圆锥花序，花多朵，绿白色、淡黄色到青紫色。浆果。花果期 3~8 月。

莳养要诀： 可用分株、根茎繁殖，生长期均为适期。性喜温暖及散射光充足的环境，耐热、不耐寒。生长适温 18~30℃。喜疏松、排水良好的壤土。可粗放管理，保持基质湿润，每月施 1 次速效性复合肥或有机肥。

行家提示： 在强光下养护时叶片易枯焦。

鹤望兰

Strelitzia reginae

种植难度：★★☆☆☆　　市场价位：★★★☆☆
光照指数：★★★★☆　　浇水指数：★★★★☆
施肥指数：★★☆☆☆

辨识要点： 又名天堂鸟，为芭蕉科鹤望兰属多年生常绿草本，株高 1~2 米。单叶基生，长圆状披针形，厚革质。穗状花序顶生或腋生，总苞片绿色，边缘呈暗红色晕。蒴果。花期 5~11 月，果期 10~12 月。

莳养要诀： 播种或分株繁殖，种子随采随播，分株可于生长旺期进行。喜温暖、湿润及散射光充足的环境，不耐寒、较耐热。生长适温 22~30℃。喜疏松、肥沃和排水良好的土壤。根为肉质，抗旱能力强，保持基质稍湿润即可，不可积水。半月施 1 次速效性肥料，有机肥更佳。花谢后剪除残花，减少养分消耗。2 年换盆 1 次。

行家提示： 鹤望兰为鸟媒植物，在原产地由蜂鸟传粉，在我国只能靠人工授粉来完成结实。

金叶香蜂花

Melissa officinalis 'Aurea'

种植难度：★★☆☆☆　　市场价位：★★★☆☆
光照指数：★★★★★　　浇水指数：★★☆☆☆
施肥指数：★★☆☆☆

辨识要点： 唇形科蜜蜂花属多年生草本。叶具柄，柄纤细，叶片卵圆形，先端急尖或钝，基部圆形至近心形，边缘具锯齿状圆齿或钝锯齿，金黄色。花冠乳白色，冠檐二唇形。小坚果卵圆形。花期6~8月。

莳养要诀： 播种或扦插繁殖，种子播后不用覆土，扦插可于早春进行。喜肥沃、疏松的壤土，喜光，但忌强光，不喜过于荫蔽环境。定植后施1次有机肥，在生长期施2~3次速效肥即可。摘心可促发分枝，以形成完美株型。

行家提示： 不可多施氮肥，防止徒长及色泽变浅。

彩叶草

Plectranthus scutellarioides

种植难度：★☆☆☆☆　　市场价位：★☆☆☆☆
光照指数：★★★★★　　浇水指数：★★★☆☆
施肥指数：★☆☆☆☆

辨识要点： 又名五色草、洋紫苏，为唇形科马刺花属多年生观叶草本，株高40~90厘米。叶对生，宽卵形或卵状心形，边缘有粗锯齿。叶绿色，上有紫、粉红、红、淡黄、橙等彩色斑纹。圆锥花序，花小，淡蓝或白色。花期8~10月。

莳养要诀： 播种可于春季进行，扦插在生长期均可。喜温暖及光照充足的环境，耐热、不耐寒。生长适温15~30℃。喜疏松、肥沃的土壤。定植后摘心促发分枝，使株型丰满。生长期基质宜干湿相间，不可过湿或积水。适应性强，一般不用施肥。如夏季光照过强，盆栽植株中午宜遮阴，以防色泽变淡。

行家提示： 花小，观赏性不强，可在花序长出后及时摘除，以免消耗营养。

紫叶酢浆草

Oxalis triangularis

种植难度：★★☆☆☆　　市场价位：★★☆☆☆
光照指数：★★★★★　　浇水指数：★★★☆☆
施肥指数：★☆☆☆☆

辨识要点： 又名三角叶酢浆草，为酢浆草科酢浆草属多年生草本，株高15~30厘米。叶簇生，3出掌状复叶，小叶呈三角形，叶片初生时为玫瑰红色，成熟时紫红色。伞形花序，花白色至浅粉色。花期4~12月。

莳养要诀： 分株繁殖，除高温季节外均可进行。喜温暖及阳光充足的环境，耐阴、耐热，不耐寒。生长适温24~30℃，5℃以上可安全越冬。喜肥沃疏松、湿润、排水良好、富含有机质的土壤。基质保持干湿交替，干燥季节多向植株喷雾，半个月施1次复合肥，在夏季及冬季进入半休眠时停止施肥。

行家提示： 养护时需经常转盆，以使植株长势匀称，株型美观。

观赏凤梨

Bromeliaceae

种植难度：★★★★☆　　市场价位：★★★★☆
光照指数：★★★☆☆　　浇水指数：★★★★☆
施肥指数：★☆☆☆☆

辨识要点： 凤梨科可供观赏的植物总称，附生草本。茎短，叶互生，狭长，常基生，莲座式排列，单叶，全缘或有刺状锯齿。花序为顶生的穗状、总状、头状或圆锥花序，苞片常显著而具鲜艳的色彩。花瓣3枚。花期因种类不同而有差异。

莳养要诀： 可采用播种、分株繁殖。喜温暖、湿润及半阴环境，大多种类耐热、不耐寒。生长适温18~30℃不等。栽培可选用泥炭土或腐叶土，以疏松、排水良好为宜。生长期保持基质湿润，并保持叶筒内有水。对肥料要求不高，半个月施1次稀薄的液肥即可。

行家提示： 大部分种类开花后会在母株边长出新的个体，生根后可分离另栽。

新几内亚凤仙

Impatiens hawkeri

种植难度：★★★☆☆　市场价位：★★★☆☆
光照指数：★★★★☆　浇水指数：★★★☆☆
施肥指数：★★★☆☆

辨识要点： 凤仙花科凤仙花属多年生常绿草本。茎肉质，分枝多。叶互生，有时上部轮生状，叶片卵状披针形，叶脉红色。花单生或数朵聚成伞房花序，花瓣桃红、粉红色、橙红色、紫红色、白色等。花期6~8月。

莳养要诀： 扦插繁殖，春、秋为适期，插后2周可上盆。喜温暖、湿润及散射光充足的环境，不耐寒、耐热，生长适温18~26℃，12℃以上可安全越冬。在疏松肥沃的土壤中生长良好。浇水掌握见干见湿的原则，不可积水及过干，半个月喷施1次复合肥，营养生长时控制氮肥的施用量，防止徒长。

行家提示： 也可用种子繁殖，但结实率低，且种子易出现分离。

非洲凤仙花

Impatiens walleriana

种植难度：★★☆☆☆　市场价位：★★☆☆☆
光照指数：★★★★☆　浇水指数：★★★☆☆
施肥指数：★★☆☆☆

辨识要点： 又名苏丹凤仙花，为凤仙花科凤仙花属多年生草本。茎多汁，多分枝，在株顶呈平面开展。叶卵形，边缘钝锯齿状。花腋生，1~3朵，花形扁平，花色丰富。花期全年。

莳养要诀： 播种春秋均可，扦插以春季及秋季为佳。喜温暖、全日照或半日照。生长适温15~28℃，12℃以上可安全越冬。对水分要求比较高，苗期保持盆土湿润，失水或干旱对根系和叶片生长不利。空气干燥时应经常向植物喷水，保持空气湿度。每月施肥2次，以复合肥为主。

行家提示： 夏季中午强光直射时需遮阴，否则易灼伤叶片，同时也可延长花期。

花叶芦竹
Arundo donax 'Versicolor'

种植难度：★☆☆☆☆　　市场价位：★★☆☆☆
光照指数：★★★★★　　浇水指数：★★★★☆
施肥指数：★☆☆☆☆

辨识要点： 又名斑叶芦竹，为禾本科芦竹属多年生草本，株高 2~5 米。叶片呈两行排列，线状披针形，先端长渐尖，基部心形或圆形，叶具白色条纹。圆锥花序，小穗狭披针形。颖果。花果期 9~12 月。

莳养要诀： 分株繁殖，早春将植株挖出，每丛 3~5 芽一丛，另栽即可。喜温暖及阳光充足的环境，耐热，喜湿。生长适温 18~26℃。不择土壤。管理粗放，定植后保持土壤潮湿，在浅水中也可正常生长。一般不用施肥。

行家提示： 可水陆两栖。

虎耳草
Saxifraga stolonifera

种植难度：★☆☆☆☆　　市场价位：★★☆☆☆
光照指数：★★★☆☆　　浇水指数：★★★☆☆
施肥指数：★☆☆☆☆

辨识要点： 又名金线吊芙蓉，为虎耳草科虎耳草属多年生草本，株高 8~45 厘米。基生叶近心形、肾形至扁圆形；茎生叶披针形。聚伞花序圆锥状，花瓣白色，中上部具紫红色斑点，基部具黄色斑点。花果期 4~11 月。

莳养要诀： 分株或用走茎上的幼株另栽，生长期均可进行。喜温暖及半日照环境，耐热、耐瘠，有一定的耐寒性。生长适温 16~28℃。不择土壤，喜肥沃、排水良好的壤土。2 年换盆 1 次，生长期保持土壤湿润，冬季低温需控水。每月施 1 次复合肥。

行家提示： 施肥时不要沾污叶片。在夏季高温季节，将植株放于通风凉爽的地方。

西瓜皮椒草

Peperomia argyreia

种植难度：★★☆☆☆　　市场价位：★★☆☆☆
光照指数：★★★☆☆　　浇水指数：★★★☆☆
施肥指数：★☆☆☆☆

辨识要点： 又名西瓜皮豆瓣绿，为胡椒科草胡椒属多年常绿草木，株高15~20厘米。叶密集，肉质，盾形或宽卵形，叶面具银白色的规则色带，似西瓜皮。穗状花序，花小，白色。花期春夏。

莳养要诀： 分株或扦插繁殖，生长期为适期。喜温暖、湿润及散射光充足的环境，耐热、不耐寒。生长适温20~28℃，10℃以上可安全越冬。喜疏松、透气、排水良好的轻质土壤。生长季节保持盆土湿润，忌过湿及积水，否则易烂根落叶。每月施1次稀薄复合肥或腐熟饼肥水。干热季节多向植株喷水，保持较高的空气湿度。

行家提示： 氮肥不宜过多，应磷钾肥配合使用，否则叶面斑纹变浅。

荷叶椒草

Peperomia polybotrya

种植难度：★★☆☆☆　　市场价位：★★☆☆☆
光照指数：★★★☆☆　　浇水指数：★★★☆☆
施肥指数：★☆☆☆☆

辨识要点： 胡椒科草胡椒属多年生常绿草本，株高15~20厘米。叶肉质，簇生，叶倒卵形。穗状花序，灰白色。花期春季。

莳养要诀： 分株或叶插，春夏为适期。喜温暖、湿润及散射光充足的环境，耐热、不耐寒，生长适温20~28℃，10℃以上可安全越冬。喜肥沃、排水良好的壤土。2年换盆1次，随时剪掉枯黄的老叶。生长期保持盆土湿润，不可积水。每月施1次复合肥，忌氮肥过多。

行家提示： 如植株株型变差可重剪更新。

花叶艳山姜

Alpinia zerumbet 'Variegata'

种植难度：★☆☆☆☆　　市场价位：★★☆☆☆
光照指数：★★★★★　　浇水指数：★★★☆☆
施肥指数：★★☆☆☆

辨识要点： 又名花叶良姜，为姜科山姜属多
年生草本，株高 1~2 米。叶具鞘，长椭圆形，
两端渐尖，叶面有金黄色的纵斑纹、斑块。
圆锥花序下垂，苞片白色，边缘黄色，顶端及基部粉红色，花冠白色。花期夏季。

莳养要诀： 分株繁殖，春季为适期。喜温暖、湿润环境，全日照或半日照均可良好生长，
耐热、不耐寒、耐瘠。生长适温 22~28℃。对土壤要求不严，以肥沃、排水良好的
壤土为佳。生长期保持盆土湿润，每月施肥 1 次，以复合肥为主。如盆栽 2 年换盆 1 次。

行家提示： 夏秋干热季节，多向植株喷雾。及时修剪枯黄老叶，保持株型美观。

姜荷花

Curcuma alismatifolia

种植难度：★☆☆☆☆　　市场价位：★★☆☆☆
光照指数：★★★★★　　浇水指数：★★★☆☆
施肥指数：★★☆☆☆

辨识要点： 姜科姜黄属多年生草本，株高
30~80厘米。叶基生，长椭圆形，革质，亮绿色，
顶端渐尖，中脉为紫红色。穗状花序，上部
苞叶桃红色，阔卵形，下部为蜂窝状绿色苞片，
内含白色小花。花期 6~10 月。

莳养要诀： 分株繁殖，春秋为适期。喜高温
多湿环境，全日照或半日照，耐热、不耐寒。
生长适温 22~32℃。喜肥沃、排水良好的沙质土壤。盆栽 2~3 年换盆 1 次，生长期
保持基质湿润，不能积水，防止根茎腐烂。每月施肥 1~2 次，现蕾后增施磷钾肥，
有利于花大色艳。

行家提示： 越冬时停止施肥，土壤微湿润即可，切忌过湿及积水，否则极难越冬。

姜花
Hedychium coronarium

种植难度：★☆☆☆☆　　市场价位：★★☆☆☆
光照指数：★★★★☆　　浇水指数：★★★☆☆
施肥指数：★★☆☆☆

辨识要点： 姜科姜花属直立草本，株高 1~2 米。叶片长圆状披针形或披针形，先端长渐尖，基部急尖。穗状花序顶生，椭圆形或卵形，苞片覆瓦状排列，淡绿色，每苞片内有花 2~3 朵。花白色，极芳香。蒴果。花期 9 月，果期 10 月。

莳养要诀： 于春季切取根茎繁殖。喜温暖、湿润及阳光充足的环境，耐热、耐半阴、不耐寒。生长适温 22~28℃。喜疏松、肥沃的沙质壤土。植前施足基肥，生长期保持土壤湿润，不要积水。可根据长势确定是否需要施肥。冬季进入休眠期，可将地上部分剪除，有利于第二年新芽萌发。

行家提示： 一般种植 3 年后根茎开始老化，这时可挖掘出重新种植。

红球姜
Zingiber zerumbet

种植难度：★☆☆☆☆　　市场价位：★★☆☆☆
光照指数：★★★★★　　浇水指数：★★★☆☆
施肥指数：★★☆☆☆

辨识要点： 又名野阳荷，为姜科姜属多年生常绿丛生草本，株高 1~2 米。叶两列，互生，披针形或长圆状披针形，先端渐尖或短渐尖，基部楔形。穗状花序，苞片近圆形，初时淡绿色，后变红色。蒴果。花期 7~9 月，果期 10 月。

莳养要诀： 分株繁殖，春季为适期。喜温暖、湿润及散射光充足的环境，耐热、耐瘠、不耐寒。生长适温 22~28℃。喜肥沃、排水良好的沙质壤土。对水分要求较高，宜保持基质湿润，不可过干过湿，渍涝会导致根茎腐烂。每月施 1 次复合肥，忌氮肥施用过量。

行家提示： 冬季进入休眠期，将地上部分剪除并清理干净，第二年可再次萌发。

红网纹草

Fittonia verschaffeltii

种植难度：★☆☆☆☆　　市场价位：★★☆☆☆
光照指数：★★★☆☆　　浇水指数：★★★☆☆
施肥指数：★☆☆☆☆

辨识要点： 又名费通花，为爵床科网纹草属多年生常绿草本，株高 10~20 厘米。植株低矮，呈匍匐状。叶对生，卵圆形，红色叶脉纵横交替。顶生穗状花序，花黄色。花期秋季。

莳养要诀： 扦插、分株繁殖，春秋为适期。喜温暖、湿润及散射光充足的环境，耐热、不耐寒、不耐旱。生长适温 20~28℃，12℃以上可安全越冬。喜疏松、排水良好的沙质壤土。对水分敏感，过干过湿均不利于植株生长，冬季可稍干燥。每月施肥 1~2 次，以复合肥为主。

行家提示： 在浇水及施肥等农事操作时，不要将叶片弄脏，否则极易烂叶。

箭叶秋葵

Abelmoschus sagittifolius

种植难度：★★☆☆☆　　市场价位：★★☆☆☆
光照指数：★★★★☆　　浇水指数：★★☆☆☆
施肥指数：★☆☆☆☆

辨识要点： 又名五指山参，为锦葵科秋葵属多年生草本，株高 30~100 厘米。叶互生，阔卵形或近圆形，基部心形或戟形，上部的叶有时为箭形。花单生于叶腋，花冠红色或黄色。蒴果。花期 4~9 月，果期秋季。

莳养要诀： 播种繁殖，春季为适期。喜温暖、湿润及光照充足的环境，耐热、耐瘠，生长适温 20~28℃。不择土壤。定植前施足基肥，保持土壤湿润，过干过湿均会影响植株生长。每月施肥 1 次，如土质肥沃不用施肥。

行家提示： 盆栽如分枝太多，可疏剪，以防落花落果。

银叶菊

Senecio cineraria

种植难度: ★★☆☆☆　　市场价位: ★☆☆☆☆
光照指数: ★★★★★　　浇水指数: ★★★☆☆
施肥指数: ★★☆☆☆

辨识要点: 又名雪叶菊、银叶艾,为菊科千里光属多年生草本。高50~80厘米,茎灰白色。叶1~2回羽状裂,正反面均被银白色茸毛。头状花序单生枝顶,花小,黄色。花期6~9月。

莳养要诀: 播种或扦插繁殖,种子秋播,扦插在生长期均可进行。喜温暖、湿润及光照充足的环境,较耐热、不耐寒。生长适温15~25℃。喜疏松肥沃、排水良好的沙质壤土。2年换盆1次,可通过修剪控制株型。5片真叶定植,喜肥,生长期每月施肥2~3次,复合肥、有机肥均可,并保持基质湿润。

行家提示: 叶面密布茸毛,翻土、施肥等操作时不要弄脏叶片。

大吴风草

Farfugium japonicum

种植难度: ★☆☆☆☆　　市场价位: ★☆☆☆☆
光照指数: ★★★☆☆　　浇水指数: ★★★☆☆
施肥指数: ★☆☆☆☆

辨识要点: 又名活血莲,为菊科大吴风草属多年生常绿草本,高30~70厘米。叶多为基生,革质,肾形,边缘波状。头状花序,舌状花黄色。花期8~12月。

莳养要诀: 播种或分株繁殖,春秋均为适期。喜温暖、湿润及散射光充足的环境,耐寒、稍耐热、耐瘠。生长适温12~25℃。不择土壤,以疏松、肥沃的壤土为佳。可粗放管理,生长季节保持土壤湿润,不要积水,每月施1~2次复合肥即可。

行家提示: 花叶品种耐寒性稍差,冬季注意保温,在较寒冷地区,冬季地上部分会枯死。

长筒花

Achimenes spp.

种植难度：★☆☆☆☆　　市场价位：★★☆☆☆
光照指数：★★★★☆　　浇水指数：★★☆☆☆
施肥指数：★★☆☆☆

辨识要点： 苦苣苔科长筒花属的统称，栽培的大多为园艺品种。地下具鳞茎，株高15~50厘米。叶椭圆形至卵形，叶片具茸毛，边缘具锯齿。花腋生，花冠长筒状，花色因品种而异，有黄、红、紫、橘黄、白等色。花期春至夏。

莳养要诀： 春季将鳞茎植于花盆中，覆上薄土。除用鳞茎繁殖外，也可用扦插及播种繁殖，扦插将枝条插于介质中，约1周就可萌发新芽，播种发芽适温20~25℃，3周后陆续发芽。给予充足的阳光，忌过阴，也忌强光直射，部分品种可摘心促其分枝。生长期保持土壤湿润。生长适温夜温15~20℃，昼温20~26℃。

行家提示： 秋后植株枯萎后进入休眠，将鳞茎挖出放于通风的纸袋内越冬，春季发芽后种植。

小岩桐

Gloxinia sylvatica

种植难度：★★☆☆☆　　市场价位：★★★☆☆
光照指数：★★★★☆　　浇水指数：★★★☆☆
施肥指数：★★☆☆☆

辨识要点： 又名小圆彤，为苦苣苔科红鸟苣苔属多年生草本，株高15~30厘米。成株由地下横走茎生长多数幼苗而成丛生状。叶对生，披针形或卵状披针形。花1~2朵腋生，花冠橙红色。花期10月至第二年3月。

莳养要诀： 分株或扦插繁殖，分株春季为佳，扦插春秋均可。喜温暖、湿润及光照充足的环境，耐热、不耐寒。生长适温20~28℃。喜疏松、排水良好的壤土。盆栽2年换盆1次。生长期保持盆土湿润，忌水湿，空气干燥多向植株喷雾。每月施1次复合肥，有机肥更佳。

行家提示： 花后将残花剪掉，可促发新的花枝产生而再次开花。

非洲紫罗兰
Saintpaulia ionantha

种植难度：★★★★☆　　市场价位：★★★☆☆
光照指数：★★★☆☆　　浇水指数：★★★☆☆
施肥指数：★★★☆☆

辨识要点： 又名非洲堇、非洲紫苣苔，为苦
苣苔科非洲紫罗兰属多年生草本。叶片轮状
平铺生长呈莲座状，叶卵圆形，全缘，先端
稍尖。花梗自叶腋间抽出，花单朵顶生或交
错对生，花有深紫罗兰色、蓝紫色、浅红色、
白色、红色等色，有单瓣、重瓣之分。花果期夏至冬。

莳养要诀： 分株或扦插繁殖，生长期均可。喜冷凉、湿润及半日照环境，不耐暑热、
不耐寒，生长适温 15~25℃。喜疏松、肥沃、排水良好的壤土。定植时不能过浅过深，
保持盆土湿润，补水最好用浸水法。半个月施 1 次复合肥，氮肥不宜过多。如遇连
续阴雨天，最好补光，防止植株徒长。

行家提示： 浇水时水温与气温最好接近，相差不宜超过 5℃，否则叶片易长黄斑。

环翅马齿苋
Portulaca umbraticola

种植难度：★☆☆☆☆　　市场价位：★☆☆☆☆
光照指数：★★★★★　　浇水指数：★★☆☆☆
施肥指数：★☆☆☆☆

辨识要点： 又名阔叶半支莲，为马齿苋科马
齿苋属多年生匍匐性草本。叶密集，不规则
互生，叶片卵圆形，扁平。花单生或数朵簇
生枝顶，花色有黄、红、粉红、紫红、白色及复色等。花期 6~9 月。

莳养要诀： 扦插繁殖，在生长期均可进行。喜湿润、湿润及阳光充足的环境，耐热、
耐旱、耐瘠，不耐寒。生长适温 20~30℃。不择土壤，以肥沃、排水良好的沙质壤
土为佳。粗放管理，浇水掌握见干见湿的原则，但不可过湿。光照不足，开花不良
或不开花。每月施肥 1 次，如土质肥沃，不用施肥。

行家提示： 分枝快，极易形成丰满株型。如植株老化，可全部铲掉重新扦插。

捕蝇草

Dionaea muscipula

种植难度：★★★★☆　市场价位：★★★☆☆
光照指数：★★★★★　浇水指数：★★★★☆
施肥指数：☆☆☆☆☆

辨识要点： 茅膏菜科捕蝇草属多年生草本，株高 10~30 厘米。基生叶小，圆形，花开时枯萎。茎生叶互生，弯月形或扇形，分为两半。叶片通常向外张开，叶缘蜜腺散发出甜蜜的气味。总状花序，小花白色。蒴果。花期 5~6 月，果期夏秋。

莳养要诀： 播种、叶插或分株法繁殖。喜温暖、潮湿及光照充足的环境，耐热、耐水湿、生长适温 15~28℃。喜疏松壤土。栽培用盆不宜太大。对水分要求较高，最好用纯净水来浇灌，宜将花盆下半部浸入水中。对肥料需求量极少，一般不用施肥，切忌浓肥。

行家提示： 因捕蝇草生于沼泽性草原中，要求空气湿度较高，可定期向植株喷雾，保持空气湿度。

孔雀茅膏菜

Drosera paradoxa

种植难度：★★★★☆　市场价位：★★★☆☆
光照指数：★★★★☆　浇水指数：★★★★☆
施肥指数：★☆☆☆☆

辨识要点： 茅膏菜科茅膏菜属多年生草本，茎高 30 厘米。叶互生或基生而莲座状密集，被头状黏腺毛。聚伞花序，花粉红或白花，花瓣 5 枚，开展。蒴果。花期秋季。

莳养要诀： 播种或分株繁殖。喜高温、高湿及阳光充足的环境，生长适温为 25~35℃，空气相对湿度以 60% 以上为佳。基质可使用纯水苔，也可使用两份水苔、泥炭土混合一份珍珠岩。

行家提示： 光照充足，植株颜色会更鲜艳。

天竺葵

Pelargonium hortorum

种植难度：★ ★ ★ ☆ ☆   市场价位：★ ★ ★ ☆ ☆
光照指数：★ ★ ★ ★ ☆   浇水指数：★ ★ ★ ☆ ☆
施肥指数：★ ★ ★ ☆ ☆

辨识要点： 又名洋绣球，为牻牛儿苗科天竺葵属多年生草本花卉，株高 20~40 厘米。单叶互生，叶掌状有长柄，叶缘多锯齿，叶面绿色或有较深的环状斑纹。伞形花序腋生，花色红、白、粉、紫等，有单瓣和重瓣品种。蒴果。花期初冬至翌年夏初，果期春至夏。

莳养要诀： 播种或扦插繁殖，以扦插为主，春秋两季为适期。喜凉爽、湿润的环境，全日照或半日照，较耐热、不耐寒。生长适温 15~25℃。喜疏松、肥沃、排水良好的壤土。2 年换盆 1 次，将过长根系剪掉。生长期保持盆土湿润，炎热季节控制浇水，防止烂根。10 天施肥 1 次，以复合肥为主。

行家提示： 摘心可促花新枝，并使株型丰满而形成花球。

紫瓶子草

Sarracenia purpurea

种植难度：★ ★ ★ ★ ☆   市场价位：★ ★ ★ ★ ☆
光照指数：★ ★ ★ ★ ☆   浇水指数：★ ★ ★ ★ ☆
施肥指数：★ ☆ ☆ ☆ ☆

辨识要点： 又名北美瓶子草，为瓶子草科瓶子草属多年生食虫草本。具根茎，叶丛莲座状，圆筒状。花葶直立，花单生，紫或绿紫色。花期 4~5 月。

莳养要诀： 播种或分株繁殖。喜温暖、湿润及光照充足的环境，夏季需半阴，耐热、不耐寒。生长适温 20~28℃。喜疏松、排水良好的泥炭土。生长期保持基质潮湿，但不能积水，夏季干热季节多喷雾保湿。需肥量较少，一般不用施肥。

行家提示： 冬季休眠时，控制浇水，基质稍湿润即可，室温控制在 2℃以上。

橙果薄柱草

Nertera granadensis

种植难度：★★★★☆　　市场价位：★★★☆☆
光照指数：★★★★☆　　浇水指数：★★☆☆☆
施肥指数：★★☆☆☆

辨识要点： 茜草科薄柱草属多年生草本，植株低矮，高约 20 厘米。叶小，宽卵形，顶部圆，下部微心形或近截平，全缘。花小，顶生，绿色。果橙黄色。花期春季。

莳养要诀： 多用播种繁殖，喜稍冷凉及半阴环境。春季开花及坐果时，适当增加浇水量，保持土壤湿润，叶片及果实长期过湿则极易腐烂。每月浇施 1 次水溶性肥料。当果实变黑时，及时摘除。

行家提示： 养护较难，不建议初学者栽培。

花叶冷水花

Pilea cadierei

种植难度：★★★☆☆　　市场价位：★★★☆☆
光照指数：★★★☆☆　　浇水指数：★★★☆☆
施肥指数：★★☆☆☆

辨识要点： 荨麻科冷水花属多年生草本或半灌木。叶多汁，干时变纸质，同对的近等大，倒卵形，先端骤凸，基部楔形或钝圆。花雌雄异株，雄花序头状，雄花倒梨形。花期 9~11 月。

莳养要诀： 分株繁殖或扦插繁殖，春秋为适期。喜温暖、湿润及散射光充足的环境，耐热、不耐寒。生长适温 20~28℃，5℃以上可安全越冬。喜疏松、肥沃的壤土。生长期保持盆土湿润，不可过干及过湿。温度过低时不要向叶片喷雾，以免产生黑斑。每月施 1 次复合肥，氮肥不可过量，否则植株徒长，抗性差。

行家提示： 当植株长势变差，可重剪更新或重新扦插。

草莓

Fragaria × ananassa

种植难度：★★☆☆☆　　市场价位：★☆☆☆☆
光照指数：★★★★★　　浇水指数：★★★☆☆
施肥指数：★★☆☆☆

辨识要点： 蔷薇科草莓属多年生草本，高
10~40厘米。叶3出，小叶具短柄，质地较厚，
倒卵形或菱形，稀圆形，顶端圆钝，基部阔
楔形。聚伞花序，有花5~15朵，花瓣白色。
聚合果大，鲜红色。花期4~5月，果期6~7月。

莳养要诀： 主要采用分株繁殖，喜光照充足
气候，花芽分化期温度5~15℃，开花结果期10~30℃。不耐涝，土壤要疏松，有良
好通透性。定植前需加入腐熟有机肥，植后每月施1~2次速效肥。

行家提示： 土壤肥沃程度决定了草莓的长势及结果量，因此选择好土壤至关重要。

竹节秋海棠

Begonia maculata

种植难度：★★☆☆☆　　市场价位：★★☆☆☆
光照指数：★★★★☆　　浇水指数：★★★☆☆
施肥指数：★☆☆☆☆

辨识要点： 又名美丽秋海棠，为秋海棠科秋
海棠属常绿半灌木状草本，株高50~100厘
米。叶偏歪的长椭圆状卵形，叶表绿色，具
多数白色小圆点；叶背面红色，边缘波浪状。
花序梗下垂，花暗红或白色。花期夏至秋。

莳养要诀： 扦插繁殖，春季为适期。喜温暖、湿润及充足的散射光，耐热、不耐寒，
不耐水湿。生长适温18~28℃。喜疏松、肥沃的壤土。生长期浇水掌握见干见湿的原则，
雨季注意排水。每个月施1次稀薄的复合肥或有机液肥。入冬后，控制浇水并停止施肥。

行家提示： 多年生长的植株过高，下部叶片脱落，观赏性下降，可重剪更新。

丽格秋海棠

Begonia × hiemalis

种植难度：★★★★☆　　市场价位：★★★☆☆
光照指数：★★★★☆　　浇水指数：★★★☆☆
施肥指数：★★★☆☆

辨识要点： 又名玫瑰海棠，为秋海棠科秋海棠属多年生草本。茎肉质多汁，单叶互生，心形，叶缘为重锯齿状或缺刻；花多为重瓣，花色有红、橙、黄、白等。花期冬季。

莳养要诀： 扦插繁殖，春至夏均可。喜温暖、湿润及阳光充足的环境，不耐暑热、不耐寒。生长适温 15~22℃，8℃以上可安全越冬。喜疏松、肥沃的微酸性沙质壤土。在高温多雨季节，注意通风，防止烂叶。生长期保持盆土湿润，不可积水。喜肥，10 天施 1 次复合肥。

行家提示： 在浇水施肥时不要弄湿或弄脏叶片，否则极易腐烂。

铁十字秋海棠

Begonia masoniana

种植难度：★★★☆☆　　市场价位：★★★☆☆
光照指数：★★★★☆　　浇水指数：★★★☆☆
施肥指数：★★☆☆☆

辨识要点： 又名铁甲秋海棠，为秋海棠科秋海棠属多年生草本。叶基生，通常 1 片，叶片两侧极不相等，轮廓斜宽卵形至斜近圆形，先端急尖或短尾尖，基部深心形，上面深绿色，有浅色斑纹。花多数，黄色。花期 5~7 月，果期 9 月开始。

莳养要诀： 扦插繁殖，但生根困难，温度以 18~24℃为宜。喜温暖、湿润及半日照，较耐热、不耐寒。上盆后摘心促分枝，生长期保持盆土湿润，忌雨淋。夏季高温最好放在通风凉爽的地方，不要超过 30℃，10℃以上可安全越冬。每个月施 1 次速效性肥料，控制氮肥用量。

行家提示： 在强光下生长，叶片变小，节间缩短，叶片易黄化、脱落，生长缓慢。

四季秋海棠
Begonia cucullata

种植难度：★★★★☆　　市场价位：★★★☆☆
光照指数：★★★★☆　　浇水指数：★★★☆☆
施肥指数：★★★☆☆

辨识要点： 又名四季海棠，为秋海棠科秋海棠属多年生草本，株高 15~30 厘米。叶互生，卵形，边缘有锯齿，绿色或带淡红色。聚伞花序腋生，花有单瓣和重瓣；花色有红、白、粉红。花期全年。

莳养要诀： 播种以春秋为适期，分株于春季进行，扦插在生长季节均可。喜温暖、湿润及散射光充足的环境，较耐热、不耐寒。生长适温 15~25℃。喜排水良好、富含腐殖质的沙质壤土。生长期水分不要过干及过湿，冬季控制浇水量。多次摘心可促发分枝，枝繁叶茂，开花多。半个月施 1 次速效性肥料或有机肥液。

行家提示： 浇水施肥时不要污染叶片，否则极易烂叶。

君子兰
Clivia miniata

种植难度：★★★☆☆　　市场价位：★★★★☆
光照指数：★★★☆☆　　浇水指数：★★★☆☆
施肥指数：★★★☆☆

辨识要点： 又名大花君子兰，为石蒜科君子兰属多年生常绿草本，株高 30~50 厘米。叶片扁平带状，光亮、常绿。伞状花序生于花葶顶部，小花漏斗形，花橘红色。浆果成熟后红色。花期冬季及春季，果期春夏。

莳养要诀： 采用播种或花后分株繁殖。喜温暖、湿润及半阴环境，不耐热、不耐寒，生长适温 15~25℃。冬季室温应保持5℃以上，少浇水。生长期保持土壤湿润。每月施肥 1~2 次，以有机肥为佳。

行家提示： 君子兰具有向光性，每周要调整花盆位置，否则叶片朝向易乱，影响观赏。

文殊兰

Crinum asiaticum var. *sinicum*

种植难度：★★☆☆☆　　市场价位：★★☆☆☆
光照指数：★★★★☆　　浇水指数：★★★☆☆
施肥指数：★☆☆☆☆

辨识要点： 又名十八学士，为石蒜科文殊兰属多年生草本。鳞茎粗壮，呈长圆柱形。叶阔带形或剑形，基部抱茎。花葶从叶丛中抽出，伞形花序顶生，外具大苞片2枚，花白色、具浓香。蒴果球形。花期5~10月。

莳养要诀： 分株繁殖，春季及秋季均为适期。喜温暖、湿润及光照充足的环境，耐热、耐瘠、不耐寒。生长适温22~30℃。不择土壤，以肥沃、疏松的壤土为佳。在生长期，土壤宜湿润，冬季休眠时，土壤稍干为佳，防止烂根。每月施肥1次，如土质肥沃，可不施肥。

行家提示： 养护时须多见阳光，过于荫蔽，叶色暗淡，叶片瘦弱。

黄时钟花

Turnera ulmifolia

种植难度：★★☆☆☆　　市场价位：★★☆☆☆
光照指数：★★★★☆　　浇水指数：★★★☆☆
施肥指数：★☆☆☆☆

辨识要点： 时钟花科时钟花属多年生草本，呈半灌木状，株高30~60厘米。叶互生，长卵形，先端锐尖，边缘有锯齿。花近枝顶腋生，花冠金黄色，每朵花至午前凋谢。花期春夏季，果期夏秋季。

莳养要诀： 播种或扦插繁殖，春季进行。喜高温、高湿，喜阳光充足，耐热、耐瘠、不耐寒。生长适温22~30℃。不择土壤，喜疏松、肥沃、排水良好的壤土。生长期保持盆土湿润，浇水掌握见干见湿的原则，雨季注意防水。半个月施肥1次速效性肥料。

行家提示： 植株生长势衰弱，可重剪更新，促发新枝。

香石竹

Dianthus caryophyllus

种植难度：★★★☆☆　　市场价位：★★☆☆☆
光照指数：★★★★★　　浇水指数：★★★☆☆
施肥指数：★★☆☆☆

辨识要点： 又名康乃馨、麝香石竹，为石竹科石竹属多年生草本或亚灌木，株高 40~100 厘米。叶对生，线状披针形。花单生于枝端，花瓣扇形，花色有深红、白、粉红、鹅黄及复色等，具香气。蒴果，卵球形。花期 5~8 月，果期 8~9 月。

莳养要诀： 多用扦插法繁殖，全年均可进行。喜温暖、湿润及光照良好的环境，不耐热、不耐寒。生长适温 12~22℃。喜排水良好、肥沃的壤土。定植后浇水掌握见干见湿的原则，避免干旱及渍涝。半个月施 1 次稀薄液肥。在炎热夏季注意通风。

行家提示： 小苗在 15 厘米时摘心促发分枝，以后可根据情况继续摘心，使株型丰满，开花繁茂。

金钱蒲

Acorus gramineus

种植难度：★☆☆☆☆　　市场价位：★★★☆☆
光照指数：★★★☆☆　　浇水指数：★★★★★
施肥指数：★☆☆☆☆

辨识要点： 又称菖蒲、随手香，多年生草本，高 20~30 厘米。根茎及叶片具芳香。栽培品种较多，叶片线形，叶片宽窄不一，有的带有金边、金心。肉穗花序黄绿色，圆柱形。花期 5~6 月，果 7~8 月成熟。

莳养要诀： 主要以根茎分株繁殖，宜于春季进行，将带芽的根茎植于盆中即可。光照以散射光为佳，忌强光。喜高湿环境，忌干燥，过于干燥时叶片生长不良。一般不用施肥，注意通风，对温度适应性强，可耐 0℃ 以下低温。

行家提示： 金钱蒲生于湿润之地，要及时补水。

白柄粗肋草

Aglaonema commutatum 'White Rajah'

种植难度：★★☆☆☆　　市场价位：★★☆☆☆
光照指数：★★★☆☆　　浇水指数：★★★★☆
施肥指数：★★☆☆☆

辨识要点： 又名白雪公主，为天南星科广东万年青属多年生常绿草本，株高30~50厘米。叶柄白色。叶长椭圆形，先端渐尖，基部楔形，叶面具白色斑纹。肉穗花序，浆果。花期春季。

莳养要诀： 可用茎秆或茎顶扦插，生长期均可；分株以春季及秋季为佳。喜温暖、湿润及半阴环境，耐热、不耐寒。生长适温20~28℃，10℃以上可安全越冬。生长旺期，多浇水及喷雾，防止叶片焦枯。半个月施肥1次，有机肥、速效肥均可。

行家提示： 对光照要求较高，强光会灼伤叶片，光线过暗，叶片会褪色，无光泽。

杂种粗肋草

Aglaonema hybrida

种植难度：★★☆☆☆　　市场价位：★★☆☆☆
光照指数：★★★☆☆　　浇水指数：★★☆☆☆
施肥指数：★★☆☆☆

辨识要点： 天南星科粗肋草属多年生草本。叶多为长圆形或长圆状披针形，叶面具不同色泽的斑点或色块。佛焰苞黄绿色或绿色，内面为白色，肉穗花序。浆果。花果期因品种而异。

莳养要诀： 目前栽培的杂种粗肋草大多为组培生产，家庭也可采用分株法。喜温暖及湿润环境，生长适温22~30℃，耐热性较好，耐寒性差。喜光，但忌暴晒，较耐阴。土壤选择市售的营养土即可，生长期保持土壤湿润。施肥以平衡肥为主，忌施大量氮肥，否则植株徒长，且色斑可能变淡。

行家提示： 夏季闷湿及冬季低温高湿极易烂根及烂茎，因此应注意控制水分。

广东万年青
Aglaonema modestum

种植难度：★★☆☆☆　　市场价位：★★☆☆☆
光照指数：★★★☆☆　　浇水指数：★★★★☆
施肥指数：★☆☆☆☆

辨识要点： 又名粗肋草、亮丝草，为天南星科广东万年青属多年生常绿草本。株高 40~70 厘米。茎直立不分枝，节间明显。叶互生，卵状披针形或长椭圆形，深绿色，有光泽。叶柄长，基部成鞘状。佛焰苞淡绿色。花期夏末秋初。

莳养要诀： 分株繁殖，生长期为适期。喜温暖、湿润及半阴环境，耐热、耐瘠、较耐旱、不耐寒。生长适温 20~28℃。不择土壤。可粗放管理，基质保持湿润，也可稍干燥，以控制植物长势。生长期施肥 2~3 次即可。2 年换盆 1 次。

行家提示： 通风不良或植株过密易出现黄叶。全株入药，可用于狂犬咬伤、治蛇咬伤、咽喉肿痛等症。

观音莲
Alocasia × mortfontanensis

种植难度：★★☆☆☆　　市场价位：★★★☆☆
光照指数：★★★☆☆　　浇水指数：★★★★☆
施肥指数：★★☆☆☆

辨识要点： 又名美叶芋、黑叶观音莲，为天南星科海芋属多年生常绿草本。叶箭形盾状，先端尖，叶缘具齿状缺刻，叶面墨绿色，叶脉银白色，叶背紫褐色。花序肉穗状，佛焰苞白色。花期初夏。

莳养要诀： 分株繁殖，春季为适期。喜温暖、喜湿润、喜半阴，耐热、不耐寒。生长适温 22~28℃，8℃以上可安全越冬。喜疏松、肥沃、排水良好的壤土。定植后，3~5 天浇水 1 次，保持基质湿润，过湿易烂茎。每月施肥 1 次，有机肥或速效肥均可。

行家提示： 越冬时，定期擦洗叶片上的滞尘，保持叶片洁净光亮。

红掌

Anthurium andraeanum

种植难度：★★★☆☆　　市场价位：★★★☆☆
光照指数：★★★★☆　　浇水指数：★★★☆☆
施肥指数：★★★☆☆

辨识要点： 又名安祖花、花烛，为天南星科花烛属多年生常绿草本。株高 30~80 厘米。叶片长椭圆状心脏形，革质，鲜绿色。花葶自叶腋抽出，佛焰苞心脏形，有红、桃红、朱红、白、绿、橙等色，肉穗花序圆柱形。花果期全年。

莳养要诀： 分株繁殖，春季为适期，商业生产均用组培法。喜温暖、高湿及半阴环境，较耐热、不耐寒。生长适温 20~28℃，12℃以上可安全越冬。喜疏松、排水良好的微酸性土壤。生长期 2~3 天浇水 1 次，保持基质湿润，冬季 5~7 天浇水 1 次，基质宜稍干。10 天施 1 次复合肥。

行家提示： 红掌喜高湿，需喷雾保湿，喷雾后不能带水珠过夜，否则极易感病。

花叶芋

Caladium bicolor

种植难度：★★☆☆☆　　市场价位：★★★☆☆
光照指数：★★★★☆　　浇水指数：★★★☆☆
施肥指数：★★☆☆☆

辨识要点： 又名彩叶芋、五彩芋，为天南星科五彩芋属多年生常绿草本，株高 30~50 厘米。基生叶，心形或箭形，绿色，具白色或红色斑点。佛焰苞白色，肉穗花序黄至橙黄色。花期春季。

莳养要诀： 分株繁殖，春季为适期。喜温暖、湿润及半阴环境，耐热、不耐寒。生长适温 22~30℃，8℃以上可安全越冬。在生长期，经常向叶面喷水，并保持基质湿润，有利叶片生长。半个月施 1 次复合肥或有机肥。花没有观赏价值，花蕾长出后即可摘掉，以免消耗营养，并置于通风良好的地方。

行家提示： 分株切割母株时，一定用利刀或利剪，并用草木灰涂抹，以减少病害发生。

千年健

Homalomena occulta

种植难度：★★☆☆☆　　市场价位：★★☆☆☆
光照指数：★★★☆☆　　浇水指数：★★★☆☆
施肥指数：★☆☆☆☆

辨识要点： 又名平丝草，为天南星科千年健属多年生草本。叶片膜质至纸质，箭状心形至心形，先端骤狭渐尖，基部心形。佛焰苞绿白色，盛花时上部略展开成短舟状，肉穗花序。浆果。花期7~9月。

莳养要诀： 分株繁殖，一年四季均可。喜温暖、湿润及半阴环境，耐热、不耐寒。生长适温20~28℃，8℃以上可安全越冬。不择土壤，喜排水良好、肥沃的沙壤土。生长期以氮肥为主，配施磷钾肥，并保持土壤湿润。

行家提示： 如室内较暗，须定期置于光线明亮的地方养护。

春羽

Philodendron bipinnatifidum

种植难度：★★☆☆☆　　市场价位：★★☆☆☆
光照指数：★★★★☆　　浇水指数：★★★★☆
施肥指数：★★☆☆☆

辨识要点： 又名羽裂蔓绿绒，为天南星科喜林芋属多年生常绿草本。叶片生于茎的顶端，宽心脏形，羽状深裂。肉穗花序总梗甚短。花单性，无花被。浆果。花期3~5月。

莳养要诀： 分株或扦插繁殖，春至秋均可。喜温暖、湿润及半阴环境，耐热、不耐寒。生长适温20~28℃。喜肥沃、疏松和排水良好的微酸性沙质壤土。生长期保持盆土湿润，每天向叶面喷水保湿，每月施1~2次稀薄液肥。冬季控水并停止施肥。每年春季换盆1次。

行家提示： 盆栽3~5年后，株型变差，可更新另栽或剪掉茎秆重发新芽。

小天使喜林芋

Philodendron xanadu

种植难度：★★☆☆☆　　市场价位：★★☆☆☆
光照指数：★★★★☆　　浇水指数：★★★★☆
施肥指数：★★☆☆☆

辨识要点： 又名小天使，为天南星科喜林芋属多年生常绿草本，株高 30~50 厘米。叶外缘呈披针形，羽状裂叶，叶缘不规则浅裂至深裂。肉穗花序，浆果。花期春季。

莳养要诀： 分株繁殖，春至秋均可，商业生产均采用组培法。喜温暖、湿润及半阴环境，耐热、不耐寒。生长适温 20~28℃。喜排水良好、肥沃的壤土。浇水掌握见干见湿的原则，不能过干及渍涝。每月施 1~2 次稀薄液肥，不可太浓或施用没有腐熟的有机肥，以免产生肥害。

行家提示： 天气干热多向植株喷雾，并定期清洗叶面。

白鹤芋

Spathiphyllum floribundum

种植难度：★★★☆☆　　市场价位：★★★☆☆
光照指数：★★★★☆　　浇水指数：★★★★☆
施肥指数：★★★☆☆

辨识要点： 又名白掌、银苞芋，为天南星科苞叶芋属多年生常绿草本，株高 40~60 厘米。叶长圆形或近披针形，有长尖，基部圆形。佛焰苞直立向上，稍卷，白色，肉穗花序圆柱状。花期 5~10 月。

莳养要诀： 分株繁殖，生长期均可进行，生产上采用组培法。喜温暖、湿润及半阴环境，生长适温 22~30℃，越冬温度为 10℃以上。喜排水良好、肥沃的沙质壤土。2 年换盆 1 次，换盆时剪掉部分须根。半个月施肥 1 次，有机肥及速效肥均可。同时保持基质湿润，高温期向叶面及地面喷水，以提高空气湿度。

行家提示： 白鹤芋对湿度要求较高，空气过于干燥时往往出现叶片焦尖或焦边现象，并失去光泽。

雪铁芋
Zamioculcas zamiifolia

种植难度：★★★☆☆　　市场价位：★★★☆☆
光照指数：★★★☆☆　　浇水指数：★★☆☆☆
施肥指数：★★☆☆☆

辨识要点： 又名金钱树，为天南星科雪铁芋属多年生常绿草本，株高 30~50 厘米。羽状复叶自块茎顶端抽生，小叶在叶轴上呈对生或近对生，小叶卵形，全缘，有光泽。花瘦小，浅绿色。花期冬春。

莳养要诀： 扦插或分株繁殖，因分株的株型不美观，故不常采用，扦插在生长期均可进行。喜温暖、湿润及半阴环境，耐热、不耐寒。生长适温 20~30℃，10℃以上可安全越冬。生长期保持盆土湿润，在雨季及冬季则宜稍干燥，否则根茎极易腐烂。每月施 1~2 次稀薄液肥，冬季休眠期停肥。2 年换盆 1 次。

行家提示： 养护 3~5 年后，株型变差，可利用叶轴及叶片扦插繁殖后将母株丢弃。

金嘴蝎尾蕉
Heliconia rostrata

种植难度：★★☆☆☆　　市场价位：★★☆☆☆
光照指数：★★★★★　　浇水指数：★★★☆☆
施肥指数：★★☆☆☆

辨识要点： 又名垂花火鸟蕉、金嘴赫蕉，为蝎尾蕉科蝎尾蕉属多年生常绿草本，株高 1.5~2.5 米。叶互生，狭披针形或带状阔披针形，革质，全缘。顶生穗状花序，下垂。木质苞片呈二列互生排列成串，船形，基部深红色，近顶端金黄色。舌状花两性，米黄色。花期 5~10 月。

莳养要诀： 分株繁殖，春季为适期。喜温暖、湿润及半阴环境，耐热、耐瘠、不耐寒。生长适温 20~30℃，10℃以上可安全越冬。喜肥沃、疏松的中性至微酸性土壤。可粗放管理，生长期要保证水分充足，待土壤表面干后补 1 次透水，避免积水，防止根茎腐烂。每月施 1~2 次速效肥，有机肥更佳。

行家提示： 入冬后，植株观赏性较差，可剪除地上部分，有利新芽萌发。

蚌花
Tradescantia spathacea

种植难度：★☆☆☆☆　　市场价位：★☆☆☆☆
光照指数：★★★★☆　　浇水指数：★★★☆☆
施肥指数：★★☆☆☆

辨识要点： 又名紫背万年青、蚌兰，为鸭跖草科紫露草属多年生草本，株高50厘米。叶基生，密集覆瓦状，叶片披针形或舌状披针形，先端渐尖，基部扩大成鞘状抱茎，上面暗绿色，下面紫色。聚伞花序，苞片2枚，蚌壳状，淡紫色，花白色。蒴果。花期5~7月。

莳养要诀： 分株繁殖，生长期均可进行。喜温暖、湿润的环境，在全日照或半日照下均可生长。耐热、耐瘠、不耐寒。生长适温20~30℃。不择土壤，喜疏松、排水良好的微酸性壤土。粗放管理，生长期保持盆土湿润，每月施1次复合肥即可。

行家提示： 室内盆栽宜置于通风处。多年老株下部叶片逐渐脱落，观赏性变差，可翻盆更新。

花菖蒲
Iris ensata var. *hortensis*

种植难度：★★☆☆☆　　市场价位：★★☆☆☆
光照指数：★★★★★　　浇水指数：★★★★☆
施肥指数：★★☆☆☆

辨识要点： 鸢尾科鸢尾属多年生草本。叶宽条形。花茎高约1米，苞片近革质，顶端钝或短渐尖；花的颜色由白色至暗紫色，斑点及花纹变化甚大，单瓣至重瓣。花期6~7月，果期8~9月。

莳养要诀： 播种可于春季或秋季进行，分株春季为适期。喜温暖、湿润及光照充足的环境。生长适温15~28℃。喜疏松、肥沃的中性至微酸性壤土。栽植时可选择潮湿之地或浅水处，生长期保持基质潮湿或稍积水，不宜过干。如植前施入底肥，可不用再施肥。

行家提示： 茎叶含纤维，可制麻袋、搓绳索、造纸等；种子含油，可制肥皂。

巴西鸢尾
Neomarica gracilis

种植难度：★★☆☆☆　　市场价位：★★☆☆☆
光照指数：★★★★★　　浇水指数：★★★★☆
施肥指数：★★☆☆☆

辨识要点： 又名美丽鸢尾、马蝶花，为鸢尾科巴西鸢尾属多年生草本，株高30~40厘米。叶片两列，带状剑形。花茎高于叶片，花被片6枚，外3枚白色，基部褐色，有浅黄色斑纹，3枚前端蓝紫色。花期4~9月。

莳养要诀： 分株繁殖，春至秋均可。喜温暖、湿润及光照充足的环境，耐热、不耐寒。生长适温20~28℃。喜疏松、肥沃的中性至微酸性壤土。对环境适应能力强，生长期基质宜保持湿润，不要缺水，否则叶尖易干枯。每月施1次复合肥。

行家提示： 随时清除下部枯黄的老叶，以保持植株美观。

猪笼草
Nepenthes mirabilis

种植难度：★★★★☆　　市场价位：★★★☆☆
光照指数：★★★★☆　　浇水指数：★★★★☆
施肥指数：★☆☆☆☆

辨识要点： 又名猴子埕，为猪笼草科猪笼草属多年生藤状草本，株高约150厘米。叶互生，长椭圆形，全缘。中脉延长为卷须，末端有一小叶笼，瓶状。总状花序，小花单性，无花瓣。萼片红色或紫红色。花期4~11月，果期8~12月。

莳养要诀： 常用扦插或压条繁殖，生长期均可进行。喜温暖、高湿及半阴环境，耐热、不耐寒。牛长适温22~28℃，10℃以上可安全越冬。喜疏松、肥沃、排水良好的壤土。对水分敏感，需保持基质及空气湿润。对肥料要求较少，每月施1次稀薄含氮的复合肥即可。

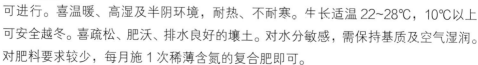

行家提示： 在空气过于干燥时，叶片极易枯尖，导致叶笼无法形成及正常生长，每天需定期喷雾。

苹果竹芋

Calathea orbifolia

种植难度：★★☆☆☆ 　市场价位：★★★☆☆
光照指数：★★★☆☆ 　浇水指数：★★★☆☆
施肥指数：★★☆☆☆

辨识要点： 又名圆叶竹芋，为竹芋科肖竹芋属多年常绿草本，株高 40~60 厘米。叶片大，薄革质，卵圆形，叶缘呈波状，先端钝圆。花序穗状。

莳养要诀： 分株繁殖，春至秋均可进行，生产上常采用组培法。喜温暖、湿润及半阴环境，耐热、不耐寒、不耐旱。生长适温 22~28℃，10℃以上可安全越冬。喜疏松肥沃、排水良好的微酸性土壤。生长期保持基质处于湿润状态，冬季控制浇水。10 天浇施 1 次稀薄液肥或每周喷施 1 次 1000 倍的尿素或磷酸二氢钾，冬季停止施肥。

行家提示： 在夏秋两季干热季节，多向植株喷雾，防止空气干燥导致叶缘枯焦。

箭羽竹芋

Calathea lancifolia

种植难度：★★☆☆☆ 　市场价位：★★☆☆☆
光照指数：★★★★★ 　浇水指数：★★★☆☆
施肥指数：★★☆☆☆

辨识要点： 竹芋科肖竹芋属多年生常绿草本，株高 40~75 厘米。叶柄紫红色。叶片薄革质，宽披针形，叶面绿色，上有大小不一的眼斑，背面紫红色，叶长 45 厘米，全缘。花白色。花期夏秋季。

莳养要诀： 分株繁殖为主，全年均可进行。喜温暖、湿润及半阴环境。耐热性好、不耐寒。生长适温 20~32℃。喜疏松、肥沃、排水良好的壤土。生长期保持土壤湿润，不可过干，每月施 1~2 次速效肥。

行家提示： 干燥季节每天向叶片喷雾保湿，防止叶片焦边。

孔雀竹芋
Calathea makoyana

种植难度：★★☆☆☆　　市场价位：★★☆☆☆
光照指数：★★★☆☆　　浇水指数：★★★☆☆
施肥指数：★★☆☆☆

辨识要点： 竹芋科肖竹芋属多年生常绿草本，
株高 30~60 厘米。叶柄紫红色。叶片薄革质，
卵状椭圆形，叶片先端尖，基部圆，黄绿色，在主脉侧交互排列有羽状暗绿色的长
椭圆形斑纹，对应的叶背为紫色，叶长可达 30 厘米。花白色，花期夏季。

莳养要诀： 分株繁殖，全年均可进行。喜温暖及湿润环境，以半日照为佳。生长适温
20~30℃，耐寒性一般。栽培以疏松、肥沃壤土为佳，生长期保持盆土湿润，冬季半
休眠期以稍干为宜。干热季节多向叶片喷雾，防止叶缘焦枯，生长期 10 天施 1 次稀
薄液肥。

行家提示： 氮肥偏多时，叶片过嫩且会出现徒长现象。

玫瑰竹芋
Calathea roseopicta

种植难度：★★☆☆☆　　市场价位：★★★☆☆
光照指数：★★★☆☆　　浇水指数：★★★☆☆
施肥指数：★★☆☆☆

辨识要点： 又名彩虹竹芋，为竹芋科肖竹芋
属多年生常绿草本，株高 30~60 厘米。叶椭
圆形或卵圆形，叶薄革质，叶两侧具羽状暗
绿色斑块，近叶缘处有一圈玫瑰色或银白色
环形斑纹。

莳养要诀： 分株繁殖，春至秋均可进行。喜温暖，喜湿润，喜半日照。耐热、不耐寒，
生长适温 22~28℃，8℃以上可安全越冬。喜疏松、肥沃、排水良好的壤土。在夏秋
高温期保持盆土湿润，否则会出现叶沿焦枯，每天喷雾保湿。冬季控制浇水，防止
盆土过湿造成根茎腐烂。生长期 10 天施 1 次稀薄液肥。

行家提示： 忌偏施氮肥，否则植株徒长，观赏性差且抗性下降；光照过强时遮阴，
防止叶缘焦枯。

宿根花卉

红鹿子草
Centranthus ruber

种植难度：★☆☆☆☆　　市场价位：★★☆☆☆
光照指数：★★★★★　　浇水指数：★★★☆☆
施肥指数：★★☆☆☆

辨识要点： 又名红鹿子花、距药草、红穿心排草、红缬草，为败酱科距缬草属多年生草本，株高 30~90 厘米。丛生，叶椭圆形，花红色，具清香。花期 6~8 月，果期 7~9 月。

莳养要诀： 播种或分株繁殖，均于春季进行。喜温暖、阳光充足的环境，不耐热、较耐寒。生长适温 15~22℃。喜疏松、排水良好的沙质壤土。对肥水要求不高，生长期浇水掌握见干见湿的原则，不要过湿及积水。每月施 1 次复合肥。

行家提示： 苗期根系较浅，松土时注意不要伤及根系，以免影响植株生长。

大花萱草
Hemerocallis hybrida

种植难度：★☆☆☆☆　　市场价位：★★☆☆☆
光照指数：★★★★★　　浇水指数：★★★☆☆
施肥指数：★★☆☆☆

辨识要点： 百合科萱草属多年生草本。花葶与叶近等长，在顶端聚生 2~6 朵花，苞片宽卵形，先端长渐尖至尾状。花近簇生，具很短的花梗，花被金黄色或橘黄色。蒴果椭圆形。花果期 6~10 月，果期秋季。

莳养要诀： 分株为主，春季或秋季均可进行。喜温暖、湿润及光照充足的环境，耐热、耐寒。生长适温 15~28℃。对土壤要求不严，以疏松、肥沃的壤土为佳。定植时施入基肥，每月施 1 次复合肥，也可喷施 1000 倍的磷酸二氢钾，促使花大色艳。虽然耐旱，但基质以湿润为佳。盆栽宜选择矮生品种。

行家提示： 花后及时剪除残花，防止消耗营养，并定期清理残叶，保持植株美观。

玉簪
Hosta plantaginea

种植难度：★★☆☆☆　　市场价位：★★☆☆☆
光照指数：★★★★☆　　浇水指数：★★★☆☆
施肥指数：★☆☆☆☆

辨识要点： 又名玉春棒、白鹤花，为百合科玉簪属多年生草本。叶基生丛状，卵形至心脏状卵形，先端急尖，基部心形。顶生总状花序，着花9~15朵，花白色。蒴果三棱状圆柱形。花期7~9月，果期熟10月。

莳养要诀： 播种或分株繁殖，以分株为主，春至秋均可进行。喜温暖及阴湿环境，耐寒、不耐热。生长适温12~25℃。不择土壤，以疏松、肥沃的壤土为佳。可粗放管理，保持土壤湿润，表土干后补水。每年施肥2~3次，以含氮量较高的复合肥为宜。

行家提示： 刚定植的植株，浇水不可过多，防止过湿烂根。

紫萼
Hosta ventricosa

种植难度：★★☆☆☆　　市场价位：★★☆☆☆
光照指数：★★★★☆　　浇水指数：★★★☆☆
施肥指数：★☆☆☆☆

辨识要点： 又名紫玉簪，为百合科玉簪属多年生草本。叶基生，卵形至卵圆形，基部心脏形。花葶从叶丛中抽出，总状花序，花紫色或淡紫色。蒴果圆柱形。花期6~7月，果期8月。

莳养要诀： 播种或分株繁殖，以分株为主，春至秋均可进行。喜温暖及阴湿环境，耐寒、耐旱。生长适温12~25℃。不择土壤。定植前施足基肥，植后浇1次透水。生长期保持基质湿润，天气干旱及时补水。每年施肥2~3次，入秋施1次有机肥，提高植株越冬的抗性。

行家提示： 天气干热时，多向植株喷水保持空气湿润，防止叶片失水焦枯。

临时救
Lysimachia congestiflora

种植难度：★★☆☆☆　　市场价位：★★☆☆☆
光照指数：★★★★☆　　浇水指数：★★★☆☆
施肥指数：★☆☆☆☆

辨识要点： 又名聚花过路黄，为报春花科过路黄属多年生宿根草本，株高20厘米。茎深紫红色，具短柔毛，多分枝。叶对生，卵形或广卵形。花多朵集生于枝端，呈密集状。蒴果。花期5~6月，果期7~10月。

莳养要诀： 播种、分株或扦插繁殖，以扦插为主，春至秋均可进行。喜温暖、湿润及光照充足的环境，耐半阴、耐寒。生长适温18~28℃。不择土壤。可粗放管理，耐旱，但以土壤湿润为佳，不耐渍涝。一般不施肥，如土质盆瘠，每月施1次速效性肥料。

行家提示： 如植株过密，可予以修剪，宜在入秋前完成，否则会影响第二年开花。

美国薄荷
Monarda didyma

种植难度：★★☆☆☆　　市场价位：★★☆☆☆
光照指数：★★★★★　　浇水指数：★★★☆☆
施肥指数：★★☆☆☆

辨识要点： 又名红花薄荷，为唇形科美国薄荷属多年生草本。叶片卵状披针形，先端渐尖或长渐尖，基部圆形，边缘具不等大的锯齿。轮伞花序多花，在茎顶密集成头状花序。花冠紫红色，冠檐二唇形，上唇直立。花期7月，果期秋季。

莳养要诀： 播种，春秋均可；分株，春季进行。喜温暖、喜湿润、喜光照，耐寒、不耐热。生长适温20~26℃。对土壤适性强，喜疏松、肥沃的微酸性壤土。定植后土壤不可过干，以潮湿宜，积水易烂根。每月施1~2次复合肥，入秋施1次有机肥，有利于植株抗寒越冬。

行家提示： 耐修剪，通过打顶控制高度，促分侧枝，形成良好株型，同时也可延迟花期。

多叶羽扇豆

Lupinus polyphyllus

种植难度：★★★☆☆　　市场价位：★★★☆☆
光照指数：★★★★★　　浇水指数：★★★☆☆
施肥指数：★★☆☆☆

辨识要点： 豆科羽扇豆属多年生草本，高50~100厘米。掌状复叶，小叶椭圆状倒披针形，先端钝圆至锐尖，基部狭楔形。总状花序，花冠蓝色至堇青色。荚果长圆形。花期6~8月，果期7~10月。

莳养要诀： 播种繁殖，多秋季进行。喜凉爽及阳光充足的环境，喜湿润，不耐热。生长适温15~25℃。不择土壤，喜疏松、肥沃的壤土。小苗生长较快，真叶长出后需控水，防止徒长。定植时多带土球，以防伤根。对肥料要求不高，生长期施肥3~5次，并保持土壤湿润。

行家提示： 花谢后及时剪除残花，控制水分，并置于通风冷凉的地方，以利度夏。

金叶箱根草

Hakonechloa macra 'Alboaurea'

种植难度：★★☆☆☆　　市场价位：★★☆☆☆
光照指数：★★★★★　　浇水指数：★★★☆☆
施肥指数：★☆☆☆☆

辨识要点： 禾本科箱根草属落叶多年生草本。具根状茎，线状披针形。原种叶片绿色，本品种上具金色宽条纹，全缘。圆锥花序。

莳养要诀： 多采用分株繁殖。喜充足的散射光，忌强光；喜冷凉，不喜炎热，生长适温15~25℃。对土壤要求不高，以湿润、通透性良好为佳，忌黏重土壤，每年施肥2~3次即可。

行家提示： 注意避免强光直射，否则叶片颜色会变得暗淡，且容易焦边。

天蓝绣球
Phlox paniculata

种植难度：★☆☆☆☆　　市场价位：★☆☆☆☆
光照指数：★★★★★　　浇水指数：★★★☆☆
施肥指数：★☆☆☆☆

辨识要点： 又名宿根福禄考，为花葱科天蓝绣球属宿根草本，株高 50~80 厘米。叶对生，长卵形至卵状披针形，全缘。花序顶生，花冠桃红色到紫红色，小花密集成球状。花期夏秋季。

莳养要诀： 分株或扦插繁殖，春季为适期。喜温暖、湿润及光照充足的环境，不耐热、耐寒。生长适温 10~25℃。喜肥沃的沙质壤土。定植时需带土团，有利于缓苗，并遮阴。生长期保证充分的水分供应，保持基质湿润，雨季注意排水。每月施肥 1 次，入秋后施 1 次有机肥，有利于越冬。

行家提示： 摘心、修剪后补充肥料，可促进分枝及植株生长，开花更多。

针叶天蓝绣球
Phlox subulata

种植难度：★☆☆☆☆　　市场价位：★☆☆☆☆
光照指数：★★★★★　　浇水指数：★★★☆☆
施肥指数：★☆☆☆☆

辨识要点： 又名芝樱、针叶福禄考，为花葱科天蓝绣球属多年生矮小草本。茎丛生，多分枝。叶对生或簇生于节上，钻状线形或线状披针形。花数朵生枝顶，花冠高脚碟状，淡红、紫色或白色。蒴果。花期 5~7 月。

莳养要诀： 扦插或分株繁殖，春至初夏为适期。喜温暖、湿润及光照充足的环境，不耐热、耐寒、耐瘠。生长适温 15~22℃。不择土壤，以疏松、排水良好的壤土为佳。定植前施足底肥，植后浇透水保湿，管理粗放。如室外栽培，一般不用补水及施肥。

行家提示： 注意修剪，特别是开花后，及时剪去开过花的枝条，以利新枝萌发。

焦糖矾根

Heuchera 'Caramel'

种植难度：★★☆☆☆　市场价位：★★★☆☆
光照指数：★★★★★　浇水指数：★★☆☆☆
施肥指数：★★☆☆☆

辨识要点： 虎耳草科矾根属多年生草本，株高 25~35 厘米。叶基生，阔心形至卵圆形，边缘浅裂，焦糖色。圆锥花序顶生，高出叶面，花小，钟状，白色。蒴果。花期 5~6 月。

莳养要诀： 分株繁殖。喜温暖及半阴环境，耐寒，不耐热，生长适温 15~25℃。喜土层深厚、富含有机质及排水良好的土壤，忌黏重土壤。生长期保持土壤湿润，每月随水施 1 次速效肥。

行家提示： 幼苗生长缓慢，要注意水肥管理。

白接骨

Asystasia neesiana

种植难度：★★☆☆☆　市场价位：★☆☆☆☆
光照指数：★★★☆☆　浇水指数：★★☆☆☆
施肥指数：★☆☆☆☆

辨识要点： 爵床科白接骨属多年生宿根草本。叶卵形至椭圆状矩圆形，顶端尖至渐尖，边缘微波状至具浅齿，纸质。总状花序或基部有分枝，顶生。花单生或对生，花冠淡紫红色，漏斗状。蒴果。花期春季。

莳养要诀： 播种或分株繁殖。喜温暖、湿润环境，喜光照，也耐半阴，耐热，有一定耐寒性，耐瘠。生长适温 15~28℃。对土壤没有特殊要求，在一般壤土均能良好生长，可粗放管理。如室外栽培，一般不用补水及施肥。

行家提示： 虽粗生，但盆栽时宜每月补肥 1 次。

芙蓉葵

Hibiscus moscheutos

种植难度：★★★☆☆　　市场价位：★★☆☆☆
光照指数：★★★★★　　浇水指数：★★★☆☆
施肥指数：★★☆☆☆

辨识要点： 又名草芙蓉，锦葵科木槿属多年生草本，株高 1~2 米。单叶互生，叶卵形至卵状披针形，基部楔形至近圆形，先端尾状渐尖，边缘具锯齿。花单生于枝端叶腋间，花白色、淡红和红色等，内面基部深红色。花期 7~9 月，果期秋冬。

莳养要诀： 播种或分株繁殖，春季及秋季为适期。喜温暖、湿润及光照充足的环境，耐寒、不耐热、不耐旱、忌湿涝。生长适温 18~25℃。喜肥沃、富含有机质的沙质壤土。可粗放管理，春季萌后浇 1 次透水，雨季注意排水，防涝。生长期施 2~3 次复合肥或有机肥。

行家提示： 入冬后，地上部分枯死，清理残枝并烧毁，可减少病虫害发生。

桔梗

Platycodon grandiflorus

种植难度：★★☆☆☆　　市场价位：★★☆☆☆
光照指数：★★★★★　　浇水指数：★★★☆☆
施肥指数：★☆☆☆☆

辨识要点： 又名铃铛花、僧帽花，为桔梗科桔梗属多年生草本。叶 3 枚轮生、对生或互生，叶片卵形至披针形，先端锐尖，基部宽楔形，边缘具尖锯齿。花 1 至数朵生茎或分枝顶端，花冠宽钟状，蓝紫色或白色。蒴果倒卵圆形。花期 7~9 月，果期秋季。

莳养要诀： 播种或分株繁殖，春季为适期。喜凉爽、湿润及光照充足的环境，耐寒、不耐热，耐瘠。生长适温 15~22℃。不择土壤，以疏松、排水良好的壤土为佳。定植时摘心，以利侧枝生长。生长期保持土壤湿润，每月施肥 1 次，开花前喷施 2 次磷酸二氢钾，促使花大色艳。花谢后及时修剪，以利植株积累养分。

行家提示： 如春季开花后，及时剪掉花枝，加强肥水管理，可再次开花。

喙檐花
Physoplexis comosa

种植难度：★★★☆☆　　市场价位：★★★☆☆
光照指数：★★★★★　　浇水指数：★☆☆☆☆
施肥指数：★☆☆☆☆

辨识要点： 桔梗科喙檐花属多年生草本。丛生，株高5~15厘米。叶椭圆形，深裂。花序圆形，头状，小花瓶状，蓝紫色，稀白色。花期春季。

莳养要诀： 可用播种法繁殖，秋播。喜湿润及阳光充足的环境，选择疏松透气、排水良好的碱性土壤。生长期盆土保持湿润，忌积水，每月施1~2次速效肥。

行家提示： 忌高热，夏季可移至通风、凉爽处栽培。

西洋蓍草
Achillea millefolium

种植难度：★★★☆☆　　市场价位：★★☆☆☆
光照指数：★★★★★　　浇水指数：★★★☆☆
施肥指数：★★☆☆☆

辨识要点： 又名多叶蓍，为菊科蓍草属多年生草本，株高30~60厘米。叶互生，常1~3回羽状深裂。头状花序，着生于茎顶。花有白色、红色、粉红色等，具香气。花期6~8月。

莳养要诀： 秋播或春秋分株。喜温暖、喜光照，耐寒、不耐热。生长适温15~22℃。喜中性至弱碱性土壤。定植前施入基肥，有利于后期生长。在生长期，保持土壤湿润，每月施肥1~2次。浇水施肥时不要沾污叶片，以免病害发生。

行家提示： 在炎热多雨季节，下部叶片常常枯黄，应注意修剪，以保持株型美观。

菊花
Chrysanthemum morifolium

种植难度：★★☆☆☆　　市场价位：★★☆☆☆
光照指数：★★★★★　　浇水指数：★★★☆☆
施肥指数：★★☆☆☆

辨识要点： 又名秋菊，为菊科菊属多年生草
本，高 0.5~1 米。叶互生，卵形至披针形，
边缘有粗大锯齿或深裂，基部楔形。头状花
序单生或数个集生于茎枝顶端，舌状花白色、
红色、紫色或黄色，管状花黄色。瘦果不发育。
花期多为秋季，果期冬季。

莳养要诀： 播种、扦插、分株或嫁接繁殖，
常用分株及扦插法。喜冷凉、湿润及光照充足的环境，耐热、较耐寒。生长适温
15~25℃。喜土层深厚、排水良好的中性至微酸性壤土。对水分要求较严，小苗期浇
水要少，以利培育壮苗，生长期需水量大，宜保持盆土湿润，天气干燥时向植株喷
雾保湿。定植时施基肥，每月施肥 1~2 次，开花后可暂停施肥。

行家提示： 施肥时不要把肥液浇到叶片上，以免叶片枯黄、腐烂。

梅莎黄宿根天人菊
Gaillardia aristata 'Mesa'

种植难度：★★☆☆☆　　市场价位：★☆☆☆☆
光照指数：★★★★★　　浇水指数：★☆☆☆☆
施肥指数：★★☆☆☆

辨识要点： 菊科天人菊属多年生草本，高 60~
80 厘米，全株被粗节毛。基生叶和下部茎叶
长椭圆形或匙形，全缘或羽状缺裂，两面被
尖状柔毛，中部茎叶披针形、长椭圆形或匙形。头状花序，花黄色。花果期春至秋。

莳养要诀： 多用播种繁殖，也可采用分株、扦插法。性强健，耐热、耐旱性较好，喜
阳光充足环境，土壤以排水良好、肥沃壤土为宜。喜肥，定植成活后即可施肥，一
般半个月 1 次，以平衡肥为主。为防止缺铁性黄化，生长期可喷施 1~2 次铁螯合物。

行家提示： 不需要打顶即可形成圆整丰满的株型。

荷兰菊

Symphyotrichum novi-belgii

种植难度：★☆☆☆☆　　市场价位：★☆☆☆☆
光照指数：★★★★★　　浇水指数：★★★☆☆
施肥指数：★☆☆☆☆

辨识要点： 又名柳叶菊，为菊科联毛紫菀属多年生宿根草本，株高 60~100 厘米。叶长圆形或披针状线形，光滑，暗绿色；头状花序密集或呈伞房状，花红紫、淡蓝至白色。花期 8~10 月，果期秋季。

莳养要诀： 播种、分株或扦插繁殖，多用分株法，可于春季进行。喜冷凉、光照充足的环境，耐寒、不耐热，喜肥沃，也耐瘠。生长适温 15~25℃。对土壤要求不严，以疏松、排水良好的沙壤土为佳。可粗放管理，对水肥要求不严，宜保持土壤湿润，土质肥沃，一般不用施肥。入秋后施 1 次有机肥，有利植株越冬。

行家提示： 花后剪除残花，有利于提高抗性，安全越冬。

欧耧斗菜

Aquilegia vulgaris

种植难度：★★★★☆　　市场价位：★★★☆☆
光照指数：★★★★★　　浇水指数：★★★☆☆
施肥指数：★★★☆☆

辨识要点： 又名西洋耧斗菜，为毛茛科耧斗菜属多年生草本，株高 40~80 厘米。叶基生及茎生，卵状三角形。聚伞花序生于枝顶，一茎着生多花，花梗细长且纤细。花朵下垂，花有蓝、紫或白色。蓇葖果。花期 5~7 月，果期夏季。

莳养要诀： 播种或分株繁殖，春季及秋季为适期。喜温暖、喜湿润、喜充足的光照，耐寒、耐瘠、不耐热。生长适温 15~20℃。对土壤要求不高，以疏松、肥沃的壤土为佳。小苗期控制氮肥施用量及浇水，防止小苗徒长。生长期保持基质湿润，10 天施 1 次复合肥，入秋后停止施肥。

行家提示： 在高温及弱光条件下生长不良，栽培时注意光照、温度管理。

黑种草
Nigella damascena

种植难度：★★☆☆☆　　市场价位：★★☆☆☆
光照指数：★★★★★　　浇水指数：★★☆☆☆
施肥指数：★★☆☆☆

辨识要点： 毛茛科黑种草属一年生草本，植株高25~50厘米，不分枝或上部分枝。叶为2~3回羽状复叶，末回裂片狭线形或丝形，顶端锐尖。花直径约2.8厘米，下面有叶状总苞；萼片蓝色，卵形。蒴果。花期春季。

莳养要诀： 播种繁殖，以春季为主。不耐炎热，耐寒，喜阳光充足环境，不耐荫蔽。对土壤要求不高，以肥沃、排水良好的土壤为佳。定植时，最好施入有机肥作基肥，成活后每月施1次速效有机肥。浇水视土壤干燥情况决定，过湿易造成根部腐烂。

行家提示： 种子含生物碱和芳香油，可作蜜源植物。

芍药
Paeonia lactiflora

种植难度：★★☆☆☆　　市场价位：★★☆☆☆
光照指数：★★★★★　　浇水指数：★★★☆☆
施肥指数：★★☆☆☆

辨识要点： 毛茛科芍药属多年生草本，株高60~80厘米。叶互生，2回3出复叶，小叶狭卵形、披针形或椭圆形。花单生，有白、粉、红、紫、深紫、雪青、黄等色，单瓣或重瓣。蓇葖果。花期5~6月，果期8月。

莳养要诀： 常用分株法，秋季为适期。喜冷凉及光照充足的环境，耐寒、耐旱、不耐热。生长适温10~20℃。喜排水良好、疏松、肥沃的壤土或沙壤土。宜植于地势较高之处，植前施入底肥，不要与根系接触，以免烧根。现蕾后，及时摘除侧蕾，集中养分供主蕾发育。生长期保持盆土湿润，花前施1次磷钾较高的复合肥，花后改施含氮量较高的复合肥。

行家提示： 芍药2~3年分株1次，多年不分株会影响母株生长。不要春季分株。

舞春花
Calibrachoa hybrids

种植难度：★★★☆☆　　市场价位：★★★☆☆
光照指数：★★★★★　　浇水指数：★★★☆☆
施肥指数：★★☆☆☆

辨识要点： 又名小花矮牵牛，为茄科小花矮牵牛属多年生宿根草本，呈匍匐状。叶狭椭圆形或倒披针形，全缘。花冠漏斗状，先端5裂，花色丰富，有白、黄、红、橙、紫等色。花期春季。

莳养要诀： 扦插繁殖，春秋为适期。喜温暖、湿润及阳光充足的环境，不耐寒、不耐暑热，生长适温18~25℃。对土壤要求不严，以疏松、肥沃的沙质壤土为佳。定植时需带土球，裸根不易成活。多用吊盆，盆不宜过大。一般定植10天左右即可施肥，在营养生长期，以复合肥为主，花芽分化时增施磷钾肥。光照充足可促进分枝及枝条健壮，多开花。通过摘心促分枝，也可控制株型。

行家提示： 生长期常发生叶片黄化，宜施用一些含有螯合铁的肥料，以补充铁元素。

千屈菜
Lythrum salicaria

种植难度：★★★☆☆　　市场价位：★★☆☆☆
光照指数：★★★★★　　浇水指数：★★★★☆
施肥指数：★★☆☆☆

辨识要点： 又名水柳，为千屈菜科千屈菜属多年生湿生草本，株高约1米。叶对生或3叶轮生，狭披针形，先端稍钝或锐，基部圆形或心形。小花密集生成穗状花序，花色为紫、深紫或淡红等。蒴果。花期7~9月，果期8~10月。

莳养要诀： 播种、扦插或分株繁殖，分株及播种于春季进行，扦插春秋为适期。喜温暖、高湿及全日照环境，耐热、耐寒、耐瘠。生长适温18~28℃。不择土壤。定植时需植于水湿处或浅水处，不宜过干。摘心可促分枝，形成良好株型。对肥料要求不高，每月施肥1~2次，复合肥即可。

行家提示： 花谢后及时剪除花梗，如过密可予以疏剪，入冬时将地上部分剪除。

石竹
Dianthus chinensis

种植难度：★☆☆☆☆　　市场价位：★☆☆☆☆
光照指数：★★★★★　　浇水指数：★★★☆☆
施肥指数：★★☆☆☆

辨识要点： 又名中国石竹、洛阳石竹，为石竹科石竹属二年生或多年生草本。株高30~50厘米。叶对生，条形或线状披针形。花单朵或数朵簇生于茎顶，形成聚伞花序，花白、粉、红、紫等色，微具香气。蒴果。花期5~9月，果期6~10月。

莳养要诀： 播种、分株或扦插繁殖，常用播种及分株法，春季为适期。喜温暖、湿润及光照充足的环境，耐热、耐寒、耐瘠。生长适温10~25℃。不择土壤。保持基质湿润，20天施肥1次。花谢后及时摘除残花。如侧芽花蕾过多，可疏蕾，以集中养分供应其他花蕾。

行家提示： 摘心可促发分枝，如种植多年，株型较差，可更新重新种植。

肥皂草
Saponaria officinalis

种植难度：★☆☆☆☆　　市场价位：★★☆☆☆
光照指数：★★★★★　　浇水指数：★★★☆☆
施肥指数：★★☆☆☆

辨识要点： 又名石碱花，为石竹科肥皂草属多年生草本，株高20~100厘米。叶椭圆状披针形至椭圆形。密伞房花序或圆锥状聚伞花序，花淡红、鲜红或白色。花期6~8月，果期秋季。

莳养要诀： 播种及分株繁殖，春季及秋季为适期。喜凉爽、湿润的气候，喜光照、不耐阴，耐寒、不耐热。全日照。生长适温15~25℃。对土壤要求不严，一般土壤中均可良好生长。粗放管理，对水肥没有特殊要求，生长期保持土壤湿润，在干燥的环境下也可正常生长。一般不用施肥。

行家提示： 深秋地上部分枯死后，及时清理并烧毁，可有效消灭虫卵。

流苏蝇子草

Silene fimbriata

种植难度：★★☆☆☆　　市场价位：★★☆☆☆
光照指数：★★★★☆　　浇水指数：★★☆☆☆
施肥指数：★★☆☆☆

辨识要点： 蝇子草属多年生草本，株高 50~100 厘米。叶对生，卵圆形，先端尖，基部圆心形或近截平。花两生，聚伞花序，花白色，先端流苏状。花期春季。

莳养要诀： 播种或分株繁殖。不耐酷热，耐寒性好。喜阳光，在半阴环境下生长良好。对土壤要求不高，即使是黏性壤土也可生长，以疏松、排水良好土壤为佳。生长季节施 2~3 次速效肥，入冬前最好施 1 次有机肥。

行家提示： 秋季地上部分枯死后及时清理并烧毁，以防病虫随残株越冬。

荷包牡丹

Lamprocapnos spectabilis

种植难度：★★★☆☆　　市场价位：★★★☆☆
光照指数：★★★★★　　浇水指数：★★★☆☆
施肥指数：★★☆☆☆

辨识要点： 又名铃儿草、兔儿牡丹，为罂粟科荷包牡丹属多年生草本，茎高 30~60 厘米。叶对生，叶片轮廓为三角形，2 回羽状复叶。总状花序顶生下垂，紫红色至粉红色，稀白色。花期 4~6 月，果期夏季。

莳养要诀： 常用分株法或根茎扦插繁殖，秋季为适期。喜冷凉、湿润及光照充足的环境，耐寒、不耐热。生长适温 15~22℃。喜土层深厚、肥沃及排水良好的壤土。在生长期保持基质湿润，每月施 1~2 次稀薄液肥。盆栽时花期尽量不要搬动，以免落花影响观赏。花后地上部分枯萎，宜及时剪除。

行家提示： 秋季盆栽，保持 15℃左右的室温，可进行促成栽培，约两个月即可见花。

射干

Belamcanda chinensis

种植难度：★☆☆☆☆   市场价位：★★☆☆☆
光照指数：★★★★★   浇水指数：★★★☆☆
施肥指数：★☆☆☆☆

辨识要点： 又名铰剪草、野萱花，为鸢尾科射干属多年生草本，株高 100~150 厘米。叶互生，剑形。花序顶生，叉状分枝，每分枝上着生数朵花，花橙红色，上有紫褐色斑点。蒴果。花期 6~8 月，果期 7~9 月。

莳养要诀： 春季播种，春秋季分株。喜温暖、湿润及阳光充足的环境，耐寒、较耐热、耐瘠。生长适温 15~28℃。不择土壤，以疏松、肥沃的中性至微酸性壤土为佳。习性强健，可粗放管理，生长期保持土壤湿润，不要积水，防止烂根。一般不用施肥。

行家提示： 及时剪掉残花，有利于积累养分。

德国鸢尾

Iris germanica

种植难度：★★☆☆☆   市场价位：★★☆☆☆
光照指数：★★★★★   浇水指数：★★★☆☆
施肥指数：★★☆☆☆

辨识要点： 又名蓝紫花，为鸢尾科鸢尾属多年生宿根草本，株高 30~40 厘米。叶剑形。花被片 6 枚，花色变化较大，有黄、淡蓝、淡紫、砖红。蒴果。花期 5 月，果熟期 7~8 月。

莳养要诀： 分株或播种繁殖，以分株为主，可于早春进行。喜温暖、湿润及光照充足的环境，耐寒、耐旱、不耐热。生长适温 16~26℃。喜疏松、肥沃的壤土。定植时须将根茎压紧，不宜过深。除定植前施入基肥外，每月施 1~2 次复合肥。保持土壤湿润。

行家提示： 定植前去掉部分叶片，可减少水分蒸发，有利于缓苗。

白鲜

Dictamnus dasycarpus

种植难度：★★☆☆☆　　市场价位：★★☆☆☆
光照指数：★★★★★　　浇水指数：★★☆☆☆
施肥指数：★☆☆☆☆

辨识要点： 芸香科白鲜属多年生宿根草本。叶有小叶 9~13 片，小叶对生，无柄，位于顶端的一片具长柄，椭圆至长圆形，生于叶轴上部的较大，叶缘有细锯齿。总状花序，花瓣白色带淡紫红色或粉红色带深紫红色脉纹。蓇葖果。花期 5 月，果期 8~9 月。

莳养要诀： 播种或分株繁殖。喜温暖、湿润环境，耐寒性好、怕热，怕旱，也怕涝，生长适温 15~26℃。喜地势较高、干燥、向阳、排水良好的微酸性土壤，黏重土壤生长不良。生长期施肥 2~3 次平衡肥即可。

行家提示： 秋末地上部分干枯时及时清理并焚毁，可有效预防病虫害发生。

聚合草

Symphytum officinale

种植难度：★★☆☆☆　　市场价位：★☆☆☆☆
光照指数：★★★★★　　浇水指数：★★★☆☆
施肥指数：★☆☆☆☆

辨识要点： 又名康复力，为紫草科聚合草属丛生型多年生草本，株高 30~90 厘米。基生叶带状披针形、卵状披针形至卵形，先端渐尖，基部下延。花序含多数花，花冠淡紫色、紫红色至黄白色，小坚果歪卵形。花果期 5~10 月。

莳养要诀： 播种或分株繁殖，春季为适期。喜温暖、湿润及阳光充足的环境，耐寒、耐热、耐瘠。生长适温 18~28℃。不择土壤。春季当苗高 15 厘米时即可定植，种植时不要种太深。生长期保持土壤湿润，施肥 2~3 次，一般不用特殊管理。

行家提示： 由于长期人工栽培，变异较大，园林栽培的多为园艺种。

兰科花卉

建兰

Cymbidium ensifolium

种植难度：★★★☆☆ 　市场价位：★★★★☆
光照指数：★★★☆☆ 　浇水指数：★★★☆☆
施肥指数：★★☆☆☆

辨识要点： 又名四季兰，为兰科兰属地生植物。假鳞茎卵球形。叶 2~6 枚，带形，有光泽。花葶从假鳞茎基部发出，直立。总状花序具 3~13 朵花，花常有香气，色泽变化较大，通常为浅黄绿色而具紫斑。蒴果狭椭圆形。花期通常为 6~10 月。

莳养要诀： 多采用分株繁殖，春及秋季为适期。喜凉爽、荫蔽环境，喜通风良好、忌闷热、较耐寒、不耐酷热。生长适温 22~25℃。喜疏松透气、排水良好的微酸性基质。宜植于通风良好的地方。基质掌握宁干勿湿的原则，过湿根系受损，易得病。薄肥勤施，半个月施肥 1 次，可有机肥与复合肥交替使用。

行家提示： 兰花喜群生，分株时切不可单株栽培，一般 3~5 苗一丛植于盆中，有利于兰株生长。

蕙兰

Cymbidium faberi

种植难度：★★★☆☆ 　市场价位：★★★★☆
光照指数：★★★☆☆ 　浇水指数：★★★☆☆
施肥指数：★★☆☆☆

辨识要点： 兰科兰属地生草本。假鳞茎不明显。叶 5~8 枚，带形，直立性强，基部常对折而呈 "V" 形，边缘常有粗锯齿。花葶从叶丛基部最外面的叶腋抽出，近直立或稍外弯。总状花序具 5~11 朵或更多的花，花浅黄绿色，唇瓣有紫红色斑，有香气。蒴果。花期 3~5 月。

莳养要诀： 多采用分株繁殖，春及秋季为适期。喜凉爽、荫蔽环境，喜通风良好、忌闷热，较耐寒、不耐酷热。生长适温 20~26℃。喜疏松透气、排水良好的微酸性基质。蕙兰假鳞茎较小，贮藏的养分相对较少，因此对肥料需要较多，以稀薄液肥为佳，忌浓肥。生长期保持基质稍湿润，不可过湿，以防根系受损。养护时，置于通风的地方，空气不流通叶片易黄化而滋生病害。

行家提示： 除夏秋阳光强烈应放于遮阴处外，其余时间均可见直射光。

春兰

Cymbidium goeringii

种植难度：★★★☆☆　　市场价位：★★★★☆
光照指数：★★★☆☆　　浇水指数：★★★☆☆
施肥指数：★★☆☆☆

辨识要点： 又名草兰、山兰，为兰科兰属地生植物。假鳞茎较小，卵球形。叶4~7枚，带形，通常较短小，下部常对折而呈"V"形，边缘无齿或具细齿。花葶直立，花序具单朵花，极罕2朵。花色泽变化较大，通常为绿色或淡褐黄色而有紫褐色脉纹，有香气。蒴果狭椭圆形。花期1~3月。

莳养要诀： 多采用分株繁殖，春及秋季为适期。喜凉爽、荫蔽环境，喜通风良好、忌闷热，较耐寒、不耐酷热。生长适温22~28℃。喜疏松透气、排水良好的微酸性基质。植株上盆时，使根系舒展开，并浇1次透水，放在半阴处缓苗。浇水掌握见干见湿的原则，冬季蒸发量小，温度低，需要控水，宁干勿湿。生长旺期，半个月施1次有机肥或复合肥。

行家提示： 浇水施肥时，不要沾污叶片，以免产生病害。

春剑

Cymbidium goeringii var. *longibracteatum*

种植难度：★★★☆☆　　市场价位：★★★★☆
光照指数：★★★☆☆　　浇水指数：★★★☆☆
施肥指数：★★☆☆☆

辨识要点： 兰科兰属地生植物，具假鳞茎。叶质地坚挺，直立性强。花多为3~5朵，萼片与花瓣不扭曲。花期1~3月。

莳养要诀： 多采用分株繁殖，春及秋季为适期。喜凉爽、荫蔽环境，喜通风良好、忌闷热，较耐寒、不耐酷热。生长适温22~28℃。喜疏松透气、排水良好的微酸性基质。室内养护时，置于通风良好的地方，以促兰株健康生长。生长期基质应润而不湿，积水会造成根系受损。施肥忌偏施氮肥，防止徒长抗性弱。复合肥或有腐熟的有机肥为佳。

行家提示： 梅雨季节注意防渍，尽量避免雨水进入芽心，以防发生病害而烂芽。

莲瓣兰
Cymbidium tortisepalum

种植难度：★★★☆☆　　市场价位：★★★★☆
光照指数：★★★☆☆　　浇水指数：★★★☆☆
施肥指数：★★☆☆☆

辨识要点： 又名菅草兰，为兰科兰属地生植物。假鳞茎较小，呈圆球形。叶6~7片集生，线形，叶缘有细锯齿。花葶着花2~4朵，偶有5朵。花色有红、紫红、粉红、白、黄、绿等色，香气清纯，花期1~3月。

莳养要诀： 多采用分株繁殖，春及秋季为适期。喜凉爽、荫蔽环境，喜通风良好、忌闷热、较耐寒、不耐酷热。生长适温20~26℃。喜疏松透气、排水良好的微酸性基质，多用腐叶土。对水分要求较严，浇水可根据季节、天气、温度等综合考虑，天气干燥时要向兰株喷雾，防止失水干尖。因腐叶土含有大量养分，因此施肥不要太多，20天或1个月施1次复合肥或腐熟的有机肥。

行家提示： 根为肉质，换盆前需控水，待根发软时进行，否则根系太脆，易折断。

墨兰
Cymbidium sinense

种植难度：★★★☆☆　　市场价位：★★☆☆☆
光照指数：★★★☆☆　　浇水指数：★★★☆☆
施肥指数：★★☆☆☆

辨识要点： 又名报岁兰，为兰科兰属地生植物。假鳞茎卵球形，包藏于叶基之内。叶3~5枚，带形。总状花序具10~20朵或更多的花，花的色泽变化较大，多为暗紫色或紫褐色而具浅色唇瓣，也有黄绿色、桃红色或白色的，具香气。花期10月至次年3月。

莳养要诀： 多采用分株繁殖，春及秋季为适期。性喜凉爽、有荫蔽环境，喜通风良好、忌闷热、较耐寒、不耐酷热。生长适温22~28℃。喜疏松透气、排水良好的微酸性基质。对空气湿度要求较高，如天气干燥，多向植株喷雾或向地面洒水保持空气湿润。基质保持润而不湿为佳，过湿易烂根，浇水的水温应与基质水温相同，否则叶片易受害。

行家提示： 如用自来水浇灌，最好在容器中放置几天，使水中的氯离子挥发后再使用，以免对根系造成伤害。

大花蕙兰

Cymbidium hybrida

种植难度：★★★★☆　　市场价位：★★★★☆
光照指数：★★★☆☆　　浇水指数：★★☆☆☆
施肥指数：★★☆☆☆

辨识要点： 兰科兰属多年常绿草本，株高30~
150厘米。叶丛生，带状，革质。花梗由假
鳞茎抽出，每梗着花8~16朵或更多。花色
有红、黄、绿、白、复色等。花期2~3月。

莳养要诀： 分株繁殖，生产多用组培法。不同品种习性有差异，大多喜冷凉及半日照
环境，较耐寒，有一定的耐热性。生长适温18~26℃。栽培多用蕨根、苔藓、树皮
块等作为栽培基质。开花株不宜置于高温及强光的地方，否则花易凋谢。应随时摘
去枯黄的花蕾及花朵，并将散乱的叶片剪掉。

行家提示： 大花蕙兰为杂交种，多做一次性花卉栽培，花后即丢弃。

白及

Bletilla striata

种植难度：★★☆☆☆　　市场价位：★★☆☆☆
光照指数：★★★★☆　　浇水指数：★★★☆☆
施肥指数：★☆☆☆☆

辨识要点： 兰科白芨属多年生草本，植株高
可达60厘米。叶4~6枚，狭长圆形或披针形，
先端渐尖，基部收狭成鞘。总状花序顶生，
花紫红色或粉红色。蒴果。花期4~5月，果期6~9月。

莳养要诀： 以分株繁殖为主，春季为适期。喜冷凉及光照充足的环境，较耐寒、不耐
暑热，耐瘠。生长适温16~26℃。喜疏松、肥沃及排水良好的土壤。在日常管理时，
松土勿深，以防伤根。生长期保持土壤湿润，每月施肥1次，复合肥或腐熟的有机
肥均可。

行家提示： 分株时，伤口宜用草木灰涂抹，以有效防止病害发生。

火焰兰
Renanthera coccinea

种植难度：★★★☆☆　　市场价位：★★★☆☆
光照指数：★★★★☆　　浇水指数：★★☆☆☆
施肥指数：★☆☆☆☆

辨识要点： 兰科火焰兰属多年生常绿附生草本，茎长达 1 米以上。叶 2 列，革质，长圆形，基部抱茎。花序腋生，总状花序或圆锥花序，中心的唇瓣小，下部的 2 枚花萼较大。花色多为红色、橙色。花期 5 月。

莳养要诀： 扦插繁殖，生长季节均可。喜温暖、湿润的环境，全日照或半日照均可良好生长，耐热、不耐寒。生长适温 18~30℃。喜疏松透气的基质，盆栽基质可选用水苔、树皮块、兰石等。苗期适当遮阴，成株喜阳。对肥料要求不高，每月施肥 1 次，复合肥为主。

行家提示： 天气干热时，多向植株喷雾，保持空气湿度，对叶片生长有利。

春石斛
Dendrobium cvs.

种植难度：★★★☆☆　　市场价位：★★★☆☆
光照指数：★★★★☆　　浇水指数：★★☆☆☆
施肥指数：★☆☆☆☆

辨识要点： 兰科石斛属多年生常绿或落叶附生草本。假鳞茎肉质呈竹节状。叶互生、阔披针形，叶基部有抱茎的鞘。总状花序，每序有 2~5 朵花，萼片与花瓣同色，花瓣与唇瓣常不同色而极富变化。花期冬春季。

莳养要诀： 扦插繁殖为主，春至秋均可。喜冷凉、湿润及散射光充足的环境，耐热、较耐寒、耐旱。生长适温 18~28℃。常用蕨根、兰石、树皮块、石块、水苔等栽培。除夏秋两季需遮光外，其他季节可见全光照。基质以湿润为佳，基质表面干后浇 1 次透水。营养生长期以含氮量高的复合肥为主，入秋后增施磷钾肥，有利于植株开花。

行家提示： 2 年换盆 1 次，以防止基质酸化，影响植物生长。

秋石斛

Dendrobium cvs.

种植难度：★★★☆☆　　市场价位：★★★☆☆
光照指数：★★★★☆　　浇水指数：★★☆☆☆
施肥指数：★☆☆☆☆

辨识要点： 兰科石斛属多年生附生草本，假鳞茎棒状，长达 1 米，叶较窄，多生于茎顶，长圆状披针形。花序顶生，有花 4~12 朵或更多，直立或稍弯曲，花有白、玫瑰红、粉红、紫等多色。花期 6~8 月。

莳养要诀： 常用分株法繁殖，生产上多用组培法，喜温暖、湿润及阳光充足的环境，耐热、不耐寒、耐旱。生长适温 20~30℃。常用蕨根、兰石、树皮块、水苔等栽培。虽然喜光，但在盛夏仍需遮光。生长旺期，保持基质湿润，入秋后减少浇水，有助于增加开花数量。对肥料要求不高，每月施肥 1 次。

行家提示： 如室内养护，注意通风，可置于窗边或阳台中，防止过于闷热。

聚石斛

Dendrobium lindleyi

种植难度：★★☆☆☆　　市场价位：★★★☆☆
光照指数：★★★★☆　　浇水指数：★★☆☆☆
施肥指数：★☆☆☆☆

辨识要点： 兰科石斛属多年生草本。茎聚生，卵状矩圆形或近纺锤形，具 4 棱。叶片革质，矩圆形，顶端微凹，基部具短柄。总状花序生于上部茎节上，具 2 至多数花，黄色。花期 5~6 月。

莳养要诀： 分株为主，春季、秋季为适期。喜温暖、湿润及散射光充足的环境，耐热、耐旱。生长适温 18~28℃。常附着于树干或蛇木板上栽培。栽培可粗放管理，生长期保持基质湿润，多喷雾，有助于茎节生长。每月施 1 次薄肥，复合肥为主。

行家提示： 全草入药，具有润肺止咳、滋阴养胃的功效。

美花石斛
Dendrobium loddigesii

种植难度：★★☆☆☆　　市场价位：★★★☆☆
光照指数：★★★★☆　　浇水指数：★★☆☆☆
施肥指数：★☆☆☆☆

辨识要点： 又名粉花石斛，为兰科石斛属多年生草本。茎柔弱，常下垂。叶纸质，2 列，舌形，长圆状披针形或稍斜长圆形。花白色或紫红色，每束 1~2 朵侧生于具叶的老茎上部。花期 4~5 月。

莳养要诀： 分株或扦插繁殖，春季为适期。喜温暖湿润的半阴环境，耐热、不耐寒。生长适温 18~28℃。常用蕨根、兰石、树皮块、水苔等栽培，或附着于树干、蛇木板上种植。生长期基质湿润，忌积水，但过于干燥对植株生长也不利。如遇干热天气多向植株喷水保湿。半个月施肥 1 次，也可进行叶面施肥，以复合肥为主，花期停止施肥。

行家提示： 2 年换盆 1 次，同时将部分烂根及残根剪掉，可促发新根。

金钗石斛
Dendrobium nobile

种植难度：★★☆☆☆　　市场价位：★★★☆☆
光照指数：★★★★☆　　浇水指数：★★☆☆☆
施肥指数：★☆☆☆☆

辨识要点： 又名石斛，为兰科石斛属多年生草本。茎丛生，直立。叶近革质，矩圆形，顶端 2 圆裂，花期有叶或无叶。总状花序具 1~4 朵花，花苞片矩圆形，顶端略钝。花瓣椭圆形，白色带淡紫色先端，有时全体淡紫红色或仅唇盘上具有 1 个紫红色斑块。花期 4~5 月。

莳养要诀： 分株或扦插繁殖，春至秋为适期。喜温暖、湿润及散射光充足的环境，耐热、耐旱、不耐寒。生长适温 18~28℃。多用蕨根、兰石、树皮块、木炭块及水苔等栽培。生长期保持土壤湿润，并经常向植株喷水保湿。对肥料要求不高，半个月施 1 次稀薄的液肥，忌施浓肥。

行家提示： 花后剪除残花，以利新芽萌发，等新芽 20 厘米高时剪去老茎。

鹤顶兰
Phaius tankervilliae

种植难度：★★★☆☆　　市场价位：★★★☆☆
光照指数：★★★★☆　　浇水指数：★★★☆☆
施肥指数：★★☆☆☆

辨识要点： 又名大白芨、鹤兰，为兰科鹤顶兰属多年生丛生草本，株高 70~80 厘米。叶互生，卵状披针形或阔披针形，全缘。总状花序腋生于假鳞茎基部，花被背面白色，内面暗红色，具清香。花期春季。

莳养要诀： 以分株繁殖为主，花后休眠期进行。喜温暖、湿润及散射光充足的地方，耐热、不耐寒，喜湿、较耐旱。生长适温 18~28℃。喜排水良好、富含腐殖质的微酸性沙质壤土。春季进入生长期，置于半阴环境，并保持基质湿润，夏秋干热时向植株喷雾，提高空气湿度。花后休眠时控制浇水。新芽长出后，每月施肥 1 次，以含氮量高的肥料为主。

行家提示： 分株时必须有 3 个以上假鳞茎，单一鳞茎不利于植株生长。分割的伤口用草木灰涂抹，以免感染病害。

万代兰
Vanda spp.

种植难度：★★★★☆　　市场价位：★★★★☆
光照指数：★★★★☆　　浇水指数：★★★☆☆
施肥指数：★★☆☆☆

辨识要点： 兰科万代兰属植物的统称，为多年生常绿附生草本。茎直立或斜立，具发达气根。叶扁平，常狭带状，2 列。总状花序从叶腋间抽出，疏生少数至多数花，花大或中等大，有白、黄、粉红、紫红、茶褐和天蓝等色。花期依种类而定。

莳养要诀： 扦插、分株或用高位芽繁殖。喜高温高湿及散射光充足的环境，耐热、不耐寒。生长适温 20~30℃。喜透水透气，宜用砖块、蕨根等作为栽培基质。生长期基质宜湿润，干热气候多向植株喷雾保湿。开花期控制浇水，以促进花芽分化。半个月施 1 次稀薄的速效肥。春秋季温度较低时也可使用缓释性颗粒料。

行家提示： 2 年换盆 1 次，换盆时基质最好先用清水浸数小时，晾晒至半干时使用为佳。

卡特兰

Cattleya spp.

种植难度：★★☆☆☆ 市场价位：★★★☆☆
光照指数：★★★★☆ 浇水指数：★★★☆☆
施肥指数：★★☆☆☆

辨识要点： 又名嘉德丽亚兰，为兰科卡特兰属多
年生附生草本。假鳞茎呈棍棒状或圆柱状，顶部
生有叶 1~3 枚。叶长圆形，革质。花单朵或数朵着生于假鳞茎顶端，萼片披针形，
花瓣卵圆形，边缘波状。花期因种类不同而异。

莳养要诀： 分株繁殖，春至秋均可进行。喜温暖、湿润及半阴环境，耐热、不耐寒、
耐旱。生长适温 18~28℃，10℃以上可安全越冬。常用蕨根、苔藓、树皮块、木炭
块等作为栽培基质。2~3 年换盆 1 次。生长期保持较高的空气湿度对植株生长有利，
基质以润而不湿为佳。半个月施 1 次速效性复合肥。冬季控水并停止施肥。

行家提示： 本类原种及品种繁多，应先了解其特性，采用有针对性的栽培方法。

文心兰

Oncidium spp.

种植难度：★★★☆☆ 市场价位：★★★☆☆
光照指数：★★★★☆ 浇水指数：★★★☆☆
施肥指数：★★☆☆☆

辨识要点： 兰科文心兰属多年生草本，附生或地生，
具假鳞茎，株高 20~120 厘米。顶生 1~3 枚叶，
椭圆状披针形。总状花序，腋生于假鳞茎基部。花
朵黄色、白色、褐红色等，大小变化较大，部分种
类具芳香。花期依种类而定。

莳养要诀： 多用分株法，生产上采用组培法。厚叶型喜温热环境，而薄叶型和剑叶型
文心兰喜冷凉气候。厚叶型文心兰的生长适温为 18~25℃，冬季温度不低于 12℃。
薄叶型的生长适温为 10~22℃，冬季温度不低于 8℃。在生长季节，基质宜保持湿润，
并经常向地面、植株及空气中喷雾，保持环境湿润。喜光，忌强光，夏季需适当遮阴，
冬季可见全光。基质选用附生类型，如木块、树皮块、木炭、水苔等。表面基质干后，
半个月施 1 次速效性复合肥。

行家提示： 盆栽宜置于通风良好的地方，通风不良加上闷热，极易引起病害。

杂交蝴蝶兰

种植难度：★★★☆☆　　市场价位：★★★☆☆
光照指数：★★★★☆　　浇水指数：★★★☆☆
施肥指数：★★☆☆☆

辨识要点： 兰科多年生附生植物，叶绿色或带红褐等色，长圆形至长圆状披针形。花序大多 1 个，有的品种 2 个或更多，着花数朵至十数朵。花有红、白、黄、橙黄或复色等。花期春季。

莳养要诀： 家庭极难繁殖，生产上采用组培法。喜温暖、湿润及半阴环境，耐热、不耐寒。生长适温 18~30℃，15℃以下生长停止，低于 10℃容易导致冷害，高于 32℃时常进入半休眠状态。需要充足的散射光，但忌暴晒。浇水应见干见湿，水温要与室温接近为佳。低温时宜保持基质干燥，待温度回升后再浇水。通常用水苔栽培。除开花期和低温休眠期外，应持续施肥，原则是薄肥勤施，10 天施 1 次稀释 3000 倍的复合肥。

行家提示： 花谢后应将花梗从基部剪下，以免消耗过多养分。

海南钻喙兰

Rhynchostylis gigantea

种植难度：★★★☆☆　　市场价位：★★★★☆
光照指数：★★★★☆　　浇水指数：★★★☆☆
施肥指数：★★☆☆☆

辨识要点： 又名狐尾兰、钻喙兰，为兰科钻喙兰属附生兰。茎直立，粗壮，叶 2 列，肉质，宽带状，外弯，先端钝，并且不等侧 2 圆裂鞘。花序腋生，下垂，密生许多花。花的唇瓣肉质，深紫红色。蒴果倒卵形。花期 1~4 月，果期 2~6 月。

莳养要诀： 分株或扦插繁殖，春季为适期。喜温暖、湿润及散射光充足的地方，耐热、不耐寒。生长适温 18~28℃。用附生基质栽培。市场所见基本为栽培种，花色有白、粉红等。栽培环境需要较高的空气湿度。天气炎热季节，需及时补充水分，冬季低温高湿时减少浇水，防止烂根。狐尾兰不耐寒，越冬温度 10℃，温度过低需采取保温措施，以防冻伤。

行家提示： 冬季可见直射光，春、夏、秋阳光强烈时需适当遮光，防止灼伤叶片。

多花指甲兰

Aerides rosea

种植难度：★★★☆☆　　市场价位：★★★☆☆
光照指数：★★★☆☆　　浇水指数：★★★☆☆
施肥指数：★☆☆☆☆

辨识要点： 兰科指甲兰属多年生常绿草本，
株高 30~50 厘米。叶革质，排成两列。花瓣
沿下垂的总状花序紧密排列，紫色或粉白色，
着生有紫色斑点。花期春夏季。

莳养要诀： 分株繁殖，春季为适期。喜温暖、
湿润及散射光充足的环境，耐热、喜湿、不耐寒。生长适温 20~28℃。多用附生基
质或附着树干山石栽培。生长期保持较高的空气湿度，基质宜湿润。对肥料要求不高，
生长期施肥 3~5 次即可。

行家提示： 习性强健，极易栽培，2 年换盆 1 次，换盆时将残根及烂根剪掉，有利于
新根萌发。

兜兰

Paphiopedilum spp.

种植难度：★★★☆☆　　市场价位：★★★★☆
光照指数：★★★☆☆　　浇水指数：★★★☆☆
施肥指数：★☆☆☆☆

辨识要点： 兰科兜兰属地生、半附生或附生
草本。茎短，包藏于 2 列的叶基内。叶基生，数枚至多枚，2 列，对折；叶片带形、
狭长圆形或狭椭圆形。花葶从叶丛中长出，长或短，具单花或较少有数花或多花；
花大而艳丽，有多种色泽，唇瓣深囊状，果实为蒴果。

莳养要诀： 家庭养护可采用分株法，多于春季进行。喜温暖、湿润和半阴的环境，
怕强光，夏季需养护在荫蔽的环境中，生长适温为 12~25℃。基质可选用树皮块、
兰石、水苔、碎木屑等。养护时应置于通风良好并有遮光的地方。天气干燥炎热的
季节，宜保持基质湿润，并经常向植株周围喷水保湿，冬季控制水分。在花芽分化
前，适当控水，有利于花芽分化。对肥料要求不高，营养生长阶段，可施用含氮、磷、
钾的均衡肥料，等秋季花芽分化时，可增放磷钾肥。

行家提示： 换盆可根据品种而定，有些品种一年需换盆 1 次，有的需几年换盆 1 次。

球根花卉

大花葱

Allium giganteum

种植难度：★★★☆☆　　市场价位：★★★☆☆
光照指数：★★★★★　　浇水指数：★★★☆☆
施肥指数：★★☆☆☆

辨识要点： 又名绣球葱，为百合科葱属多年生球根花卉，株高 30~60 厘米，地下具鳞茎。叶宽线形至披针形。伞房花序，球状。花紫色。花期春季。

莳养要诀： 播种或分球繁殖，均可在秋季进行。喜凉爽的环境，喜光，耐寒、不耐热。生长适温 15~25℃。喜肥沃、疏松、排水良好的壤土。定植时施入适量有机肥，覆土约 10 厘米即可。生长期保持基质湿润，土壤半干时及时补水。每月施肥 1 次，以复合肥为主，也可施用腐熟的有机肥。

行家提示： 花后如不留种，应将残花及时剪掉，以避免消耗养分，影响新球生长。

嘉兰

Gloriosa superba

种植难度：★★★☆☆　　市场价位：★★★☆☆
光照指数：★★★★★　　浇水指数：★★★☆☆
施肥指数：★★☆☆☆

辨识要点： 百合科嘉兰属多年生草本，具有横走的根状茎。叶无柄，互生、对生或 3 枚轮生，卵形至卵状披针形。花单生或数朵着生于顶端组成疏散的伞房花序。花被片上部红色，下部黄色，向上反曲，边缘皱波状。蒴果。花期 7~11 月。

莳养要诀： 播种于春、秋两季进行，分球于春季进行。喜温暖、湿润及阳光充足的环境。耐热、不耐寒。生长适温 20~26℃。喜疏松、肥沃的壤土。如光照过强，应遮阴。生长期保持盆土湿润，每月施肥 1~2 次，以复合肥为主。当气温低于 20℃时，影响花芽发育，且开花后不易结实。

行家提示： 在春季将植株脱盆，将分生出的根状茎取下另栽，每一个块茎必须带有芽眼，否则不能萌发新株，植后当年即可开花。

西班牙蓝钟花
Hyacinthoides hispanica

种植难度：★★☆☆☆　　市场价位：★★★☆☆
光照指数：★★★★★　　浇水指数：★★☆☆☆
施肥指数：★☆☆☆☆

辨识要点： 多年生草本，株高 30~60 厘米。
叶基生，宽带形，先端渐尖，叶长约 20 厘米，
宽 4~6 厘米，全缘，绿色。花葶直立，总状
花序高于叶面，小花蓝色，园艺种有白色、
粉色等。花期春至夏季。

莳养要诀： 分株繁殖，喜冷凉及光照充足的环
境。耐寒，不耐炎热，生长适温 15~25℃。
栽培以疏松、肥沃、排水良好的壤土为宜，忌渍水，生长期每月施 1 次速效肥。

行家提示： 冬季休眠时停止浇水。

风信子
Hyacinthus orientalis

种植难度：★☆☆☆☆　　市场价位：★★☆☆☆
光照指数：★★★☆☆　　浇水指数：★★★☆☆
施肥指数：★☆☆☆☆

辨识要点： 又名五色水仙、洋水仙，为百合
科风信子属多年生草本。鳞茎球形或扁球形。
叶基生，带状披针形。花茎从叶茎中央抽出，
总状花序，漏斗形，小花基部筒状，上部 4 裂、
反卷。花有红、白、黄、蓝、紫等色，有重
瓣品种，具芳香。蒴果球形。花期 3~4 月。

莳养要诀： 分球繁殖，我国一般多作一次性花卉栽培。喜冷凉及阳光充足的环境。生
长适温 15~20℃。喜疏松、肥沃的沙质壤土。球体较大，一般口径 10 厘米花盆栽植
一球，球体埋入土中或露出 1/3。植后浇透水保湿，一般不用施肥。极适合水培，将
球根底部浸于水中，开始宜放于暗处，有利于生根，根长 10 厘米时正常养护。

行家提示： 一般家庭种植的风信子，多经过低温处理过，极易开花。

铁炮百合
Lilium longiflorum

种植难度：★★☆☆☆　　市场价位：★★☆☆☆
光照指数：★★★★★　　浇水指数：★★★☆☆
施肥指数：★☆☆☆☆

辨识要点： 又名麝香百合，为百合科百合属多年球根花卉，鳞茎球形或扁球形。株高50~90 厘米。叶多数，散生，狭披针形或矩圆形状披针形，全缘。花单生或 2~3 朵生于短花梗上，白色，喇叭形，侧向开放，浓香。蒴果矩圆形。花期 5~6 月，果期8~9 月。

莳养要诀： 分球繁殖，秋季为适期。喜冷凉、湿润及半阴环境，较耐热、不耐寒。生长适温 18~26℃。喜疏松、肥沃的沙质壤土。定植前施足基肥，生长期保持土壤湿润，不能强光直射。每个生长期施肥 3~4 次，以复合肥为主。花谢后剪除残花，地上部分枯萎后，球茎可保留在土壤中，但须控制浇水。

行家提示： 栽植不宜过浅，以防倒伏。如植株过高，可设支柱。

杂交百合
Lilium hybrida

种植难度：★★☆☆☆　　市场价位：★★☆☆☆
光照指数：★★★★☆　　浇水指数：★★★☆☆
施肥指数：★☆☆☆☆

辨识要点： 百合科百合属多年生草本，具鳞茎。可分为亚洲型、东方型及铁炮杂交品种。叶散生，披针形、矩圆状披针形、矩圆状倒披针形、椭圆形或条形。花单生或排成总状花序，花有白色、红色、粉红等。

莳养要诀： 分球繁殖为主，秋季为适期。喜冷凉、喜湿润及半阴环境，不耐暑热、不耐寒。生长适温 16~22℃。喜疏松、肥沃的沙质壤土。定植时，将种球栽入土中时，须将顶芽向上，忌斜放，种后浇透水，出苗后保持盆土湿润，忌干燥。半个月施肥 1次，有机肥或复合肥均可，浇水、施肥时不要溅到叶面上。

行家提示： 目前栽培的杂交百合大多为园艺公司经过低温处理的种球，易开花；施肥时，忌施含氟或碱性肥料，否则易烧叶。

卷丹百合
Lilium lancifolium

种植难度：★☆☆☆☆　　市场价位：★☆☆☆☆
光照指数：★★★★★　　浇水指数：★★★☆☆
施肥指数：★☆☆☆☆

辨识要点： 又名虎皮百合，为百合科百合属多年生球根植物，株高 80~150 厘米。叶散生，矩圆状披针形或披针形。总状花序生茎顶，3~6 朵或更多，花被橘红色，被片背向翻卷，具褐色斑点。蒴果卵形。花期 6~8 月，果期 8~10 月。

莳养要诀： 分球或用珠芽繁殖，以分球为主，早春或秋季为适期。性喜冷凉、日光充足的环境，耐寒、不耐热。生长适温 15~20℃。不择土壤，以疏松、排水良好的壤土为佳。粗放管理，春植时施入底肥，种球不要与底肥接触，以免烧根。如土质肥沃一般不用施肥。生长期保持土壤湿润，过干过湿对球根生长不利。

行家提示： 鳞茎富含淀粉，可供食用，也可入药；花含芳香油，可用作香料。

葡萄风信子
Muscari botryoides

种植难度：★☆☆☆☆　　市场价位：★★☆☆☆
光照指数：★★★★★　　浇水指数：★★★☆☆
施肥指数：★☆☆☆☆

辨识要点： 又名葡萄百合、蓝壶花，为百合科蓝壶花属多年生草本，株高 15~40 厘米。鳞茎卵圆形。叶基生，线形，稍肉质。花茎自叶丛中抽出，总状花序，小花多数密生而下垂。花多为蓝色，也有白色、肉色、淡蓝色和重瓣品种。蒴果。花期 3~5 月，果期 5~6 月。

莳养要诀： 分球繁殖，秋季为适期。喜凉爽、湿润及光照充足的环境，耐寒、不耐热、耐瘠。生长适温 15~25℃。喜疏松、肥沃的沙质壤土。南方多做一次性花卉栽培，北方可多年养护，植后保持盆土湿润，干旱及时补充水分。新叶长出后开始施肥，以稀薄的复合肥为主。花谢后停止浇水，以稍干燥为佳。

行家提示： 鳞茎在夏季高温时休眠，注意控制水分，不要施肥。

宫灯百合
Sandersonia aurantiaca

种植难度：★★★☆☆　　市场价位：★★★☆☆
光照指数：★★★★★　　浇水指数：★★★☆☆
施肥指数：★☆☆☆☆

辨识要点： 又名宫灯花、提灯花，为百合科宫
灯百合属多年生球根草本，株高约60厘米。
叶片互生，线形或披针形，无柄。花冠球状钟形，
似宫灯，橘黄色，下垂。蒴果。花期冬至春季，
果期春至夏季。

莳养要诀： 播种或用块根繁殖。喜温暖、湿润
及光照充足的环境，生长适温15~22℃。喜疏
松、肥沃、排水良好的壤土。种植前施入基肥，
种植后保持土壤湿润。根达到5厘米长时可进行追肥，以复合肥为主，也可进行叶
面施肥。花芽分化时，注意增加光照，光照过弱不利于花芽形成。

行家提示： 在温度高于30℃时注意通风降温，否则花茎易扭曲。

地中海蓝钟花
Scilla peruviana

种植难度：★★☆☆☆　　市场价位：★★★☆☆
光照指数：★★★★★　　浇水指数：★★☆☆☆
施肥指数：★★★☆☆

辨识要点： 百合科绵枣儿属多年生球根草本，
株高20~35厘米。鳞茎圆形。叶基生，带状
披针形，叶长可达50厘米，先端尖，边全缘。花序球形，有小花数十朵，花瓣5枚，
蓝紫色，蕊柱蓝色，雄蕊黄色。栽培种花有白、绿等色。花期春季。

莳养要诀： 产于地中海沿岸。性喜冷凉及光照充足，在半阴条件下也能生长，耐寒、
不耐热。生长适温15~22℃。喜疏松、肥沃的壤土，忌积水。生长季及时松土，有
利于根茎生长。每月施1次速效肥。

行家提示： 地上部分枯死后及时清理残株。

燕子水仙

Sprekelia formosissima

种植难度：★★★☆☆　　市场价位：★★★☆☆
光照指数：★★★★★　　浇水指数：★★☆☆☆
施肥指数：★★☆☆☆

辨识要点： 又名龙头花、火燕兰、燕水仙，为石蒜科龙头花属多年生草本。叶3~6枚，狭线形。花茎中空，带红色，花大，2唇形，单朵顶生，佛焰苞状总苞片红褐色，花被管极短或无，花被绯红色。花期春季。

莳养要诀： 采用分株繁殖，春季为适期。性喜高温及阳光充足的环境，不耐寒，耐热。生长适温20~30℃。喜疏松、肥沃的沙质壤土，忌黏重土壤。须定植于向阳处，否则不易开花，植后及时浇水。喜肥，每月施1~2次速效肥或有机肥。

行家提示： 花期往往不集中，影响观赏。

郁金香

Tulipa gesneriana

种植难度：★★☆☆☆　　市场价位：★★★☆☆
光照指数：★★★★★　　浇水指数：★★★☆☆
施肥指数：★☆☆☆☆

辨识要点： 又名洋荷花、草麝香，为百合科郁金香属多年生球根植物，鳞茎扁圆锥形。叶带状披针形，全缘并呈波状。花单生茎顶，杯状，有红、黄白、橙、紫、粉及复色变化，还有条纹和重瓣品种。蒴果。花期3~5月。

莳养要诀： 分球繁殖为主，夏季休眠期为适期。性喜冷凉、湿润及光照充足的环境，耐寒、不耐热，生长适温18~22℃。喜疏松、肥沃的沙质壤土。种植时不宜过浅，一般覆土3~5厘米，植后浇1次透水。对肥料要求不高，在南方多做一次性花卉栽培，不用施肥。北方如做多年生栽培，可施入基肥。

行家提示： 秋季花卉市场出售的种球，分为自然球及处理球，建议花友特别是南方的花友购买处理球，以免低温不够，导致不能开花或开花不良。

大花酢浆草

Oxalis bowiei

种植难度：★★☆☆☆　　市场价位：★★☆☆☆
光照指数：★★★★★　　浇水指数：★★☆☆☆
施肥指数：★★☆☆☆

辨识要点： 又名大饼酢浆草，酢浆草科酢浆草属多年生草本，高 10~15 厘米。叶多数，基生，叶柄细弱，小叶 3 枚，宽倒卵形或倒卵圆形，先端钝圆形、微凹，基部宽楔形。伞形花序基生或近基生，具花 4~10 朵，花瓣紫红色。花期 5~8 月，果期 6~10 月。

莳养要诀： 分球繁殖。性喜冷凉，不耐热，生长适温 18~25℃。喜疏松、肥沃及排水良好的沙质壤土。入秋后植入盆中或花坛中，浇透水，并置于阳光充足之处，忌过阴，否则不开花或开花不良。每月施 1~2 次速效肥。

行家提示： 花后休眠，待植株枯死后可将球茎起出置于通风处。

桃之辉酢浆草

Oxalis glabra

种植难度：★★☆☆☆　　市场价位：★★★☆☆
光照指数：★★★★★　　浇水指数：★★☆☆☆
施肥指数：★★☆☆☆

辨识要点： 酢浆草科酢浆草属多年生草本，株高 15 厘米，具鳞茎。叶基生，小叶 2 枚，叶长披针形或长心形，先端凹，基部楔形。花单生，花萼 5 枚，绿色，花谢后变为粉红色。花瓣 5 枚，粉红色，蒴果。花期晚春至初夏。

莳养要诀： 分球繁殖。喜冷凉气候，不耐暑热，生长适温 15~26℃。入秋后植于花盆中，宜密植，土壤用市售的营养土即可。植后浇透水，并置于强光下栽培，忌过阴，否则不开花或开花不良。每月施 1~2 次速效肥。花后休眠，待植株枯死后可将球茎起出置于通风处。

行家提示： 出苗后尽可能见光，否则植株徒长，开花不良。

重瓣构巢酢

Oxalis nidulans 'Pompom'

种植难度：★★☆☆☆ 　市场价位：★★☆☆☆
光照指数：★★★★★ 　浇水指数：★★☆☆☆
施肥指数：★★☆☆☆

辨识要点： 又名粉花重瓣酢浆草，为酢浆
草科酢浆草属多年生草本，具鳞茎，株高
10~15厘米。园艺种。叶基生，小叶3枚，心形，先端凹，基部楔形，小叶近无柄。
花单生，花瓣多数，粉红色。花期秋季。

莳养要诀： 分球繁殖。喜冷凉、光照充足的环境，不耐热，生长适温18~26℃。栽培
以疏松、肥沃及排水良好的壤土为宜。待秋季球茎生根后即可植入花盆中，并浇透
水，放在光照充足之地，如过阴不开花或开花不良。每月施1~2次速效肥。

行家提示： 等花后地上部分枯死后，即可将将球茎起出置于通风处。

大丽花

Dahlia pinnata

种植难度：★☆☆☆☆ 　市场价位：★★☆☆☆
光照指数：★★★★★ 　浇水指数：★★☆☆☆
施肥指数：★☆☆☆☆

辨识要点： 又名大理花，为菊科大丽花属多
年生草本，株高50~150厘米。肉质块根肥大。
叶对生，羽状深裂，裂片卵形，裂片边缘具
钝锯齿。头状花序，管状花两性，多为黄色，
舌状花单性，花有白、黄、橙、红、紫等色。
瘦果。花期7~10月，果期秋季。

莳养要诀： 播种或分球繁殖，品系较多，有些品种不易结实，只能分球繁殖，可
于秋季进行。性喜凉爽、湿润及阳光充足的环境，稍耐寒、不耐热。生长适温
15~26℃。喜疏松、肥沃、排水良好的沙质壤土。春季出芽后浇1次透水，浇水掌
握见干见湿的原则。有些品种较高大，质脆，须设立柱。对肥料要求不高，生长期
施肥2~3次。

行家提示： 用块根繁殖的品种在霜冻前将地上部分剪去，掘起块根，放入冷窖内贮藏，
温度控制在3~5℃。

三色旱金莲

Tropaeolum tricolor

种植难度：★★★★☆　　市场价位：★★★★☆
光照指数：★★★★★　　浇水指数：★☆☆☆☆
施肥指数：★★☆☆☆

辨识要点： 旱金莲属蔓性草本，具块茎，红色，蔓长可达 1 米或更长。叶互生，5~7 裂，绿色。花小，橙色或黄色，花瓣先端黑色，花萼红橙色。瘦果。花期春季。

莳养要诀： 播种或分球繁殖。喜温暖及阳光充足的环境，但半阴环境下也能良好生长。较耐寒，生长适温 15~25℃。耐旱性极强，喜排水良好的壤土。如盆栽，最好每年秋季将块茎植于花盆中，保持土壤湿润，每月施肥 1~2 次。

行家提示： 地下块茎可耐 - 8℃左右低温。

大岩桐

Sinningia speciosa

种植难度：★★☆☆☆　　市场价位：★★☆☆☆
光照指数：★★★★☆　　浇水指数：★★★☆☆
施肥指数：★★☆☆☆

辨识要点： 又名落雪泥，为苦苣苔科大岩桐属多年生草本，株高 15~25 厘米。叶对生，长椭圆形，边缘具钝锯齿。花顶生或腋生，花冠钟状，花色有蓝、粉红、白、红、紫等，还有白边蓝花、白边红花双色和重瓣花。蒴果。花期夏季，果期秋季。

莳养要诀： 播种、分球或叶插繁殖，以播种为主。喜温暖、湿润及散射光充足的环境，较耐热、不耐寒，生长适温 16~25℃。喜疏松、肥沃、排水良好的壤土。土壤以湿润为佳，不要积水，否则球茎极易腐烂。半个月施 1 次复合肥。叶片具茸毛，浇水施肥时不要弄污叶片，以防烂叶。

行家提示： 在夏秋天气干热时，可向植株喷水降温保湿，但水滴不宜长时间滞留在叶片上或过夜。

海豚花

Streptocarpus saxorum

种植难度：★★★☆☆　　市场价位：★★☆☆☆
光照指数：★★★★☆　　浇水指数：★★★☆☆
施肥指数：★☆☆☆☆

辨识要点： 苦苣苔科海角苣苔属多年生草本，株高 20~45 厘米。单叶对生，肉质，卵圆形或长椭圆形，先端尖，基部楔形，边缘具锯齿，绿色；花梗细长，腋生，冠筒细长，花瓣 5 枚，蓝色、白色。蒴果。花期秋至早春。

莳养要诀： 性喜温暖及半阴环境，喜充足的散射光，喜湿润，较耐旱。喜疏松、肥沃的壤土。生长适温 15~26℃。对水分要求较高，注意及时补水，缺水时叶片极易卷曲。对肥料要求不高，每月施 1 次速效肥即可。如土质好，也可不施肥。

行家提示： 虽然畏强光，但冬季光照相对较弱，除中午外，其他时间可见全光照。

海角苣苔

Streptocarpus cvs.

种植难度：★★★☆☆　　市场价位：★★★☆☆
光照指数：★★★☆☆　　浇水指数：★★★☆☆
施肥指数：★☆☆☆☆

辨识要点： 苦苣苔科海角苣苔属多年生草本，株高 20~35 厘米。单叶，基生，长椭圆形，稍肉质，先端钝，边缘具细锯齿，羽状脉。花梗直立，花瓣 5 枚，蓝色、白花、紫色、粉红、红色等。蒴果。花期春季。

莳养要诀： 分株、播种或叶片扦插法繁殖。喜充足的散射光，忌强光，较耐寒，不耐热。生长适温 15~26℃。喜湿润环境，忌干燥，空气相对湿度控制在 50%~70%。土质以疏松、排水良好的壤土为宜。生长期浇水不可过多，否则可能易导致基部腐烂。

行家提示： 养护时，不要将植株突然移至强光下，以防灼伤叶片。

花毛茛
Ranunculus asiaticus

种植难度：★★★☆☆　　市场价位：★★★☆☆
光照指数：★★★★★　　浇水指数：★★★☆☆
施肥指数：★★☆☆☆

辨识要点： 又名波斯毛茛、芹菜花，为毛茛科毛茛属多年生草本，多数纺锤形的块根聚生于短缩的根颈上，株高20~40厘米。根出叶浅裂或深裂，裂片倒卵形，具齿；茎生叶无柄，2~3回羽状深裂，叶缘齿状。花单生或数朵顶生，花色有白、红、黄、粉及紫等色，重瓣和半重瓣。花期5~6月，果期夏季。

莳养要诀： 播种或用块根繁殖，秋季为适期。性喜凉爽、湿润环境，全日照，在半阴环境下生长也良好。生长适温15~25℃。喜肥沃疏松、排水性好的中性至微碱性壤土。定植时不宜过深，块根埋入土中即可。生长期保持土壤湿润，忌过湿。半个月施1次复合肥。夏季进入休眠期后将块根挖出，埋于河沙中贮藏，基质微润即可。

行家提示： 种植前，块根最好用清水浸泡2~3个小时，以利于发芽。

大花美人蕉
Canna × generalis

种植难度：★★☆☆☆　　市场价位：★★☆☆☆
光照指数：★★★★★　　浇水指数：★★★★☆
施肥指数：★☆☆☆☆

辨识要点： 美人蕉科美人蕉属多年生草本，地下具肥大的根状茎，株高1.5米。叶片椭圆形，叶缘、叶鞘紫色。总状花序顶生，花大，密集，每苞片内有花1~2朵。花色有红、橘红、淡黄及白色。花期几乎全年。

莳养要诀： 分株繁殖为主，在生长期均可进行。性喜温暖、潮湿及阳光充足的环境，耐热、耐湿、不耐寒。生长适温22~30℃。不择土壤，以肥沃的黏质壤土为佳。可粗放管理，生长期保持土壤湿润，在湿地及浅水处也可正常生长。每月施肥1次。如土质肥沃，也可以不施肥。

行家提示： 开花后将残花剪去，以利积累养分，促进新株萌发。

早花百子莲
Agapanthus praecox

种植难度：★★☆☆☆　　市场价位：★★★☆☆
光照指数：★★★★★　　浇水指数：★★★☆☆
施肥指数：★★★☆☆

辨识要点： 又名百子莲，为石蒜科百子莲属
多年生球根植物，株高 50~70 厘米。叶 2 列
基生，舌状带形。花葶自叶丛中抽出，伞形
花序顶生，小花钟状漏斗形，蓝色。蒴果。
花期 7~9 月。果期 8~10 月。

莳养要诀： 以分株繁殖为主，可结合换盆于
春季进行。喜温暖、湿润及阳光充足的环境，
耐热、不耐寒。生长适温 20~28℃。喜疏松、肥沃的中性至微酸性土壤。进入生
长期后，保持土壤湿润，不要积水。每月施肥 1~2 次。入冬后进入半休眠状态，减
少浇水，并停止施肥。花残后剪除花梗。

行家提示： 幼株怕强光，在夏季高湿时适当遮光。

垂筒花
Cyrtanthus mackenii

种植难度：★★☆☆☆　　市场价位：★★☆☆☆
光照指数：★★★★☆　　浇水指数：★★★☆☆
施肥指数：★☆☆☆☆

辨识要点： 石蒜科垂筒花属多年生球根草本，
具鳞茎，株高约 20 厘米。叶基生，长线形。
花茎细长，花筒长筒形，略低垂，花色有乳黄、
白、粉及橙红等。花期冬季及早春，果期春季。

莳养要诀： 分球或播种繁殖，喜温暖、湿润及光照充足的环境，耐热、耐瘠、不耐寒。
生长适温 18~28℃。喜排水良好、富含有机质的壤土或砂质壤土。粗放管理。生长
期保持土质湿润，不可过湿。对肥料要求较少，每月施 1 次复合肥即可。2~3 年换
盆 1 次，脱盆后剪掉部分须根，上盆时并剪掉部分叶片，防止蒸发过大，影响缓苗。

行家提示： 盆栽时宜密植。如多年栽后植株老化，开花不良，这时须换盆。

龙须石蒜
Eucrosia bicolor

种植难度：★☆☆☆☆　　市场价位：★★☆☆☆
光照指数：★★★★★　　浇水指数：★★☆☆☆
施肥指数：★☆☆☆☆

辨识要点： 石蒜科龙须石蒜属多年生落叶球根花卉，球茎圆形，株高约50厘米。叶片长卵形，叶基部渐狭成柄，先端渐尖，全缘，绿色。伞形花序，花红色，雄蕊白色。花期春末。

莳养要诀： 分球繁殖。喜温暖及阳光充足的环境，不耐荫蔽、耐热、耐瘠、不耐寒，忌湿涝。喜肥沃、排水良好微酸性壤土。生长适温20~28℃。春季出叶后及时施肥，以促其开花。本种极易栽培，可粗放管理。

行家提示： 冬季为休眠期，鳞茎不用起出。

网球花
Scadoxus multiflorus

种植难度：★★★☆☆　　市场价位：★★★☆☆
光照指数：★★★★☆　　浇水指数：★★★☆☆
施肥指数：★☆☆☆☆

辨识要点： 又名火球花、网球石蒜，为石蒜科网球花属多年生落叶球根花卉，地下具鳞茎，扁球形。叶3~4枚，长圆形，全缘。花先叶开放，伞形花序顶生，呈球状，着花数十朵，红色。浆果红色。花期夏季，果期秋季。

莳养要诀： 分球或播种繁殖，以分球为主。性喜温暖、湿润环境，以半阴为佳，耐热、耐瘠、不耐寒。生长适温22~30℃，8℃以上可安全越冬。喜疏松、排水良好的沙质土壤。春季发叶后，保持盆土湿润，每月施1次稀薄液肥，冬季控水控肥。开花后将植株放在通风冷凉处，可延长花期。

行家提示： 分株时，要使用利刀，并用草木灰涂抹伤口，放置一两天后上盆。

朱顶红

Hippeastrum rutilum

种植难度：★★☆☆☆　　市场价位：★★★☆☆
光照指数：★★★★☆　　浇水指数：★★★☆☆
施肥指数：★☆☆☆☆

辨识要点： 又名百枝莲、华胄兰，为石蒜科朱顶
红属多年生球根植物。鳞茎近球形。叶从鳞茎抽
生，叶片呈带状，2 列状着生，扁平。伞形花序
着生花茎顶端，喇叭形，有红色、红色带白条纹、
白色带红条纹等。花期春季，果期夏季。

莳养要诀： 分球或播种繁殖，以分球为主。喜温
暖、湿润及半阴环境。耐热，有一定的耐寒性。生长适温 15~28℃。喜疏松、肥沃、
排水良好的土壤。种球种植时宜将球体的 1/3 露出土面。春季进入生长期，浇水掌
握见干见湿的原则，不可过湿。生长期内施肥 2~3 次即可。

行家提示： 春季将种球从土中挖出，将老球的残根、过长根剪掉，以利于新根萌发；
并将新球分离，置于半阴处晾晒两天后再进行种植。

水鬼蕉

Hymenocallis littoralis

种植难度：★☆☆☆☆　　市场价位：★☆☆☆☆
光照指数：★★★★★　　浇水指数：★★★☆☆
施肥指数：★☆☆☆☆

辨识要点： 又名美丽水鬼蕉、蜘蛛兰，为石
蒜科水鬼蕉属多年生球茎草本。叶 10~12 枚，
剑形，顶端急尖，基部渐狭。花茎顶端生花 3~8 朵，白色，花被管纤细。花期夏
末秋初。

莳养要诀： 分球繁殖，生长期均可。喜高湿、湿润及阳光充足的环境，耐半阴、耐热、
不耐寒。生长适温 22~30℃。喜疏松、肥沃的壤土。粗放管理。浇水以湿润为佳，
天气干热时及时补水及喷雾。生长期施肥 2~3 次，入冬前补充 1 次有机肥更佳，有
利于植株越冬。

行家提示： 北方如露地栽培，入秋后地上部分枯黄，可将鳞茎挖出，晾干贮藏。

忽地笑

Lycoris aurea

种植难度：★☆☆☆☆　　市场价位：★★☆☆☆
光照指数：★★★★★　　浇水指数：★★★☆☆
施肥指数：★☆☆☆☆

辨识要点： 又名黄花石蒜、金爪花，为石蒜科石蒜属多年生草本。鳞茎宽卵形。叶基生，宽条形，粉绿色，下部渐狭。花茎高 30~60 厘米，伞形花序，鲜黄色或橘黄色，先花后叶。蒴果具三棱。花期 8~10 月，果期 10 月。

莳养要诀： 分球繁殖，秋季或早春进行。性喜温暖、湿润及光照充足的环境，耐寒、耐热、耐瘠。生长适温 15~28℃。不择土壤，喜腐殖质丰富、湿润而排水良好的土壤。粗放管理，如遇天旱，须及时补充水分，一般不用施肥。花后如不留种，可剪掉花梗，以免消耗养分。

行家提示： 播种开花需 5 年以上时间，而分球繁殖量较少，对此可将种球从基部向上作"十"字形切口，深达鳞茎的 3/4，植后会在切口处可产生大量小球。

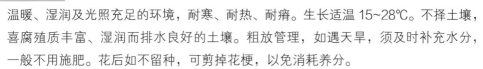

石蒜

Lycoris radiata

种植难度：★☆☆☆☆　　市场价位：★★☆☆☆
光照指数：★★★★★　　浇水指数：★★★☆☆
施肥指数：★☆☆☆☆

辨识要点： 又名蟑螂花、龙爪花、彼岸花，为石蒜科石蒜属多年生草本。地下鳞茎肥厚。叶线形，自基部抽出。伞形花序顶生，花鲜红色，花筒较短，花被片狭倒披针形，向外翻卷。花期 9 月。

莳养要诀： 分球繁殖，秋季为适期。喜温暖、湿润及阳光充足的环境，耐热、较耐寒、耐瘠。生长适温 18~28℃。不择土壤，以排水良好、肥沃的沙质壤土为佳。粗放管理，抽叶后保持盆土湿润，每月施 1 次复合肥，夏季进入休眠后控水。秋季开花时，保持土壤湿润。花谢后剪除残花。

行家提示： 生长期最好不要分株，分株以休眠期为宜。

洋水仙

Narcissus pseudonarcissus

种植难度：★★★☆☆　　市场价位：★★★☆☆
光照指数：★★★★★　　浇水指数：★★★☆☆
施肥指数：★☆☆☆☆

辨识要点： 又名喇叭水仙、黄水仙，为石蒜科水仙属多年生肉质草本，鳞茎球形。叶扁平线形，灰绿色。花单生，黄或淡黄色，稍具香气；副冠与花被片等长或稍长，钟形至喇叭形，边缘具不规则齿牙和皱褶。花期3~4月。

莳养要诀： 分球繁殖，秋季为适期。喜冷凉及阳光充足的环境，耐寒、不耐热，生长适温 10~18℃。喜疏松、肥沃排水良好的壤土。秋季种植后，保持较低温度，并保持土壤湿润。除植前施入有机肥外，生长期每月施肥 1 次。南方如作一次性花卉栽培，可粗放管理。

行家提示： 夏季休眠后，可将种球挖出，贮藏于通风及凉爽地方，也可留在土中越夏。

水仙

Narcissus tazetta var. *chinensis*

种植难度：★☆☆☆☆　　市场价位：★★☆☆☆
光照指数：★★★★★　　浇水指数：★★★☆☆
施肥指数：★☆☆☆☆

辨识要点： 又名凌波仙子、天葱、雅蒜，为石蒜科水仙属多年生草本。鳞茎卵球形。叶宽线形，扁平，钝头，全缘。伞形花序有花4~8 朵，花被裂片 6 枚，白色，芳香。副花冠浅杯状，淡黄色。蒴果。花期春季。

莳养要诀： 分球繁殖，秋季为适期。喜温暖、湿润及阳光充足的环境，耐热、不耐寒。生长期温 18~25℃。多用水培，即将秋冬购买的水仙的鳞茎盘下的老根去掉，3~5球植于花盆中；初期 1~2 天换水 1 次，并清洗球茎流出的黏液，后期每周换水 1 次。植株尽可能放在阳光充足的地方，防止花茎及叶片徒长。

行家提示： 开花后植株即丢弃。

葱兰

Zephyranthes candida

种植难度：★★☆☆☆　　市场价位：★★☆☆☆
光照指数：★★★★★　　浇水指数：★★★☆☆
施肥指数：★☆☆☆☆

辨识要点： 又名葱莲、玉帘，为石蒜科葱莲属多年生常绿球根植物，株高 15~20 厘米。叶基生，叶片肉质线形，暗绿色。花单生，顶生，白色。蒴果近球形，种子黑色，扁平。花期 7~9 月，果期秋季。

莳养要诀： 分球或播种繁殖，春季为适期。喜温暖、湿润及阳光充足的环境，耐热、耐瘠、不耐寒。生长适温 22~30℃。喜排水良好、肥沃而疏松的土壤。种植时宜密植，并施入适量的有机肥。生长期水分要充足，每月施肥 1 次。

行家提示： 如环境过于荫蔽，球茎生长不良，且开花少，故应注意光照管理。

韭兰

Zephyranthes carinata

种植难度：★★☆☆☆　　市场价位：★★☆☆☆
光照指数：★★★★★　　浇水指数：★★★☆☆
施肥指数：★☆☆☆☆

辨识要点： 又名韭莲、风雨花、风雨兰，为石蒜科葱莲属多年生常绿草本。地下鳞茎卵形。茎短，叶数枚基生，扁线形。花茎从叶丛中抽出，单生于花茎顶端，花喇叭状，粉红色或玫瑰红色。蒴果近球形。花期夏秋。

莳养要诀： 分球繁殖为主，春季及秋季为适期。喜温暖、湿润及阳光充足的环境，耐热、耐瘠、不耐寒。生长适温 22~30℃。喜排水良好、富含腐殖质的沙质壤土。定植时每丛以 3~5 球为宜（过少不利于植株生长），并剪除部分叶片，以利缓苗。生长期保持盆土湿润，每月施肥 1 次。

行家提示： 选择阳光充足之处栽培，可促分仔球，且开花多。

小韭兰
Zephyranthes rosea

种植难度：★★☆☆☆ 　市场价位：★★☆☆☆
光照指数：★★★★★ 　浇水指数：★★★☆☆
施肥指数：★☆☆☆☆

辨识要点： 又名玫瑰葱莲，为石蒜科葱兰属多年生常绿草本，株高 15~30 厘米，地下鳞茎卵形。叶基生，扁线形。花茎从叶丛中抽出，单生于花茎顶端，花喇叭状，桃红色。蒴果近球形。花期 5~8 月。

莳养要诀： 分球繁殖，春秋均可。喜温暖、湿润及光照充足的地方，耐热、不耐寒。生长适温 22~30℃。喜肥沃、疏松的沙质壤土。粗放管理，植后浇透水，保持土壤湿润。每月施肥 1 次，忌偏施氮肥，以免徒长而影响开花及植形美观。

行家提示： 栽培 2~3 年后，叶片易枯黄，可将地上部分剪掉或挖出鳞茎重新种植。

马蹄莲
Zantedeschia aethiopica

种植难度：★★☆☆☆ 　市场价位：★★☆☆☆
光照指数：★★★★☆ 　浇水指数：★★★☆☆
施肥指数：★☆☆☆☆

辨识要点： 又名慈姑花，为天南星科马蹄莲属多年生粗壮草本，具块茎。叶片肥厚，绿色，心状箭形或箭形，先端锐尖、渐尖，基部心形或戟形，无斑块。佛焰苞白色，基部淡黄色。花期 11 月至翌年 6 月。

莳养要诀： 分株繁殖，生长期均可。喜温暖、潮湿及阳光充足的地方，较耐热、不耐寒。生长适温 10~25℃，5℃以上可安全越冬。大多盆栽，土壤以疏松、肥沃的沙质壤土为佳。对水分要求较高，生长期保持基质湿润，过湿及短期积水也可正常生长。每月施 1 次复合肥或有机肥。

行家提示： 随时剪去枯黄叶片，并于花谢后把花茎剪掉，以利于植株积累养分。

彩色马蹄莲
Zantedeschia hybrida

种植难度：★★★☆☆　　市场价位：★★★☆☆
光照指数：★★★★☆　　浇水指数：★★★☆☆
施肥指数：★★☆☆☆

辨识要点： 天南星科马蹄莲属多年生草本，具块茎。叶基生，全缘，有的品种叶片具斑点。肉穗花序鲜黄色，直立于佛焰中央，佛焰苞似马蹄状，有白色、黄色、粉红色、红色、紫色等，品种很多。花期几乎全年，盛花期3~4月。

莳养要诀： 分株繁殖，生长期均可。喜温暖、潮湿及阳光充足的地方，较耐热、不耐寒。生长适温10~25℃，5℃以上可安全越冬。土壤以疏松、肥沃的沙质壤土为佳。定植时，种球的芽要朝上，不可过浅，覆土深3厘米左右。夜间控制在较低的温度下，有利于生长。生长期保持盆土湿润，每月施1~2次复合肥或有机肥。

行家提示： 注意见光，防止徒长而叶片倒伏，并随时剪去枯黄叶及残花。

小苍兰
Freesia refracta

种植难度：★★☆☆☆　　市场价位：★★☆☆☆
光照指数：★★★★★　　浇水指数：★★★☆☆
施肥指数：★☆☆☆☆

辨识要点： 又名香雪兰、洋晚香玉，为鸢尾科香雪兰属多年生草本，具球茎，卵形或卵圆形。叶剑形或条形，黄绿色。花茎直立，花淡黄色或黄绿色，园艺品种颜色较多，具香味。蒴果近卵圆形。花期4~5月，果期6~9月。

莳养要诀： 分球繁殖，秋季为适期。喜冷凉、湿润及光照充足的环境，不耐热、不耐寒。生长适温16~22℃。喜疏松、排水良好的壤土。定植时，施入少量基肥，并保持土壤湿润，半个月施1次速效性有机肥。植后控制温度，高温时提前开花，但易造成植株生长衰弱，且开花时间较短。

行家提示： 秋后种植时不能种得过浅，否则新球较小，且开花质量较差；植株易倒伏，花芽分化后须设立支架。

唐菖蒲

Gladiolus × gandavensis

种植难度：★☆☆☆☆ 　市场价位：★★☆☆☆
光照指数：★★★★★ 　浇水指数：★★★☆☆
施肥指数：★☆☆☆☆

辨识要点：又名剑兰，为鸢尾科唐菖蒲属多年生落叶球根类草本。球茎扁圆形。基生叶剑形，排成2列，抱茎互生。穗状花序着生于花茎一侧，花冠筒漏斗状，花瓣边缘有波状或皱褶，花色有白、黄、红、粉、橙、紫、蓝或复色。蒴果。花期夏秋季。

莳养要诀：分球繁殖，秋季繁殖。喜温暖、喜光照充足的环境，耐寒、较耐热。生长适温18~26℃。喜疏松、肥沃的壤土。种植时施入有机肥，植后覆土5~8厘米深，不要太浅。生长期浇水掌握见干见湿的原则，天气干旱时及时补水；施肥2~3次即可，有机肥及速效肥均可。

行家提示：花谢后，剪除残花，培育壮球，并及时剪去枯叶及黄叶。

番红花

Crocus sativus

种植难度：★★★☆☆ 　市场价位：★★☆☆☆
光照指数：★★★★★ 　浇水指数：★★★☆☆
施肥指数：★☆☆☆☆

辨识要点：又名藏红花、西红花，为鸢尾科番红花属多年生球根花卉，地下球茎扁球形。叶基生，窄线形，全缘。花顶生，淡紫色，具芳香。花期2~3月，10~11月。

莳养要诀：分球繁殖，秋季为适期。喜冷凉及光照充足的环境，耐寒、不耐热。生长适温15~20℃。喜疏松、排水良好的壤土。秋季购回种球后进行消毒，阴干后种植。植后浇透水保湿，不可积水，以免烂球。一般不用施肥，花后即丢弃。

行家提示：我国多做一次性花卉栽培，种球花后即丢弃。

水生花卉

水金英

Hydrocleys nymphoides

种植难度：★★☆☆☆　　市场价位：★★☆☆☆
光照指数：★★★★★　　浇水指数：★★★★★
施肥指数：★☆☆☆☆

辨识要点： 又名水罂粟，为花蔺科水罂粟属多年生浮水草本植物。叶簇生于茎上，叶片呈卵形至近圆形，顶端圆钝，基部心形，全缘。伞形花序，小花具长柄，花黄色。蒴果披针形。花期6~9月。

莳养要诀： 多以根茎分株繁殖，春至夏均可。喜温暖、湿润及阳光充足的环境，耐热、不耐寒。生长适温20~32℃。不择土壤，喜肥沃的黏质壤土。种植时，花盆或小池中的土壤厚度须10厘米左右，植后加入清水，水深40~50厘米。可粗放管理，一般不用施肥。随时剪掉枯叶。

行家提示： 不要将水金英随意丢入河道等处，在国外有些地区已将它列为入侵植物。

圆叶节节菜

Rotala rotundifolia

种植难度：★☆☆☆☆　　市场价位：★☆☆☆☆
光照指数：★★★★★　　浇水指数：★★★★☆
施肥指数：★☆☆☆☆

辨识要点： 千屈菜科节节菜属湿生草本，株高10~30厘米。叶对生，圆形，稀倒卵状椭圆形，基部钝或有时近心形。花两性，排成顶生、稠密的穗状花序，淡紫色。蒴果。花期12月至翌年5月。

莳养要诀： 播种繁殖，春季为适期，也可于生长期分株或扦插繁殖。喜光照，耐热、耐瘠，生长适温20~30℃。不择土壤。在生长期，须保持土质潮湿或稍浸入水中，忌干旱。

行家提示： 当光照不足时枝条徒长倒伏，观赏性下降。

睡莲

Nymphaea spp.

种植难度：★★★☆☆　　市场价位：★★☆☆☆
光照指数：★★★★★　　浇水指数：★★★★★
施肥指数：★★☆☆☆

辨识要点： 睡莲科睡莲属植物的统称，为多年生水生花卉。叶二型，浮水叶圆形或卵形，沉水叶薄膜质，脆弱。花浮在水面或高出水面，花瓣白色、蓝色、黄色或粉红色，多轮。浆果。花期为5~9月，果期7~10月。

莳养要诀： 以根茎繁殖为主，春季进行。耐热、较耐寒，生长适温18~28℃。喜肥沃的沙质壤土。春季定植后，加强水分管理，水位不要太深，随植物生长逐步加深水位，10~20厘米即可。喜肥，生长期每月追施1~2次复合肥或有机肥，但不可过浓，以免烧根。冬季进入休眠期后停止施肥。

行家提示： 分株栽植时，微露顶芽，初栽时水位不宜过深。

荷花

Nelumbo nucifera

种植难度：★★★☆☆　　市场价位：★★☆☆☆
光照指数：★★★★★　　浇水指数：★★★★★
施肥指数：★☆☆☆☆

辨识要点： 又名莲花、芙蕖、水芙蓉，为睡莲科莲属多年生水生植物。叶盾状圆形。花单生于花梗顶端、高于水面之上，有单瓣、复瓣、重瓣等花型，花色有白、粉、深红、淡紫色或间色等。坚果。花期6~9月，果期9~10月。

莳养要诀： 播种或用莲藕栽植，喜温暖及阳光充足的环境，耐热、较耐寒。生长适温22~32℃。喜富含有机质的肥沃黏土。盆栽或缸栽可选择中小品种，池栽可选较大型的品种。不可植于过阴的场所，否则开花少且生长不良，每天最好有7~8个小时的光照。对肥料要求较少，可在基质中加入少量的有机肥，以后不用再施肥。

行家提示： 发苗后，注意不要低于12℃以下，否则生长缓慢且容易烂苗。

香菇草

Hydrocotyle vulgaris

种植难度：★★☆☆☆　　市场价位：★★☆☆☆
光照指数：★★★★★　　浇水指数：★★★★☆
施肥指数：★☆☆☆☆

辨识要点： 又名铜钱草，为伞形科天胡荽属多年生湿生草本，株高5~15厘米。叶互生，具长柄，圆盾形，边缘波状。伞形花序，小花白色。花期6~8月。

莳养要诀： 多用分株法繁殖。喜温暖、潮湿及阳光充足的环境，耐热、耐瘠、不耐寒。生长适温22~30℃。不择土壤。粗放管理，可盆栽也可植于水池的浅水处或岸边。植后保湿，不可缺水。对肥料要求较少，每月施1次复合肥即可。过于荫蔽时生长不良，叶片易倒伏，观赏性差。

行家提示： 植株生长快，过多则影响生长，最好每年分株1次。

芙蓉莲

Pistia stratiotes

种植难度：★☆☆☆☆　　市场价位：★☆☆☆☆
光照指数：★★★★★　　浇水指数：★★★★★
施肥指数：★☆☆☆☆

辨识要点： 又名大薸，为天南星科大薸属多年生漂浮性的水生草本。叶呈莲座状，倒卵形或扇形，波状缘，叶面有数条纵纹。雌雄同株，花小，生于叶腋，绿色。花期夏秋季。

莳养要诀： 分株繁殖，生长期均为适期。性喜高温及阳光充足的环境，耐热、不耐寒。生长适温20~30℃。浮于水面生长，不需要土壤。粗放管理，不用施肥。如盆栽10天换水1次。

行家提示： 生长极快，我国已列为入侵植物，不要随意丢入河道中。

大石龙尾
Limnophila aquatica

种植难度：★★☆☆☆　　市场价位：★★☆☆☆
光照指数：★★★★★　　浇水指数：★★★★★
施肥指数：★☆☆☆☆

辨识要点： 又名大宝塔，为玄参科石龙尾属多年生水生植物。挺水部分的叶片三叶轮生，狭披针形，叶尖，叶缘细齿。沉水叶为羽状叶，18~22枚轮生，极细。花紫色。花期秋冬。

莳养要诀： 分株或扦插繁殖，生长期均可。喜高湿及阳光充足的环境，耐热、不耐寒。生长适温18~28℃。喜疏松、肥沃的黏质壤土。粗放管理，如挺水栽培，水面不宜过深。盆栽时10天换水1次，以防水面长青苔。一般不用施肥。

行家提示： 除盆栽、池塘栽培外，也是常用的鱼缸植物。

粉绿狐尾藻
Myriophyllum aquaticum

种植难度：★★☆☆☆　　市场价位：★☆☆☆☆
光照指数：★★★★★　　浇水指数：★★★★★
施肥指数：★☆☆☆☆

辨识要点： 又名大聚藻，为小二仙草科狐尾藻属多年生挺水或沉水草本，植株长度50~80厘米。叶轮生，多为5叶轮生，叶片圆扇形，一回羽状，两侧有8~10片淡绿色的丝状小羽片。雌雄异株，穗状花序，白色。分果。花期7~8月。

莳养要诀： 扦插繁殖，生长期均可。喜温暖及阳光充足的环境，耐热、不耐寒。生长适温20~30℃。喜疏松壤土，也可挺水生长。生活于水中。粗放管理，生长快，极易铺满水面，应植于阳光充足的地方。盆栽时须定期换水，以防腐败，也可用于水族箱栽培。

行家提示： 如植于水池中，一些弱势群体植物可能无法生长。

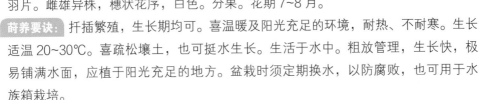

凤眼莲

Eichhornia crassipes

种植难度：★☆☆☆☆　　市场价位：★☆☆☆☆
光照指数：★★★★★　　浇水指数：★★★★★
施肥指数：★☆☆☆☆

辨识要点： 又名水葫芦、凤眼蓝，为雨久花科凤眼莲属多年生漂浮草本，株高 30~50 厘米。叶基生，宽卵形至圆形，缘波状，蜡质。穗状花序单生茎顶，淡蓝紫色或粉紫色，在上部花被表面具蓝色斑块，中心有一亮黄色斑点。蒴果。花期 7~8 月，果期 9~10 月。

莳养要诀： 分株繁殖，生长期均可。喜高温及阳光充足的环境，耐热、不耐寒。生长适温 20~30℃。不需要土壤，浮于水面生活。习性极强健，不用特殊管理，即可生长良好。须定期清理，否则极易长满水池。

行家提示： 著名入侵植物，不要随意丢入河道、池塘中。

梭鱼草

Pontederia cordata

种植难度：★☆☆☆☆　　市场价位：★☆☆☆☆
光照指数：★★★★★　　浇水指数：★★★★★
施肥指数：★☆☆☆☆

辨识要点： 又名海寿花，为雨久花科梭鱼草属多年生挺水草本，株高 20~80 厘米。基生叶广卵圆状心形，顶端急尖或渐尖，基部心形，全缘。总状花序，小花蓝色。蒴果。花果期 7~10 月。

莳养要诀： 分株或播种繁殖，均于春季进行。喜温暖有阳光充足的环境，耐热、不耐寒。生长适温 18~28℃。对土壤要求不严，以疏松、肥沃的壤土为佳。定植时宜植于浅水处，水位不可过深。小苗水宜浅或潮湿即可。生长期每月施肥 1 次，并随时剪掉残叶。

行家提示： 入冬后，地上部分逐渐枯萎，可将地上部分清理并剪除。

观赏蕨类

金毛狗

Cibotium barometz

种植难度：★★★☆☆　　市场价位：★★☆☆☆
光照指数：★★☆☆☆　　浇水指数：★★★★☆
施肥指数：★☆☆☆☆

辨识要点： 又名黄毛狗，为蚌壳蕨科金毛狗属大型树状陆生蕨类，植株高1~3米。叶簇生于茎顶端，3回羽裂，羽片长披针形，尖头，裂片边缘有细锯齿。孢子囊群生于小脉顶端，囊群盖坚硬两瓣，成熟时张开，形如蚌壳。

莳养要诀： 分株繁殖为主，春季为适期。喜温暖、湿润及半阴环境，耐热、不耐寒。生长适温18~28℃。喜疏松、肥沃的壤土。生长期保持土壤湿润，表土干后即补充水分，冬季控水，过湿易烂根。每月1次复合肥。

行家提示： 在高温干燥季节，多向植株及周围喷雾，以防止叶片干枯，同时也可达到降温的效果。

小翠云草

Selaginella kraussiana

种植难度：★★☆☆☆　　市场价位：★☆☆☆☆
光照指数：★★☆☆☆　　浇水指数：★★★★☆
施肥指数：★☆☆☆☆

辨识要点： 卷柏科卷柏属小型草本，匍匐。主茎通体呈不规则的羽状分枝，具关节，侧枝10~20对，2~3回羽状分枝，枝排列稀疏，不规则。叶全部交互排列，二型，草质叶长圆状椭圆形，基部钝。孢子叶穗紧密，单生。

莳养要诀： 分株或扦插繁殖，生长期均可。喜温暖、阴湿的环境，耐热、不耐寒。生长适温20~26℃。喜疏松、排水良好的壤土。种植时，将植株埋入土中，让叶尖伸出土面即可，并保持土壤湿度，一般不用施肥。

行家提示： 天气干热，须向植株喷雾保湿，以防止叶片失水萎蔫。

翠云草

Selaginella uncinata

种植难度：★★☆☆☆　　市场价位：★☆☆☆☆
光照指数：★★☆☆☆　　浇水指数：★★★★☆
施肥指数：★☆☆☆☆

辨识要点： 又名蓝地柏、绿绒草，为卷柏科卷柏属多年生草本。茎伏地蔓生，多分枝。小叶卵形，孢子叶卵状三角形。叶色呈蓝绿色，主茎纤细，呈褐黄色，分生的侧枝着生细致如鳞片的小叶。

莳养要诀： 分株或扦插繁殖，生长期均可。喜温暖、阴湿的环境，耐热、不耐寒。生长适温 20~26℃，5℃以上可安全越冬。生长期注意保持土壤湿润，并保持较高的空气湿度。每月施肥 1 次。不能见直射光，强光易灼伤叶片，甚至叶片的蓝绿色消失而影响观赏。

行家提示： 天气干热，须向植株喷雾保湿，以免叶片失水萎蔫。

二岐鹿角蕨

Platycerium bifurcatum

种植难度：★★★☆☆　　市场价位：★★★☆☆
光照指数：★★★☆☆　　浇水指数：★★★☆☆
施肥指数：★☆☆☆☆

辨识要点： 鹿角蕨科鹿角蕨属多年生草本，附生树上或岩石上，成簇。基生不育叶无柄，直立或贴生，全缘，浅裂直到 4 回分叉，裂片不等长。正常能育叶直立，伸展或下垂，通常不对称到多少对称，楔形，2~4 回叉裂。

莳养要诀： 分株或孢子繁殖，以分株为主。喜温暖及半日照环境，耐热、稍耐寒。生长适温 15~26℃，10℃以上可安全越冬。多选用蕨根、苔藓或少量腐叶土栽培。生长期，保持基质湿润，并保持较高的空气湿度，半个月喷施 1 次稀薄的液肥。入冬后控制水分，防止过湿而导致烂根。

行家提示： 高湿有利于叶片鲜绿、肥厚，在干燥的环境下，叶片无光泽，易失水萎蔫。

肾蕨

Nephrolepis cordifolia

种植难度：★★☆☆☆　　市场价位：★★☆☆☆
光照指数：★★★★☆　　浇水指数：★★★☆☆
施肥指数：★☆☆☆☆

辨识要点： 又名圆羊齿、蜈蚣草，为肾蕨科肾蕨属附生或土生植物。根状茎直立。叶丛生，叶片线状披针形，为1回羽状复叶。羽片多数、常呈覆瓦状，披针形、先端钝、基部心形或圆形。孢子囊群生于叶背面侧脉的小脉顶端。

莳养要诀： 分株繁殖为主。喜温暖、湿润及散射光充足的环境，在全日照下也可生长。生长适温18~28℃，8℃以上可安全越冬。可粗放管理，生长期需较高的空气湿度，保持基质湿润，过湿叶片易枯黄脱落。每月施1次复合肥。

行家提示： 虽然在全光照下可正常生长，但易黄叶，盛夏宜遮阴。

鸟巢蕨

Neottopteris nidus

种植难度：★★★☆☆　　市场价位：★★☆☆☆
光照指数：★★☆☆☆　　浇水指数：★★★★☆
施肥指数：★☆☆☆☆

辨识要点： 又名巢蕨，为铁角蕨科巢蕨属多年生常绿附生草本，株高1米左右。根状茎短，叶呈放射状，丛生于根状茎周围。叶片呈条状倒披针形，草质，叶柄粗短。孢子囊线形，生于叶背面侧脉间。

莳养要诀： 常用分株繁殖，生长期为适期。喜温暖、湿润及半阴环境。生长适温18~28℃。喜疏松壤土，也可附着于树干、山石上栽培。种植后放在荫蔽处，忌夏秋强光，以防灼伤叶片。生长期土质宜湿润，并向植物及周边喷雾，保持较高的空气湿度。半个月施1次复合肥。

行家提示： 及时清理巢内杂物及枯叶，以免影响观赏性。

铁线蕨

Adiantum capillus-veneris

种植难度：★★☆☆☆　　市场价位：★★☆☆☆
光照指数：★★★☆☆　　浇水指数：★★★☆☆
施肥指数：★☆☆☆☆

辨识要点： 又名铁丝草、铁线草，为铁线蕨科铁线蕨属多年生草本，高 15~40 厘米。根状茎横走，密生棕色鳞毛，叶柄细长而坚硬。叶片卵状三角形，2~4 回羽状复叶，细裂，叶脉扇状分叉，深绿色。

莳养要诀： 分株繁殖为主，生长期均可。喜温暖、湿润及半日照，较耐热、不耐寒。生长适温 18~30℃，5℃以上可安全越冬。喜疏松、湿润的中性到微碱性土壤。生长期每半个月施 1 次液肥，注意经常保持盆土湿润和较高的空气湿度。在夏秋干燥的季节，经常向植株及周围地面洒水，以提高空气湿度。

行家提示： 喜充足的散射光，忌阳光直射，否则叶片枯焦，甚至导致植株死亡。

胎生狗脊蕨

Woodwardia prolifera

种植难度：★★☆☆☆　　市场价位：★★☆☆☆
光照指数：★★☆☆☆　　浇水指数：★★★☆☆
施肥指数：★☆☆☆☆

辨识要点： 又名多子狗脊、珠芽狗脊、台湾狗脊蕨，为乌毛蕨科狗脊蕨属多年生草本，高 70~230 厘米。叶近簇生，叶片长卵状长圆形或椭圆形，先端渐尖并 2 回羽状深裂，羽片披针形，先端渐尖，基部不对称。叶革质，羽片上面通常产生小珠芽。孢子囊群粗短，似新月。

莳养要诀： 多用胎芽繁殖。性喜温暖、阴湿环境，不喜强光，耐热、耐瘠、不耐寒。生长适温 18~28℃。喜疏松、排水良好的微酸性壤土。胎芽在老叶枯萎后，落地生根，宜保持土壤湿润，并保持较高的空气湿度，以利于植株生长。每月施 1 次复合肥。

行家提示： 干热天气喷雾保湿，防叶缘枯焦。

多浆花卉

黑魔殿
Aloe erinacea

种植难度：★★☆☆☆　　市场价位：★★★★☆
光照指数：★★★★★　　浇水指数：★☆☆☆☆
施肥指数：★☆☆☆☆

辨识要点： 百合科芦荟属多年生草本，植株单生或群生形。叶三角披针形，肉质，先端几乎是圆锥形，灰绿色，全株具刺。花序高可达 1 米，花红或白色。

莳养要诀： 播种繁殖，也可采用分株法。喜温暖及光照充足环境，不耐酷热，夏季休眠，生长适温 20~28℃。选用排水良好的沙质土壤。休眠季节减少给水，以防烂根。夏季闷热时，置于通风处，以防根系腐烂。

行家提示： 从播种到开花约需 20 年以上，栽培最好选购成株。

多叶芦荟
Aloe polyphylla

种植难度：★★☆☆☆　　市场价位：★★★☆☆
光照指数：★★★★★　　浇水指数：★☆☆☆☆
施肥指数：★☆☆☆☆

辨识要点： 又名女王芦荟，百合科芦荟属多年生草本。植株多为单生。叶肉质，叶片紧密地按顺时针或逆时针方向螺旋排列，叶短而阔，灰绿色。花红色或橙黄色。花期春至夏。

莳养要诀： 播种繁殖。喜气候凉爽环境，能短期承爱 40℃ 高温天气，冬季休眠期能耐受 0℃ 以下低温。土壤以排水良好的沙质土为宜。耐旱性极强，冬季可以不浇水，植株体可从空气中吸收部分水汽。一般不用施肥。

行家提示： 从栖息地直接引种极难栽培成活，建议从正规商家购买。

锦葵叶刺核藤

Pyrenacantha malvifolia

种植难度：★★★☆☆　　市场价位：★★★★☆
光照指数：★★★★★　　浇水指数：★☆☆☆☆
施肥指数：★☆☆☆☆

辨识要点： 茶茱萸科刺核藤属多年生肉质植物，块根大，直径可达 1 米以上，藤蔓长可达 9~15 米。叶先端钝，基部心形，绿色，全缘。花绿色。

莳养要诀： 播种繁殖。喜温暖、阳光充足的环境，不耐阴。冬季高于 10℃才能安全过冬，生长适温 18~30℃。栽培的土壤以疏松、排水良好的沙质土为佳，忌黏重。在生长期保持土壤稍湿润，特别在低温下过湿根系则易腐烂。

行家提示： 块根较大，盆栽时不宜用浅盆，可植于深盆中。

松球掌

Euphorbia globosa

种植难度：★★☆☆☆　　市场价位：★★★☆☆
光照指数：★★★★★　　浇水指数：★☆☆☆☆
施肥指数：★☆☆☆☆

辨识要点： 又名球大戟，为大戟科大戟属多肉植物。根肉质，粗大，茎缢缩成球状，茎段长 3 厘米左右，株高 15~30 厘米。叶披针形，极小，早落。伞形花序，花黄绿色。花期春季。

莳养要诀： 播种或扦插繁殖，春至夏为适期。性喜温暖及阳光充足的环境，耐热，不耐寒，生长适温 16~28℃。喜排水良好的沙质土壤，黏重土壤积水会导致烂根。生长季节可让基质保持湿润，但忌积水。冬季减少浇水或不浇水，以便植株安全越冬。

行家提示： 汁液有毒，在扦插时注意不要弄到手上。

虎刺梅

Euphorbia milii

种植难度：★★☆☆☆　　市场价位：★☆☆☆☆
光照指数：★★★★☆　　浇水指数：★☆☆☆☆
施肥指数：★☆☆☆☆

辨识要点： 又名铁梅棠、虎刺、麒麟花，为大戟
科大戟属常绿亚灌木，株高可达1米。叶互生，
通常集中在嫩枝上，倒卵形或矩圆状匙形，黄
绿色。聚伞花序，生于枝顶，总苞鲜红，阔卵
形或肾形。花期全年。

莳养要诀： 扦插繁殖为主，生长期均可。喜温暖及阳光充足的环境，耐旱、耐瘠、耐
热、不耐寒。生长适温24~30℃。不择土壤，以疏松、排水良好的沙质土壤为佳。
植后多修剪，可促发分枝。生长期保持盆土湿润，不可过湿及积水。每月施肥1次，
如基质肥沃，也可不施肥。10℃以下进入半休眠状态，须控制浇水及施肥。

行家提示： 有小毒，在修剪及扦插时皮肤不要沾上汁液。

佛肚树

Jatropha podagrica

种植难度：★★☆☆☆　　市场价位：★★★☆☆
光照指数：★★★★☆　　浇水指数：★☆☆☆☆
施肥指数：★★☆☆☆

辨识要点： 又名珊瑚树、珊瑚油桐，为大戟科
麻风树属直立灌木，不分枝或少分枝，株高
0.3~1.5米。茎基部或下部通常膨大呈瓶状。叶盾状着生，轮廓近圆形至阔椭圆形，
顶端圆钝，基部截形或钝圆。花序顶生，花瓣红色。蒴果。花果期几乎全年。

莳养要诀： 播种或扦插繁殖，播种春季为适期，扦插可结合修剪进行。喜温暖、湿润
及光照充足的环境，耐热、不耐寒。生长适温23~30℃。浇水掌握见干见湿的原则，
不可积水，冬季也需要控制湿度。半个月施1次复合肥或有机肥。对光照要求严格，
如过阴，植株生长不良，且开花少。

行家提示： 如株型散乱，可进行修剪整形。

鹿角海棠

Astridia velutina

种植难度：★★☆☆☆　　市场价位：★★☆☆☆
光照指数：★★★★★　　浇水指数：★☆☆☆☆
施肥指数：★☆☆☆☆

辨识要点： 又名熏波菊，为番杏科鹿角海棠属多年生常绿多肉草本，常呈亚灌木状。叶片肉质具三棱，银灰色。花腋生，有白、红、粉及淡紫色等颜色。花期春至夏。

莳养要诀： 扦插繁殖为主，生长期均可。喜温暖及阳光充足的环境，耐热、耐旱、不耐寒。生长适温 18~30℃。喜肥沃、疏松、排水良好的微酸性沙质壤土。生长期基质以半干半湿为宜，越夏休眠时宜稍干燥，并放在半阴处养护。每月施 1 次复合肥。

行家提示： 2~3 年换盆 1 次，这时株型变差，可重新扦插上盆。

口笛

Conophytum luiseae

种植难度：★★★★☆　　市场价位：★★★☆☆
光照指数：★★★★★　　浇水指数：★☆☆☆☆
施肥指数：★☆☆☆☆

辨识要点： 番杏科肉锥花属肉质植物。植株常丛生。叶肉质，扁心形，顶部鞍形，叶浅绿至灰绿色，有的顶端稍带红色。花黄色。花期秋季。

莳养要诀： 播种或分株繁殖。喜冷凉及阳光充足的环境，不喜湿热，生长适温 16~25℃。植料可用赤玉土、兰石加泥岩混合，以透水、透气、排水良好为宜。在脱皮期，适当多给阳光，少浇水，可有效加快脱皮时间。夏季，须适当遮阴，可以置于散射光充足的地方。

行家提示： 夏季休眠，须控制水分，防止植株腐烂。

鼓槌水泡

Adromischus marianae var. *kubusensis*

种植难度：★★★☆☆　　市场价位：★★★☆☆
光照指数：★★★★★　　浇水指数：★☆☆☆☆
施肥指数：★☆☆☆☆

辨识要点： 为景天科天锦章属多浆植物。具分枝，叶片水泡状，绿色，具棱，具筒状叶柄，低温转红。茎上具红色气生根。总状花序，花小，紫红色。花期夏季。

莳养要诀： 繁殖以叶插及茎插为主，生长期均可进行。其叶在生长期为绿色，昼夜温差较大或冬季低温时叶色转为红褐色。喜光，光照充足时叶片短圆，株型紧凑，否则茎节及叶片变长、松散。生长主要集中在冷凉季节，在高温及低温季节均进入休眠或半休眠状态。停止生长时最好慢慢断水，以防植株腐烂死亡。

行家提示： 忌水湿及闷热，养护注意控水及通风。

山地玫瑰

Aeonium aureum

种植难度：★★★☆☆　　市场价位：★★★★☆
光照指数：★★★★★　　浇水指数：★☆☆☆☆
施肥指数：★☆☆☆☆

辨识要点： 景天科莲花掌属多年生肉质草本，株高 30~45 厘米，多丛生。叶莲座状，紧缩，玫瑰状，灰绿色，圆形，先端稍尖。总状花序，花黄色。花期春至初夏。

莳养要诀： 分株繁殖为主。喜凉爽及光照充足的环境，生长适温 18~24℃。不喜闷湿的天气。基质选用沙质壤土，忌黏质土。高热季节处于半休眠状态，不要浇水。冬季不要太湿，否则易引起根腐病。

行家提示： 虽然喜光，但须避开强光，以防叶片灼伤。

火祭

Crassula capitella

种植难度：★★☆☆☆ 　市场价位：★★☆☆☆
光照指数：★★★★★ 　浇水指数：★☆☆☆☆
施肥指数：★☆☆☆☆

辨识要点： 又名秋火莲，为景天科青锁龙属多年生肉质草本。叶对生，排列呈十字形，长圆形，先端钝尖。叶绿色，在冬季的阳光下，转成红色。

莳养要诀： 扦插或分株繁殖，生长期均可。喜温暖及阳光充足的环境，耐热、不耐寒。生长适温20~28℃。喜疏松的沙质壤土。生长期土壤稍湿润即可，过湿易烂根，较高的空气湿度可能导致叶片腐烂。每个月施1次薄肥。冬季控水并停止施肥。

行家提示： 不能置于光线阴暗的地方，防止植株徒长。

雪绒

Crassula lanuginosa var. *pachystemon*

种植难度：★★☆☆☆ 　市场价位：★★★☆☆
光照指数：★★★★★ 　浇水指数：★☆☆☆☆
施肥指数：★☆☆☆☆

辨识要点： 又名十字姬星美人，景天科青锁龙属小型肉质草本。叶交互对生排列，卵圆形或倒匙形，密布茸毛，绿色、黄绿色至红绿色。花乳白色。

莳养要诀： 繁殖以扦插为主，茎节生根，在生长季节均可。喜光、喜温暖，不喜闷湿气候。土壤以疏松、排水良好的壤土为宜。生长季节保持土壤湿润，冬季控水，浇水时尽量用浸盆法，否则浇到植株上易染病。一般不用施肥。

行家提示： 茎极为脆弱，在养护时不要碰断茎节，以防染病。

青锁龙缀化

Crassula muscosa 'Cristata'

种植难度：★★☆☆☆　　市场价位：★★★☆☆
光照指数：★★★★★　　浇水指数：★☆☆☆☆
施肥指数：★☆☆☆☆

辨识要点： 景天科青锁龙属肉质灌木状草本，株高30厘米左右。叶鳞片状，茎上生长点异常增生，部分茎节呈扁平状。

莳养要诀： 扦插繁殖。喜温暖干燥及阳光充足的环境，在半阴环境也可生长，不耐寒，生长适温20~28℃，冬季气温不低于8℃。栽培基质可选用市售的营养土。生长期保持土壤湿润，雨季控水，每月施1次速效肥。

行家提示： 扦插全年均可，以春秋最宜。

神刀

Crassula perfoliata var. *minor*

种植难度：★★☆☆☆　　市场价位：★★☆☆☆
光照指数：★★★★☆　　浇水指数：★☆☆☆☆
施肥指数：★☆☆☆☆

辨识要点： 景天科青锁龙属多年生叶质草本，茎直立，株高可近1米。叶片肉质，三角形，叶先端扁，对生，似镰刀状。伞房状聚伞花序顶生，花深红色或橘红色。春末至夏季。

莳养要诀： 扦插或播种繁殖，扦插在生长期均可，播种可于春季进行。喜高温及阳光充足的环境，耐热、不耐寒。生长适温20~28℃。喜疏松的沙质壤土。可粗放管理，生长期土壤稍湿润即可，不可过湿。越冬时不要浇水，保持干燥。如植株过高，可设支柱。

行家提示： 如株型变差，可将顶部切下扦插，成活后另栽即可。

棒叶仙女杯
Dudleya edulis

种植难度：★★☆☆☆　　市场价位：★★★★☆
光照指数：★★★★★　　浇水指数：★☆☆☆☆
施肥指数：★☆☆☆☆

辨识要点： 景天科仙女杯属肉质草本，常群生，株高约20厘米。叶片棒状，老株则集生茎顶，灰绿色，上面被白霜。花黄绿色。略带香味。

莳养要诀： 分株或播种繁殖。喜干燥及阳光充足的环境，忌强光直射，生长适温18~25℃。盆栽可选用腐叶土、兰石、火烧土等混合基质，目的要通风透气，以防积水。夏季高温时休眠，一般不用浇水，如浇水，只能沿盆边倒入少量清水。

行家提示： 植株生长过程要控制水分，以防徒长，影响美观。

红边冬云
Echeveria agavoides 'Red Edge'

种植难度：★★★☆☆　　市场价位：★★★☆☆
光照指数：★★★★★　　浇水指数：★☆☆☆☆
施肥指数：★☆☆☆☆

辨识要点： 景天科石莲花属多年生肉质草本，茎短，不分枝，多丛生。叶长椭圆形，扁平，呈莲座状，边缘红色。花茎腋生，聚伞花序。蓇葖果。

莳养要诀： 以分株繁殖为主。喜温暖及阳光充足环境，不耐阴，生长适温18~28℃。盆栽用土可选用泥炭、赤玉土、兰石等混合基质，要求疏松、排水良好。生长季节保持基质湿润，雨天不浇，干旱季节适量多浇，寒冷季节控水。在生长期施2~3次平衡肥，可随浇水追施。

行家提示： 冬季多见光照，叶边缘会更红。

胜者奇兵冬云

Echeveria agavoides 'Victor Reiter'

种植难度：★★★☆☆　　市场价位：★★★☆☆

光照指数：★★★★★　　浇水指数：★☆☆☆☆

施肥指数：★☆☆☆☆

辨识要点： 景天科石莲花属多年生肉质草本，茎短，不分枝，多丛生。叶长卵形，肉质，叶扁平而厚，呈莲座状。花茎腋生，聚伞花序。蓇葖果。

莳养要诀： 分株繁殖为主。喜温暖、喜光照，不耐荫蔽。生长适温 18~28℃。栽培基质可用泥炭、赤玉土、珍珠岩、蛭石等混合配制。浇水根据天气、温度综合考虑，忌积水。在生长期施 2~3 次平衡肥，可随浇水追施。

行家提示： 及时清理残叶，及时松土，通风透气。

月影

Echeveria elegans

种植难度：★☆☆☆☆　　市场价位：★☆☆☆☆

光照指数：★★★★★　　浇水指数：★☆☆☆☆

施肥指数：★☆☆☆☆

辨识要点： 景天科石莲花属肉质草本，茎短，植株丛生。叶莲座状，排列紧凑，卵形，叶先端有芒尖，扁平，蓝绿色，被白粉。花序从叶腋叶抽出，小花先端黄色，底部紫红色。花期春季。

莳养要诀： 分株或叶插繁殖。喜光照及干燥通风的环境，有一定耐寒性，耐干旱，耐高温，生长适温 18~30℃，夏季 35℃以上休眠。基质选用市售的营养土即可，也可自行配制。叶片排列紧密，浇水时尽量不要浇在叶片上，否则易腐烂。习性强健，一般不用施肥。

行家提示： 花观赏价值不高，花葶长出后可及时剪除，以防消耗营养。

橙梦露
Echeveria 'Monroe'

种植难度：★★☆☆☆　　市场价位：★★☆☆☆
光照指数：★★★★★　　浇水指数：★☆☆☆☆
施肥指数：★☆☆☆☆

辨识要点： 景天科石莲花属小型肉质草本，具茎。叶匙形，肥厚，具白粉。叶缘常呈橙红色。随叶片不断脱落，多年老株茎秆变长，叶片集生于茎顶。

莳养要诀： 分株或叶片扦插繁殖。性喜冷凉及阳光充足的环境，春秋为生长期，夏季高温及冬季低温时进入休眠期。休眠时不要浇水，如过干可喷雾。通风遮阴，每周可以在土表喷上少量的水，以防止根死亡。冬天温度要逐渐断水，保持盆土干燥，提高植株抗寒能力。

行家提示： 冬季尽可能多见光，色泽会更美。

丸叶红司
Echeveria nodulosa 'Maruba benitsukasa'

种植难度：★★☆☆☆　　市场价位：★★☆☆☆
光照指数：★★★★★　　浇水指数：★☆☆☆☆
施肥指数：★☆☆☆☆

辨识要点： 景天科石莲花属多肉植物，茎短，莲座形排列。叶片匙形或长卵形，叶淡绿，叶缘及叶面有褐红色斑。花橘黄色。花期夏季。

莳养要诀： 分株或叶插法繁殖，全年均可。喜温暖，喜光照，生长适温18~28℃。基质以疏松、透气者为佳。生长期保持土壤稍湿润，忌过湿，防止徒长。每个生长季节施用1~2次有机肥或2~3次速效肥。

行家提示： 植株须多见光，否则叶色暗淡无光。

特玉莲

Echeveria runyonii 'Topsy Turvy'

种植难度：★★☆☆☆ 　市场价位：★★★☆☆
光照指数：★★★★★ 　浇水指数：★☆☆☆☆
施肥指数：★☆☆☆☆

辨识要点： 景天科石莲花属多年生多肉植物，茎短，莲座状，多丛生。叶倒卵形，先端稍凹并带突尖，边缘外曲，中间突出，叶绿色，具白粉。总状花序，花橙红色。花期春季或秋季。

莳养要诀： 扦插、分株繁殖。喜凉爽、干燥及阳光充足的环境，喜排水良好、疏松的沙质土壤。生长适温 18~28℃，冬季不低于 8℃。生长季节保持土壤湿润，避免积水，在闷湿情况下极易腐烂。1~2 年换盆 1 次，剪除病根及枯根。每月施 1 次平衡肥，不宜过多施用氮肥，否则植株徒长而影响美观。

行家提示： 及时将枯叶清理，防止细菌滋生。

长寿花

Kalanchoe blossfeldiana

种植难度：★★☆☆☆ 　市场价位：★★☆☆☆
光照指数：★★★★☆ 　浇水指数：★★☆☆☆
施肥指数：★★☆☆☆

辨识要点： 又名圣诞伽蓝菜，为景天科伽蓝菜属多年生肉质草本，株高 10~30 厘米。叶肉质，交互对生，长圆状匙形。圆锥状聚伞花序，小花高脚蝶状，花色有绯红、桃红、橙红、黄、橙黄和白等，瓣形有单瓣、重瓣。花期 2~5 月。

莳养要诀： 扦插繁殖，枝扦、叶扦均可，生长期均为适期。喜温暖、湿润及阳光充足的环境，耐热、耐旱、不耐寒。生长适温 20~28℃，5℃以上可安全越冬。喜肥沃、排水良好的沙质壤土。生长期如光照过强，须适当遮阴。保持土壤湿润，半个月施肥 1 次，以复合肥为主。

行家提示： 为使植株多开花，小苗定植后即可摘心，促发侧枝；栽种 2 年左右，植株老化，可扦插新株进行更新。

趣蝶莲

Kalanchoe synsepala

种植难度：★★☆☆☆　　市场价位：★★☆☆☆
光照指数：★★★★★　　浇水指数：★☆☆☆☆
施肥指数：★☆☆☆☆

辨识要点： 又名双飞蝴蝶、趣情莲，为景天科伽蓝菜属多年生常绿多肉草本。对生叶卵形，叶缘有锯齿状缺刻。花葶由叶腋处抽出，花小，黄绿色。

莳养要诀： 分株或用走茎繁殖，生长期均可。喜温暖、干燥及阳光充足的环境，耐热、耐瘠、不耐寒。生长适温 15~28℃。喜疏松、排水良好的沙壤土。生长期盆土稍湿润即可，不可过湿，防止根部腐烂。如天气干热，多向植株喷水保湿。每月施 1 次稀薄的液肥。冬季控制浇水并停止施肥。

行家提示： 趣蝶莲成株后常有匍匐枝长出，上有不定芽形成的小植株，摘下另栽即可。

褐斑伽蓝

Kalanchoe tomentosa

种植难度：★☆☆☆☆　　市场价位：★★☆☆☆
光照指数：★★★★☆　　浇水指数：★★☆☆☆
施肥指数：★☆☆☆☆

辨识要点： 又名月兔耳，为景天科伽蓝菜属多年生多肉类植物，株高 20 厘米左右。叶片肉质，肉质匙形叶密被白色茸毛，叶边具齿，叶片边缘着生褐色斑纹。

莳养要诀： 扦插或分株，生长期均可。喜温暖及光照充足的环境，耐热、耐寒、耐瘠、不耐寒。生长适温 20~28℃。喜肥沃、疏松的沙壤土。生长期土壤宜稍干燥，过湿会导致植株下部叶片脱落。每月施肥 1~2 次。叶片有大量茸毛，浇水施肥时不要沾污叶片，以免病害发生。

行家提示： 扦插常用叶插，选择生长健壮肥厚的叶片，用利刀割成 2~3 段，稍干燥后扦入基质中，约 20 天即可生根。

子持年华

Orostachys boehmeri

种植难度：★★☆☆☆　　市场价位：★★☆☆☆
光照指数：★★★★★　　浇水指数：★☆☆☆☆
施肥指数：★☆☆☆☆

辨识要点： 为景天科瓦松属多年生肉质草本。叶肉质，莲座状，圆形或长匙形，表面光滑，全缘，被有白粉。具走茎，顶端会形成一新植株。

莳养要诀： 走茎或分株繁殖，生长期均可。喜高温及阳光充足的环境，耐热、耐瘠、不耐寒。生长适温 18~28℃。喜疏松、肥沃的沙质壤土。生长期浇水掌握宁干勿湿的原则，否则易烂根。每月施肥 1 次。冬季尽可能多见阳光，少浇水，以提高植株抗性。

行家提示： 走茎上的小植株，摘下另栽即可成为一个新的植株。

沙漠玫瑰

Adenium obesum

种植难度：★★☆☆☆　　市场价位：★★★☆☆
光照指数：★★★★☆　　浇水指数：★☆☆☆☆
施肥指数：★★☆☆☆

辨识要点： 又名天宝花、小夹竹桃。夹竹桃科天宝花属多年生落叶肉质灌木或小乔木，株高 1~2 米。单叶互生，倒卵形，顶端急尖，有光泽，全缘。顶生总状花序，花钟形，有玫红、粉红、白色及复色等。角果。花期 4~11 月，果期 7~10 月。

莳养要诀： 播种繁殖为主，春季为适期。喜温暖及光照充足的环境，耐热、耐旱、不耐寒。生长适温 22~30℃。喜排水良好的微碱性沙质壤土。生长期保持土壤稍湿润，不可过湿，特别冬季，否则极易烂茎而导致植株死亡。每月施 1~2 次复合肥。2 年换盆 1 次，换盆时注意不要伤及肉质茎，将老根及烂根剪掉，且在伤口涂上草木灰后再上盆。不要马上浇水，防止腐烂。

行家提示： 耐修剪，如株型变差，可短截枝条，促发新枝，使株型丰满。

惠比须笑

Pachypodium brevicaule

种植难度：★★☆☆☆　　市场价位：★★★★☆
光照指数：★★★★★　　浇水指数：★☆☆☆☆
施肥指数：★☆☆☆☆

辨识要点： 夹竹桃科棒槌树属多年生肉质植物。茎呈不规则膨大，肉质。叶长椭圆形，绿色，椭圆形，全缘。花黄色。

莳养要诀： 播种和嫁接繁殖。喜温暖、干燥和阳光充足的环境，耐旱，怕积水，生长适温 18~28℃。盆土应疏松、透气、排水良好，可用腐叶土、粗砂、兰石等配制，并加入少量骨粉。浇水坚持干透浇透的原则，避免积水，以免造成块茎腐烂。对肥料要求不高，每月施 1 次复合肥即可。

行家提示： 梅雨季节，置于通风之处，防止闷热、潮湿而导致植株生病。

翡翠珠

Senecio rowleyanus

种植难度：★☆☆☆☆　　市场价位：★★☆☆☆
光照指数：★★★★☆　　浇水指数：★☆☆☆☆
施肥指数：★☆☆☆☆

辨识要点： 又名一串珠、绿铃，为菊科千里光属多年生常绿肉质草本。叶互生，圆心形，绿色，肥厚多汁。头状花序顶生，花白色至浅褐色。花期 12 月至翌年 1 月。

莳养要诀： 扦插繁殖，生长期均可。喜温暖及半日照，耐热、不耐寒。生长适温 18~22℃。喜肥沃、疏松的沙质壤土。生长期保持基质稍湿润，忌高温高湿环境，否则茎叶极易腐烂。过于干燥，叶片易失水，干瘪，观赏性差。生长期施肥 2~3 次，以复合肥为主。

行家提示： 茎极易生根，扦插时不要过湿，一般半个月即可生根成活。

断崖女王

Sinningia leucotricha

种植难度：★★★☆☆　　市场价位：★★☆☆☆
光照指数：★★★★★　　浇水指数：★☆☆☆☆
施肥指数：★☆☆☆☆

辨识要点： 苦苣苔科大岩桐属多年生肉质草本，株高 40 厘米左右，具块根。枝干密生白色茸毛。叶椭圆形或长椭圆形，对生，全缘，具锯齿，绿色，密生白色茸毛。花生于枝顶端，数朵聚生，橙红色或朱红色。花期春末至初秋。

莳养要诀： 播种繁殖，随采随播。喜阳光充足、凉爽及干燥环境，忌水湿及闷热。对基质要求不高，一般市售的营养土即可。夏季高温和冬季低温时休眠，这两个季节要控制水分，防过湿，生长期则保持土壤湿润。10~15℃时新芽萌动，生长适温 20~30℃，超过 30℃则逐渐进入休眠状态。可根据土质肥沃程度确定施肥次数。

行家提示： 阳光充足，株型矮壮，但要避开中午强光。

金边龙舌兰

Agave americana var. *variegata*

种植难度：★★☆☆☆　　市场价位：★★☆☆☆
光照指数：★★★★☆　　浇水指数：★☆☆☆☆
施肥指数：★☆☆☆☆

辨识要点： 又名金边菠萝麻，为龙舌兰科龙舌兰属多年生常绿草本，茎极短。叶片莲座状着生于茎的基部，倒披针形，长达 1 米，灰绿色，边缘黄白色，叶缘具硬刺尖。顶生圆锥花序，花朵黄绿色。蒴果长椭圆形。花期 6~7 月。

莳养要诀： 分株繁殖，生长期均可进行。喜高湿及干燥的环境，喜光照，耐热、耐瘠、耐旱、不耐寒。生长适温 22~30℃。喜排水良好、肥沃的沙壤土。浇水掌握宁干勿湿的原则，过湿易烂根，对肥料要求不高，每月施 1 次复合肥。越冬时土壤宜干燥，并停止施肥与浇水。

行家提示： 虽然喜光，但在盛夏光照强烈时也应遮光，以保持叶片翠绿。

酒瓶兰
Nolina recurvata

种植难度：★★☆☆☆　　市场价位：★★★☆☆
光照指数：★★★★☆　　浇水指数：★☆☆☆☆
施肥指数：★☆☆☆☆

辨识要点： 又名象腿树，为龙舌兰科酒瓶兰属常绿小乔木，株高 2~3 米。茎干直立，下部肥大，状似酒瓶。叶细长线形，全缘或细齿缘。圆锥花序，花色乳白，花小。花期春季。

莳养要诀： 播种或扦插繁殖，以播种为主，春季为适期。喜温暖、湿润及阳光充足的环境，耐寒、耐瘠、不耐寒。生长适温 20~28℃。喜疏松、肥沃的微酸性沙质壤土。浇水掌握宁干勿湿的原则，防止积水而造成茎基及根系腐烂。生长期半个月施 1 次稀薄的液肥。

行家提示： 如植株过高，可短截。

银蓝柯克虎尾兰
Sansevieria kirkii 'Silver Blue'

种植难度：★☆☆☆☆　　市场价位：★★☆☆☆
光照指数：★★★★★　　浇水指数：★☆☆☆☆
施肥指数：★☆☆☆☆

辨识要点： 龙舌兰科虎尾兰属草本，植株低矮。叶多少呈 V 形，卷曲，叶绿色，上具浅绿色斑纹，边缘褐色，具褶皱。

莳养要诀： 分株繁殖。喜温暖、干燥及阳光充足的环境，不耐阴湿。生长适温 18~30℃。对土壤要求不高，喜疏松、排水良好的土壤。生长期浇水掌握干透浇透的原则，忌积水。生长期施 2~3 次复合肥。

行家提示： 忌闷湿环境，宜置于通风良好之处。

虎尾兰

Sansevieria trifasciata 'Prain'

种植难度：★☆☆☆☆　　市场价位：★☆☆☆☆
光照指数：★★★★★　　浇水指数：★☆☆☆☆
施肥指数：★☆☆☆☆

辨识要点： 龙舌兰科虎尾兰属草本，有横走根状茎。叶基生，常 1~2 枚，也有 3~6 枚成簇的，直立、硬革质、扁平，长条状披针形，有白绿色相间的横带斑纹。花淡绿色或白色。浆果。花期 11~12 月。

莳养要诀： 分株或扦插繁殖，生长期均可。喜温暖、湿润的环境，在全日照下及半日照环境均可生长，耐阴，耐瘠。生长适温 20~32℃。喜沙质壤土，忌积水，冬季寒冷季节控水，防止烂根。如土质肥沃，可不施肥。

行家提示： 定期清理残叶，保持植株整洁。

金边虎尾兰

Sansevieria trifasciata 'Laurentii'

种植难度：★★☆☆☆　　市场价位：★☆☆☆☆
光照指数：★★★★☆　　浇水指数：★☆☆☆☆
施肥指数：★☆☆☆☆

辨识要点： 龙舌兰科虎尾兰属多年生常绿肉质草本。叶直立、剑形，革质，叶边缘为金黄色，叶中间绿色，并具灰绿色的云状斑纹。总状花序，花淡绿色或白色。浆果。花期冬季。

莳养要诀： 分株繁殖，生长期均可。喜温暖、湿润及光半日照环境，耐阴、耐瘠、耐热、不耐寒。生长适温 20~28℃。喜排水良好的沙质壤土。生长期保持土壤湿润，虽然耐旱，但以湿润为佳。冬季或雨季需要控制浇水，防止烂根。如土质肥沃，一般不用施肥。

行家提示： 也可扦插繁殖，但扦插后新生的植株金边消失。

凤尾丝兰
Yucca gloriosa

种植难度：★★☆☆☆　　市场价位：★☆☆☆☆
光照指数：★★★★☆　　浇水指数：★☆☆☆☆
施肥指数：★☆☆☆☆

辨识要点： 又名剑叶丝兰、凤尾兰，为龙舌兰科丝属多年生灌木状植物。叶近莲座状簇生，长状披针形或近剑形，先端具硬刺。圆锥花序，花白色，下垂。花期秋季。

莳养要诀： 分株为主，生长期均可。喜温暖及阳光充足的环境，耐旱、耐瘠、耐热、较耐寒。生长适温22~30℃。喜疏松、排水良好的壤土。粗放管理，种植时施入少量底肥，以后不用再施肥。虽然耐旱，生长期保持土壤湿润为佳。冬季控水控肥。

行家提示： 将分下的蘖芽植入土中繁殖时，不宜过深。

爱之蔓
Ceropegia woodii

种植难度：★★☆☆☆　　市场价位：★★☆☆☆
光照指数：★★★★☆　　浇水指数：★☆☆☆☆
施肥指数：★☆☆☆☆

辨识要点： 又名吊金钱、吊灯花，为萝藦科吊灯花属多年生肉质草本，枝蔓长可达1米，茎悬垂。单叶对生，心形，沿叶脉分布有大小不一的灰白色斑块，肉质。花单生于叶腋，蓇葖果。花期5~10月。

莳养要诀： 扦插繁殖为主，生长期均可。喜温暖、湿润及阳光充足的环境，耐热、耐旱、不耐寒。生长适温18~25℃，10℃以上可安全越冬。喜肥沃、排水良好的沙质土壤。生长期浇水掌握干透浇透的原则，不可过湿，冬季则停止浇水。需肥较少，每年施肥2~3次，以复合肥为主。

行家提示： 如栽培地方过于荫蔽，植株徒长，观赏效果较差。

大花犀角

Stapelia grandiflora

种植难度：★★☆☆☆　　市场价位：★★☆☆☆
光照指数：★★★★★　　浇水指数：★★☆☆☆
施肥指数：★★☆☆☆

辨识要点： 又名海星花、臭肉花，为萝藦科豹皮花属多年生肉质草本，株高 20~30 厘米。花大，五裂张开，星形，淡黄色，具淡黑紫色横斑纹。花期秋季。

莳养要诀： 分株繁殖，可结合换盆于早春进行。喜温暖及阳光充足的环境，耐热、耐旱、不耐寒。生长适温 16~22℃，12℃以上可安全越冬。喜疏松、排水良好沙质土壤。生长期保持土壤湿润，不可过湿。半个月施 1 次复合肥，有机肥更佳。冬季停止浇水及施肥。

行家提示： 夏季光照强烈时须遮阴，以防灼伤。

斑叶树马齿苋

Portulacaria afra 'Variegata'

种植难度：★★☆☆☆　　市场价位：★★☆☆☆
光照指数：★★★★☆　　浇水指数：★★☆☆☆
施肥指数：★★☆☆☆

辨识要点： 又名雅乐之舞，为马齿苋科马齿苋树属多年生肉质灌木。茎叶肥厚多肉，单叶对生，倒卵形，先端近平截形或微凹，基部楔形，绿色，上有黄色斑块。

莳养要诀： 扦插繁殖，生长期均可进行。性喜温暖及阳光充足的环境，耐热、耐旱、不耐寒。生长适温 15~28℃。喜疏松、排水良好的沙质壤土。在夏秋阳光强烈时须遮阴，雨季注意防水，防渍涝。生长期土壤以稍湿润为佳，半个月施 1 次复合肥。

行家提示： 耐修剪，可根据需要进行造型。

刺月界

Sarcocaulon herrei

种植难度：★★★☆☆　　市场价位：★★★★☆
光照指数：★★★★★　　浇水指数：★☆☆☆☆
施肥指数：★☆☆☆☆

辨识要点： 牻牛儿苗科龙骨葵属落叶肉质灌木，具分枝，直立或斜伸，高可达30厘米。茎上具长刺，叶多分枝，蕨叶状，具香味。花瓣5枚，白色至淡黄色。花期冬至春。

莳养要诀： 播种繁殖。喜冷凉及阳光充足环境，生长适温12~20℃，10℃左右开始萌芽生长，高于25℃叶片转黄脱落。基质选透气、排水良好的颗粒土。在生长季节，浇水要干透浇透。肥料可用缓释肥，也可施用速效肥，随水追施。

行家提示： 夏季注意放在通风阴凉之处，以利安全度夏。

象足葡萄瓮

Cyphostemma elephantopus

种植难度：★★★☆☆　　市场价位：★★★★★
光照指数：★★★★★　　浇水指数：★☆☆☆☆
施肥指数：★☆☆☆☆

辨识要点： 葡萄科葡萄瓮属多年生藤本，具大型块根，直径可达200厘米，圆锥状或盘状，可贮存大量淡水。茎木质，暗褐色。叶肉质，羽状复叶，小叶边缘具疏齿。花淡黄绿色。

莳养要诀： 播种或扦插繁殖。喜温暖及阳光充足的环境，生长适温18~28℃，冬季不低于12℃。喜疏松、排水良好的带有砾石的土壤，忌过湿。不喜闷湿的天气。

行家提示： 如室内温度合适，可全年生长。

葡萄瓮
Cyphostemma juttae

种植难度：★★☆☆☆　　市场价位：★★★★☆
光照指数：★★★★★　　浇水指数：★☆☆☆☆
施肥指数：★☆☆☆☆

辨识要点： 葡萄科葡萄瓮属肉质落叶植物。株高可达 1.8 米，茎粗壮。叶椭圆形或卵圆形，绿色，嫩叶具茸毛。浆果红色。

莳养要诀： 播种繁殖。喜干燥及光照充足的环境，生长适温 20~30℃。喜排水良好的沙质土壤，种植前也可加入少量有机肥，有利于植株快速生长。夏季为主要生长季节，虽然要适当补水，但也要防止水分过大而烂根。冬季冷凉后停止浇水，以防根茎腐烂。

行家提示： 如果种植于潮湿地区，要放在通风良好的地方。

龟甲龙
Dioscorea elephantipes

种植难度：★★★☆☆　　市场价位：★★★★☆
光照指数：★★★★★　　浇水指数：★☆☆☆☆
施肥指数：★☆☆☆☆

辨识要点： 薯蓣科薯蓣属多年生攀缘植物，株高可达 6 米。具肥大块茎，龟裂，似龟甲。叶心形，全缘，绿色。花黄绿色。蒴果。花期夏季。

莳养要诀： 播种繁殖。性喜温暖及阳光充足的环境，生长适温 20~30℃，冬季不宜低于 10℃。在生长季节，土壤干透后浇 1 次透水，忌积水。施肥以薄肥为主，随水浇施。栽培基质可用市售的营养土，也可加入一些小石块，以利排水。

行家提示： 叶子转黄时，即进入休眠期，应减少水分供应。

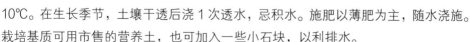

兜

Astrophytum asterias

种植难度：★★☆☆☆　　市场价位：★★☆☆☆
光照指数：★★★★☆　　浇水指数：★☆☆☆☆
施肥指数：★☆☆☆☆

辨识要点： 又名星球，为仙人掌科星球属多
年生肉质植物，植株呈扁圆球形，球体由
6~10 条浅沟分成 6~10 个扁圆棱。无刺，刺
座上有白色星状绵毛。花着生于球顶部，漏斗形，黄色。花期春季。

莳养要诀： 播种繁殖为主，春季为适期。喜温暖干燥及阳光充足的环境。较耐寒、耐
热、耐瘠、耐旱。生长适温 18~26℃，5℃以上可安全越冬。喜肥沃、疏松和排水良
好的富含石灰质的沙壤土。根系较浅，种植时不要过深，盆下多垫瓦片以利排水。
生长期土壤稍湿润，每月施肥 1 次。入冬盆土保持干燥，不可过湿。

行家提示： 2~3 年换盆 1 次，剪除残根及过长根，晾干后植于土壤稍润的盆中，过 1
周后浇 1 次透水。

般若

Astrophytum ornatum

种植难度：★★☆☆☆　　市场价位：★★☆☆☆
光照指数：★★★★☆　　浇水指数：★☆☆☆☆
施肥指数：★☆☆☆☆

辨识要点： 又名美丽星球，为仙人掌科星球
属肉质植物。植株单生，圆球形至圆柱状，
体色青灰绿色。具 8 棱，上有白色星点。针
状周刺 5~8 枚，中刺 1 枚，新刺黄褐色，老刺褐色。花生于球顶，漏斗状，黄色。
花期春夏。

莳养要诀： 播种或嫁接繁殖，播种于春季进行，嫁接在生长季节均可进行。生长适温
18~28℃，5℃以上可安全越冬。喜温暖及干燥环境，耐热、较耐寒。喜排水良好的
沙质中性至微碱性土壤。生长期保持盆土稍湿润，不可过湿，每月施肥 1 次。休眠
时保持盆土干燥。

行家提示： 嫁接可选用量天尺或草球做砧木，生长快。球体长大后须落地生长。

复隆鸾凤玉

Astrophytum myriostigma 'Fukuryu'

种植难度：★★☆☆☆ 　市场价位：★★★☆☆
光照指数：★★★★★ 　浇水指数：★☆☆☆☆
施肥指数：★☆☆☆☆

辨识要点： 仙人掌科星球属肉质植物。植株单生，圆柱状，绿色。具 6 棱，棱间隆起，无刺，具少量褐色绵毛。花漏斗形，黄色。

莳养秘诀： 播种繁殖或扦插繁殖。喜温暖、干燥和阳光充足的环境，较耐寒，耐旱，忌水湿，生长适温 15~28℃，冬季温度不低于 5℃。基质以疏松、排水良好的沙质土为宜，忌黏重土壤。在夏季阳光较为强烈时，中午适当遮阴。

行家提示： 冬季休眠时不要浇水，以防止根茎腐烂。

山吹

Echinopsis chamaecereus 'Lutea'

种植难度：★☆☆☆☆ 　市场价位：★☆☆☆☆
光照指数：★★★★☆ 　浇水指数：★☆☆☆☆
施肥指数：★☆☆☆☆

辨识要点： 仙人掌科白檀属肉质植物，为白檀变种。多分枝，枝茎手指状，茎上有棱 6~9 个，有时旋转，茎上密被白色硬毛；茎橙黄或红色。花漏斗状，绯红色。花期春季。

莳养要诀： 嫁接繁殖，生长季节均可进行。喜温暖干燥及散射光充足的环境，耐热、不耐寒。生长适温 18~28℃。如用量天尺做砧木，栽培时须保持土壤湿润，不要过湿，冬季稍湿润即可。每月施肥 1 次，如土质肥沃，也可不施肥。

行家提示： 山吹不含叶绿素，无法合成养分，因此不能直接栽于土中，须嫁接在量天尺或其他砧木上才能正常生长。

狂刺金琥

Echinocactus grusonii 'Intertextus'

种植难度：★★★☆☆　　市场价位：★★★☆☆
光照指数：★★★★☆　　浇水指数：★☆☆☆☆
施肥指数：★☆☆☆☆

辨识要点 仙人掌科金琥属肉质植物。茎圆球形，单生或成丛，高可达 1.3 米，直径 80 厘米或更大。球顶密被金黄色绵毛。有 21~37 棱。刺座大，密生硬刺，弯曲，金黄色。花生于顶部绵毛中，金黄色。花期 6~10 月。

莳养要诀 采用播种或嫁接繁殖，种子采收后就可播种，嫁接以春及秋季为佳。性喜高温、干燥的环境，耐热、耐旱、不耐寒。生长适温 20~30℃。喜疏松、排水良好的中性至微碱性沙质土壤。浇水掌握宁干勿湿的原则，不可过湿，也不要向植株喷水降温，以免茎顶积水腐烂。阳光过强时适当遮阴，防止灼伤球体。每月施 1 次稀薄的液肥。

行家提示 2~3 年换盆 1 次，将球体取出后，剪掉老根及烂根，然后晾几天，上盆后也不要马上浇水，防止球体腐烂。

昙花

Epiphyllum oxypetalum

种植难度：★☆☆☆☆　　市场价位：★★☆☆☆
光照指数：★★★★☆　　浇水指数：★★☆☆☆
施肥指数：★★☆☆☆

辨识要点 仙人掌科昙花属附生性肉质灌木。分枝多，叶状，披针形至长圆状披针形，先端长渐尖至急尖，或圆形，边缘波状或具深圆齿。花单生于枝侧的小巢内，漏斗状，白色，具芳香。浆果红色。花期夏季，果期秋冬季。

莳养要诀 扦插繁殖为主，生长期均可进行。喜温暖、湿润及半日照环境，耐热、不耐寒。生长适温 22~30℃。喜疏松、排水良好的沙质土壤。浇水掌握见干见湿的原则，不宜太干及过湿，雨季注意排水，防止烂根。半个月施 1 次复合肥，有机肥更佳。如管理得当，一年可多次开花。

行家提示 植物长高后，须设立柱防止倒伏。花谢后及时摘除残花，防止消耗营养。

新天地

Gymnocalycium saglione

种植难度：★★☆☆☆　　市场价位：★★☆☆☆
光照指数：★★★★☆　　浇水指数：★☆☆☆☆
施肥指数：★☆☆☆☆

辨识要点： 又名豹子头，为仙人掌科裸萼球属肉质植物。植株单生，扁圆球形至圆球形，体色暗绿色，具 20~30 个圆锥形突起的棱。微弯的锥形周刺 8~10 枚，中刺 1~3 枚。花钟状，粉红色。花期春季。

莳养要诀： 习性强健，喜阳光充足、肥沃而排水良好的壤土。夏季要适当荫蔽并注意通风。生长期可充分浇水并保持适当的空气湿度。冬季保持盆土干燥，越冬要保持在 10℃以上。

行家提示： 如长期在过阴的环境下栽培，不可突然见强光，以防灼伤。

火龙果

Hylocereus undatus

种植难度：★☆☆☆☆　　市场价位：★★☆☆☆
光照指数：★★★★★　　浇水指数：★★☆☆☆
施肥指数：★☆☆☆☆

辨识要点： 又名量天尺，为仙人掌科量天尺属攀缘肉质灌木。三角柱状，具 3 棱。棱常翅状，边缘波状或圆齿状，深绿色至淡蓝绿色。花漏斗状，白色。浆果红色。花果期 6~12 月。

莳养要诀： 扦插及嫁接繁殖为主，生长期均可进行。喜温暖、湿润及阳光充足的环境，耐热、耐瘠、不耐寒。生长适温 18~28℃。喜疏松、肥沃、排水良好的壤土。生长期保持基质湿润，不要积水，防止烂根造成植株死亡。室外种植时，雨季注意排水。盆栽可选留 3~5 个枝条，过多营养供应不足，开花少。半个月施肥 1 次，复合肥及有机肥交替施用，以保证养分供应。

行家提示： 开花结实后，不宜挂果太多，否则营养不足，易造成落果。

光山
Leuchtenbergia principis

种植难度：★★☆☆☆　　市场价位：★★☆☆☆
光照指数：★★★★★　　浇水指数：★★☆☆☆
施肥指数：★☆☆☆☆

辨识要点： 又名晃山，为仙人掌科光山属多年生肉质草本。单生或丛生，具灰绿色的疣状突起。刺座在疣状突起的顶端。花大，漏斗状，黄绿色。浆果。花期 7~9 月，果期秋季。

莳养要诀： 播种或嫁接繁殖，种子随采随播，嫁接在生长期均可进行。喜温暖及干燥的环境，喜光照，耐热、耐旱、不耐寒。生长适温 20~30℃。喜疏松、排水良好的中性至微碱性沙质壤土。上盆时盆底多垫瓦片，以利排水，生长期保持土壤稍湿润，过干疣突易干枯。每月施肥 1 次。冬季控制浇水并停止施肥。

行家提示： 虽然喜光，但阳光强烈时最好不要让强光直射，以防灼伤球体。

乌羽玉
Lophophora williamsii

种植难度：★★☆☆☆　　市场价位：★★☆☆☆
光照指数：★★★★★　　浇水指数：★☆☆☆☆
施肥指数：★☆☆☆☆

辨识要点： 仙人掌科乌羽玉属肉质植物，单生或丛生，具肉质根，直径 6~7 厘米。茎球状，表面绿色或灰绿色，具棱沟。茎顶具茸毛。刺座圆形，具绵毛。花小，淡红色。果实红色或粉色。

莳养要诀： 播种、嫁接、扦插法繁殖。喜温暖及阳光充足环境，耐热，忌闷湿，生长适温 20~30℃，冬季不低于 10℃为宜。基质要求疏松、排水良好，种植时选择深盆，以利肉质根生长。夏季及秋季阳光过强时，适当遮阴。除生长期保持土壤湿润外，其他时期控制浇水或停水。生长期施用 2~3 次平衡肥。

行家提示： 每年换盆 1 次，并进行修根，有利于植株生长。夏季高温时植株几乎停止生长，应置于通风良好处。

玉翁
Mammillaria hahniana

种植难度：★☆☆☆☆　　市场价位：★☆☆☆☆
光照指数：★★★★☆　　浇水指数：★☆☆☆☆
施肥指数：★☆☆☆☆

辨识要点： 仙人掌科乳突球属多年生肉质草本。植株单生，圆球形至椭圆形。具 13~21 个圆锥形的疣状突起，呈螺旋形排列的棱，新刺座有白色茸毛。桃红色小型钟状花围绕球成圈开放。花期春季。

莳养要诀： 播种或嫁接繁殖，种子随采随播，嫁接在生长期均可进行。喜温暖及阳光充足的环境，耐热、耐旱、不耐寒。生长适温 20~28℃，8℃以上可安全越冬。浇水掌握干透浇透的原则，不可积水及过湿，以防止球体腐烂。每月施 1~2 次复合肥，每年最好施 1 次骨粉肥，对植株生长有利。冬季停止浇水与施肥。

行家提示： 玉翁不易生仔球，在天气干燥时将球顶生长点切掉，可促发仔球，长至 1 厘米时切下嫁接。

白星
Mammillaria plumosa

种植难度：★★☆☆☆　　市场价位：★★☆☆☆
光照指数：★★★★★　　浇水指数：★☆☆☆☆
施肥指数：★☆☆☆☆

辨识要点： 仙人掌科乳突球属肉质植物。茎丛生，球形，直径 5~8 厘米，绿色，上被白色羽状刺，疣突腋部具白色长绵毛。花小，白色。

莳养要诀： 播种或分株繁殖。喜温暖、光照、耐热，不喜闷湿环境，生长适温 18~28℃，5℃以上可安全越冬。基质可选用腐叶土加蛭石、小粒兰石等混合种植，以排水透气为主。浇水宜干透浇透，忌长期过湿。

行家提示： 夏季高温期注意通风并控水。

松霞
Mammillaria prolifera

种植难度：★☆☆☆☆　　市场价位：★★☆☆☆
光照指数：★★★★☆　　浇水指数：★☆☆☆☆
施肥指数：★☆☆☆☆

辨识要点： 又名黄毛球，为仙人掌科乳突球属多年生肉质植物。植株小型，茎球形至圆柱形，常丛生。花小，黄白色，中肋带棕色。果红色。花期 4~5 月。

莳养要诀： 常用播种及扦插繁殖，春季为适期。喜温暖干燥及阳光充足的环境。较耐寒、耐旱、耐热。生长适温 18~26℃，5℃以上可安全越冬。喜肥沃、排水良好的沙质土壤。生长期稍干燥为宜，不可过湿及积水，以防止烂根。每月施肥 1~2 次，以复合肥为佳。

行家提示： 种植 3~5 年后，植株老化，观赏性差，须重新分株另栽；浇水施肥时不要大水喷溅，以免弄脏茸毛，影响观赏。

多刺乳突球
Mammillaria varieaculeata

种植难度：★☆☆☆☆　　市场价位：★★☆☆☆
光照指数：★★★★★　　浇水指数：★☆☆☆☆
施肥指数：★☆☆☆☆

辨识要点： 仙人掌科乳突球属多年生肉质植物。植株丛生，小型，茎球形或柱形，丛生，高 13 厘米或更高。花小，黄色。浆果红色。花期春季。

莳养要诀： 播种或分株繁殖。喜温暖、喜光照、耐热，不耐寒，生长适温 18~28℃。基质可选用仙人掌专用土，夏季天气炎热时要及时补水，但不可过多，冬季保持干燥，并控制水分。在生长季节可施肥 2~3 次。

行家提示： 2~3 年换盆 1 次，并清理残根及病根，以便让植株复壮。

花座球

Melocactus spp.

种植难度：★★★☆☆　　市场价位：★★☆☆☆
光照指数：★★★★☆　　浇水指数：★☆☆☆☆
施肥指数：★☆☆☆☆

辨识要点： 仙人掌科花座球属多年生肉质植物。球状或长圆形，具棱。刺长短不一，很多种类刺非常大，且色彩鲜艳。球体顶端在成熟后会长出由茸毛与刚毛组成的台状花座。花一般开于花座内，花后结果，红色。

莳养要诀： 播种或嫁接繁殖，播种春季为适期，嫁接可于春秋进行。喜温暖及干燥的环境，耐旱、耐热、稍耐寒。生长适温15~28℃。喜疏松、排水良好的沙质土壤。生长期保持土壤湿润，不宜过湿。每月施肥1~2次，以稀薄的复合肥为主。夏季适当遮阴，冬季尽可能见全光照。

行家提示： 本属分为海岛型及山地型两类。山地型较耐寒，海岛型需较高的温度与湿度。

瑠璃鸟

Rebutia deminuta

种植难度：★☆☆☆☆　　市场价位：★★☆☆☆
光照指数：★★★★★　　浇水指数：★☆☆☆☆
施肥指数：★☆☆☆☆

辨识要点： 仙人掌科子孙球属肉质植物，株高3~5厘米，丛生。茎圆球形或柱形，具刺。花红色、橙色或深紫色，漏斗形。浆果。花期春季。

莳养要诀： 播种或分株繁殖。喜温暖干燥及阳光充足的环境，耐旱、耐热。生长适温18~30℃，5℃以上可安全越冬。基质以排水良好的沙质土壤为宜。生长期基质稍湿润即可，忌积水。每月施1次复合肥。

行家提示： 本种球体密集，浇水时最好采用浸盆法。

新玉

Rebutia fiebrigii

种植难度：★★☆☆☆　　市场价位：★★☆☆☆
光照指数：★★★★★　　浇水指数：★☆☆☆☆
施肥指数：★☆☆☆☆

辨识要点：仙人掌科子孙球属肉质植物，植株丛生，圆球形或柱形，高10厘米左右，刺白色。花粉红色。浆果。花期春季。

莳养要诀：播种或分株繁殖。喜温暖、光照，耐热、不耐寒。生长适温15~30℃，5℃以上可安全越冬。基质以排水良好的沙质壤土为宜，生长期土壤保持半湿润。每月施1次复合肥。

行家提示：秋凉后进入半休眠期，停止浇水与施肥。

雪光

Notocactus haselbergii

种植难度：★☆☆☆☆　　市场价位：★☆☆☆☆
光照指数：★★★★☆　　浇水指数：★☆☆☆☆
施肥指数：★☆☆☆☆

辨识要点：又名白雪晃，为仙人掌科南国玉属肉质草本。植株单生，扁圆形至圆球形，体色暗青绿色，具50~60个小疣突起排列成螺旋状棱，刺白色。花开于球体顶端，多花，绯红色。花期春季。

莳养要诀：播种或嫁接繁殖，春秋季均可进行。喜温暖及光照充足的环境，耐热、耐瘠、不耐寒。生长适温18~28℃，5℃以上可安全越冬。喜疏松、排水良好的沙质土壤。生长期土壤宜稍湿润，不要积水。光照强烈时须遮阴，以防灼伤球体。每月施1次复合肥。冬季控水并停止施肥。

行家提示：球体具毛，浇水施肥时不要溅到球体上，否则影响观赏且易得病。

英冠玉

Notocactus magnificus

种植难度：★☆☆☆☆　　市场价位：★☆☆☆☆
光照指数：★★★★☆　　浇水指数：★☆☆☆☆
施肥指数：★☆☆☆☆

辨识要点： 又名翠绿玉，为仙人掌科南国玉属多年生肉质植物。外皮蓝绿色，顶部密生白茸毛。直棱，刺座排列密，有白色短绵毛。花漏斗状，开于球顶，花黄色。果球形。花期5月，果熟期6月。

莳养要诀： 播种、嫁接或分株繁殖，生长季节均可进行。喜温暖及光照充足的环境，耐热、不耐寒。生长适温22~28℃，5℃以上可安全越冬。喜疏松、排水良好的沙质壤土。生长期土壤宜湿润，不可积水，喜充足的光照，过阴则球体易拉长。每月施1次复合肥。种子成熟后及时采收。冬季土壤保持干燥，可提高抗性，易过冬。

行家提示： 2~3年换盆1次，脱盆后去掉宿土，并剪掉老根及烂根。上盆后暂不要浇水，以防球体腐烂，待根部伤口愈合后正常管理。

大叶樱麒麟

Pereskia grandifolia

种植难度：★★☆☆☆　　市场价位：★★☆☆☆
光照指数：★★★★★　　浇水指数：★★☆☆☆
施肥指数：★★☆☆☆

辨识要点： 仙人掌科叶仙人掌属灌木或藤本状，株高一般6~7米，最高可达15米。叶基腋处生有数枚深褐色长锐刺，叶片多肉质而肥厚，有短柄，全缘。总状花序顶生，花淡紫红色。花期5~10月。

莳养要诀： 扦插繁殖，生长期均可，易成活。喜高温、湿润及阳光充足的环境，耐热、耐旱、不耐寒。生长适温25~30℃。喜疏松、肥沃、排水良好的沙质壤土。可粗放管理，生长期注意补水，不可过干或过湿，每月施肥1~2次。冬季控水，8℃以上可安全越冬。

行家提示： 耐修剪，株丛过密可适当疏剪，及时剪除残花及残枝，以保持株型美观。

樱麒麟

Pereskia bleo

种植难度：★★☆☆☆　　市场价位：★★☆☆☆
光照指数：★★★★☆　　浇水指数：★★☆☆☆
施肥指数：★★☆☆☆

辨识要点： 又名玫瑰樱麒麟，为仙人掌科木麒麟属灌木。枝条较粗壮，叶基腋处生有数枚深褐色长锐刺，叶片多肉质而肥厚，长椭圆形，先端尖，基部渐狭，有短柄，光亮，全缘，具褶皱。总状花序顶生，花玫瑰红色。浆果。花期夏至秋季。

莳养要诀： 扦插繁殖，生长期均可。喜高温、湿润环境，喜光照充足，耐热、不耐阴。生长适温20~30℃。喜疏松、排水良好的沙质土，生长期保持土壤湿润，冬季控水。每月施肥1次。

行家提示： 植株过高，可重剪更新。

仙人指

Schlumbergera bridgesii

种植难度：★★☆☆☆　　市场价位：★★☆☆☆
光照指数：★★★★☆　　浇水指数：★★☆☆☆
施肥指数：★☆☆☆☆

辨识要点： 又名圣诞仙人掌、霸王花，为仙人掌科仙人指属多年生肉质植物。多分枝，茎节扁平下垂，花瓣张开反卷，花红色。浆果梨形，花期冬春季，果熟期4~5月。

莳养要诀： 扦插或嫁接繁殖，春秋为适期。喜温暖、湿润及半日照，耐热、不耐寒。生长适温20~26℃，8℃以上可安全越冬。生长期保持土壤湿润，开花期要注意补水，也

不可太湿，经常向植株喷雾，可有效防止变态茎失水萎蔫。每月施肥1~2次，以复合肥为主，忌偏施氮肥。

行家提示： 如枝条过密，可适当疏剪，以利通风与透光。

蟹爪兰

Schlumbergera truncata

种植难度：★★☆☆☆　　市场价位：★★☆☆☆
光照指数：★★★★☆　　浇水指数：★★☆☆☆
施肥指数：★★☆☆☆

辨识要点： 又名蟹爪莲、蟹爪，为仙人掌科
仙人指属附生性小灌木。叶状茎扁平多节，
肥厚，卵圆形，先端截形，边缘具粗锯齿。花着生于茎的顶端，花被开张反卷，花
色有淡紫、黄、红、纯白、粉红、橙和双色等。花期9月至翌年4月。

莳养要诀： 扦插或嫁接繁殖，春秋为适期。喜温暖、湿润及半日照环境，耐热、不耐
寒。生长适温20~26℃。喜疏松、肥沃的微酸性沙质壤土。对肥水要求较高，生长
期每月施肥1~2次，并保持盆土湿润。空气过于干燥，须向植株喷雾。通风不良，
茎节极易脱落。现蕾后，盆土过干易消蕾。

行家提示： 扦插繁殖时，基质不可过湿，稍湿润即可，否则茎节极易腐烂。

布鲁牵牛

Ipomoea bolusiana

种植难度：★★★☆☆　　市场价位：★★★★☆
光照指数：★★★★★　　浇水指数：★☆☆☆☆
施肥指数：★★☆☆☆

辨识要点： 旋花科番薯属肉质植物，
块茎可达20厘米，茎直立或匍匐，
纤细。叶线形，稀疏排列，绿色。
花漏斗形，淡紫色或洋红色。花期
秋季。

莳养要诀： 分株、播种繁殖。喜肥沃、
排水良好的土壤。喜充足阳光，在
中午最好适当遮阴，以免晒伤植株。
生长季节宜保持土壤湿润，冬季控
水。肥料以平衡肥为主，每年施肥
2~3次。

行家提示： 本种常与何鲁牵牛（*Ipo-
moea holubii*）混淆，后者为落叶灌木，
且叶子为圆形。

棕榈植物

短穗鱼尾葵
Caryota mitis

种植难度：★★☆☆☆　　市场价位：★★☆☆☆
光照指数：★★★★★　　浇水指数：★★☆☆☆
施肥指数：★☆☆☆☆

辨识要点： 又名酒椰子，为棕榈科鱼尾葵属常绿灌木，茎丛生，高5~8米。叶2回羽状全裂，小羽片斜菱形，似鱼尾，内缘有齿裂，外缘全缘。小花黄色。果球形。花期4~6月。

莳养要诀： 多播种及分株法繁殖，种子随采随播，分株在生长期均可进行。喜温暖、湿润及半日照环境，耐热、耐瘠，有一定的耐寒性。生长温度15~25℃，5℃以上可安全越冬。喜疏松、肥沃的壤土。定植前施入适量有机肥，刚定植时要遮阴，以利缓苗。生长期保持基质湿润，并经常向植株喷雾。每月施肥1~2次。

行家提示： 如盆栽时植株过大，在换盆时可将较大植株剔除，留下幼株。

袖珍椰子
Chamaedorea elegans

种植难度：★☆☆☆☆　　市场价位：★★☆☆☆
光照指数：★★★★☆　　浇水指数：★★☆☆☆
施肥指数：★★☆☆☆

辨识要点： 又名矮生椰子、矮棕，为棕榈科袖珍椰子属常绿小灌木，株高1~2米。茎干直立。叶丛生于枝干顶，羽状全裂，裂片披针形，互生。肉穗花序腋生，花黄色。浆果橙黄色。花期春季。

莳养要诀： 播种繁殖为主，随采随播。喜温暖、湿润及半日照环境，耐热、不耐寒。生长适温20~28℃，越冬温度10℃以上。喜疏松肥沃、排水良好的壤土。浇水掌握见干见湿的原则，盆土表面干后即浇透水，冬季控制浇水，保持盆土干燥。每月施1~2次复合肥。

行家提示： 在光照下叶色会变淡或发黄，并出现焦叶现象，观赏价值降低，夏秋注意遮光。

散尾葵
Dypsis lutescens

种植难度：★★☆☆☆　　市场价位：★★☆☆☆
光照指数：★★★★☆　　浇水指数：★★☆☆☆
施肥指数：★☆☆☆☆

辨识要点： 又名黄椰子，为棕榈科金果椰属常绿灌木或小乔木，株高3~8米。羽状复叶，小叶线形或披针形，左右两侧不对称。佛焰花序生于叶鞘束下，呈圆锥花序式，花小，金黄色。果近球形。花期3~5月，果期8月。

莳养要诀： 播种或分株繁殖，在我国散尾葵不结实，因此多采用分株法繁殖，生长期均可。性喜高温、高湿及散射光充足的环境，耐热、不耐寒。生长适温20~30℃。喜疏松、肥沃及排水良好的壤土。生长季节保持盆土湿润和植株周围的空气湿度，并适当遮阴，不可强光直射，否则叶片容易出现焦枯现象。每月施肥1次，或在上盆时施入底肥。

行家提示： 室内养护时，定期清洗叶面，以保持植株清洁。

蒲葵
Livistona chinensis

种植难度：★★☆☆☆　　市场价位：★★☆☆☆
光照指数：★★★★★　　浇水指数：★★☆☆☆
施肥指数：★☆☆☆☆

辨识要点： 又名葵树、蒲树，为棕榈科蒲葵属常绿乔木，株高10~20米。叶大，圆扇形，掌状深裂，裂片多达70枚，先端2裂。花序腋生，花黄色。果椭圆形。花期3~6月，果期11月至翌年5月。

莳养要诀： 播种繁殖，秋季为适期。喜温暖、湿润及阳光充足的环境，耐热、耐旱、不耐寒。生长适温20~30℃。喜疏松透气、排水良好、肥沃的沙壤土。幼株适合盆栽，浇水掌握见干见湿的原则，过于干旱则叶片易焦边。半个月施肥1次，冬季控制浇水并停止施肥。

行家提示： 幼株可盆栽，长大后须落地栽培。

棕竹
Rhapis excelsa

种植难度：★★☆☆☆　　市场价位：★★☆☆☆
光照指数：★★★★☆　　浇水指数：★★★☆☆
施肥指数：★☆☆☆☆

辨识要点： 又名筋头竹、虎散竹，为棕榈科棕竹属丛生灌木，株高 2~3 米。叶掌状深裂，裂片 4~10 片，裂片宽线形或线状椭圆形。花冠 3 裂。果实球状倒卵形。花期 6~7 月，果期秋季。

莳养要诀： 播种或分株繁殖，春季为适期。性喜温暖及散射光充足的环境，耐半阴、耐热、不耐寒。生长适温 20~30℃。喜疏松、排水良好的壤土。生长期基质保持湿润，并有较高的空气湿度，否则叶片易干枯。每月施肥 1~2 次，复合肥为主，忌偏施氮肥。

行家提示： 2~3 年换盆 1 次，将过老植株淘汰，保持新芽，并随时清理残枝败叶。

多裂棕竹
Rhapis multifida

种植难度：★★☆☆☆　　市场价位：★★☆☆☆
光照指数：★★★★☆　　浇水指数：★★★☆☆
施肥指数：★☆☆☆☆

辨识要点： 又名金山棕，为棕榈科棕竹属丛生灌木，株高 2~3 米或更高。叶掌状深裂，裂片多达 30 片，线状披针形，边缘具锯齿。花序 2 回分枝，果实球形。花期春季，果期 11 月至翌年 4 月。

莳养要诀： 播种或分株繁殖，春季为适期。喜温暖、湿润及光照充足的环境，耐半阴、耐热、不耐寒。生长适温 20~30℃。喜疏松、肥沃的壤土。生长期保持基质湿润，每天向植株喷雾，保持较高的湿度，防止叶片焦边。每月施肥 1 次，复合肥及有机肥均可。冬季控制浇水，稍湿润即可。

行家提示： 在生长过程中，老株不断枯黄，宜随时剪除，保持株型美观。

藤本植物

天门冬
Asparagus cochinchinensis

种植难度：★★☆☆☆　　市场价位：★★☆☆☆
光照指数：★★★★☆　　浇水指数：★★★☆☆
施肥指数：★☆☆☆☆

辨识要点： 又名天冬草、天冬，为百合科天门冬属多年生攀缘状宿根草本。叶退化为鳞片，主茎上的鳞状叶常变为下弯的短刺。总状花序，黄白色或白色。浆果球形，熟时红色。花期 5 月，果期 8~10 月。

莳养要诀： 播种可于春季进行，分株在生长期均可进行。性喜温暖及半日照环境，耐热、不耐寒。生长适温 16~28℃。喜肥沃、疏松的土壤。夏季光照较强时须遮阴，其他季节可见全光照。保持基质湿润，天气干燥时多向植株喷水保湿。生长期每月施肥 1 次，冬季进入半休眠，停止施肥。每 2 年换盆 1 次。

行家提示： 如植株老化，生长不良，可重剪更新或淘汰。

文竹
Asparagus setaceus

种植难度：★★★☆☆　　市场价位：★★☆☆☆
光照指数：★★★☆☆　　浇水指数：★★★☆☆
施肥指数：★★☆☆☆

辨识要点： 又名云片竹，为百合科天门冬属多年生草本，株高可达数米。茎光滑柔细，呈攀缘状。叶纤细，水平开展，叶小，真叶退化为鳞片或刺。花小，两性，白色。浆果球形。花期 6~7 月，果期秋季。

莳养要诀： 播种、分株繁殖，常用播种法，春季为适期。喜温暖、湿润及半日照环境，耐热、不耐寒。生长适温 22~28℃。喜富含腐殖质、排水良好的沙质壤土。对水分要求较严，生长期保持盆土湿润，积水枝叶易黄化，掌握见干见湿的原则。半个月施 1 次腐熟的有机液肥或复合肥。

行家提示： 文竹喜微酸性壤土，每年定期施 2~3 次矾水，生长更佳。

红花青藤

Illigera rhodantha

种植难度：★★☆☆☆　　市场价位：★★☆☆☆
光照指数：★★★★★　　浇水指数：★★☆☆☆
施肥指数：★★☆☆☆

辨识要点： 莲叶桐科青藤属藤本。指状复叶互生，有小叶3枚，小叶纸质，卵形至倒卵状椭圆形或卵状椭圆形，基部圆形或近心形，全缘。聚伞花序组成的圆锥花序腋生，萼片紫红色，花瓣与萼片同形，玫瑰红色。果具翅。花期6~11月，果期12月至次年4~5月。

莳养要诀： 播种或扦插繁殖。喜温暖、湿润及阳光充足环境，也耐半阴，耐热、较耐寒。生长适温15~30℃。对土壤要求不严，植前施足基肥，以利植株缓苗。生长期保持土壤湿润，每月施肥1~2次。

行家提示： 花后留种，将残枝剪掉，以利植株养分积累。

首冠藤

Bauhinia corymbosa

种植难度：★★☆☆☆　　市场价位：★★☆☆☆
光照指数：★★★★★　　浇水指数：★★★☆☆
施肥指数：★☆☆☆☆

辨识要点： 又名深裂叶羊蹄甲，为豆科羊蹄甲属常绿木质藤本。叶纸质，近圆形，叶深裂至叶片2/3处。伞房花序式的总状花序顶生，多花，白色，花瓣有粉红色脉纹，具芳香。荚果带状长圆形。花期4月，果期11月。

莳养要诀： 扦插可于梅雨季节进行，播种于春季进行。喜温暖、湿润及阳光充足的环境，耐热、耐瘠、不耐寒。生长适温18~28℃。不择土壤，喜疏松、排水良好的壤土。粗放管理，生长期保持土壤湿润。生长期施肥2~3次，如土质较好，可不用施肥。

行家提示： 耐修剪，须定期清理残枝并疏剪，以利透风。

孪叶羊蹄甲

Bauhinia didyma

种植难度：★★☆☆☆　　市场价位：★★☆☆☆
光照指数：★★★★★　　浇水指数：★★★☆☆
施肥指数：★☆☆☆☆

辨识要点： 又名牛耳麻、飞机藤、2裂片羊蹄甲，为豆科羊蹄甲属藤本。叶膜质，分裂至近基部，裂片斜倒卵形，先端圆钝，基部截平。伞房花序式的总状花序顶生，多花，花瓣白色。荚果带状长圆形。花期春季，果期夏秋季。

莳养要诀： 扦插可于梅雨季节进行，播种于春季进行。喜温暖、湿润及阳光充足的环境，耐热、耐瘠、不耐寒。生长适温 20~28℃。对土壤要求不严，大部分土壤均可良好生长。对水肥要求不严，生长期保持湿润，天气干热时喷雾保持较高的空气湿度。一般不用施肥。

行家提示： 定期修剪整形，剪除枯黄枝，以利通风透气。

嘉氏羊蹄甲

Bauhinia galpinii

种植难度：★★★☆☆　　市场价位：★★☆☆☆
光照指数：★★★★★　　浇水指数：★★★☆☆
施肥指数：★★☆☆☆

辨识要点： 又名红花羊蹄甲、橙花羊蹄甲，为豆科羊蹄甲属攀缘灌木。叶近圆形，先端2裂达叶长的 1/5~1/2，裂片顶端钝圆，基部截平至浅心形。聚伞花序伞房状，花瓣红色。荚果长圆形。花期 4~11 月，果期 7~12 月。

莳养要诀： 播种、扦插或高压法繁殖，播种采后即播，扦插及高压法在生长期均可进行。喜高温及阳光充足的环境，耐热、不耐寒。生长适温 22~30℃。喜疏松、肥沃的壤土。生长期保持盆土湿润，不要积水。每月施 1~2 次复合肥或有机肥。耐修剪，花后可将枯枝、残枝、过密枝及过长的枝条剪掉。

行家提示： 冬季温度过低时，叶片会脱落或生长不佳，注意保温。

蝶豆

Clitoria ternatea

种植难度：★☆☆☆☆　　市场价位：★☆☆☆☆
光照指数：★★★★★　　浇水指数：★★★☆☆
施肥指数：★☆☆☆☆

辨识要点：又名蓝花豆、蓝蝴蝶，为豆科蝶豆属多年生常绿蔓性草本。叶互生，奇数羽状复叶，小叶广椭圆形或卵形。花单朵腋生，蝶形，蓝色或白色。荚果扁平。花期7~10月，果期8~11月。

莳养要诀：播种繁殖，春季为适期。喜温暖、湿润及阳光充足的环境，耐热、耐瘠。生长适温18~28℃。不择土壤，以疏松、肥沃的壤土为佳。粗放管理，生长期保持盆土湿润。一般不用施肥。

行家提示：台湾等地有用蝶豆花做花草茶；但种子有毒，忌食用。

禾雀花

Mucuna birdwoodiana

种植难度：★★☆☆☆　　市场价位：★★☆☆☆
光照指数：★★★★★　　浇水指数：★★★☆☆
施肥指数：★☆☆☆☆

辨识要点：又名白花油麻藤，为豆科黧豆属常绿大型木质藤本。羽状复叶具3枚小叶，顶生小叶椭圆形、卵形或倒卵形，基部圆形或稍楔形，侧生小叶偏斜。总状花序自老茎上长出，花冠白色。荚果木质。花期春末至夏初，种子秋季成熟。

莳养要诀：播种或扦插繁殖，于春季进行。喜温暖、湿润及阳光充足的环境，较耐阴、耐热、不耐寒。生长适温18~28℃。喜肥沃、湿润、排水良好的沙质土壤。生长期保持盆土湿润，雨季注意排水，空气湿度较低时须向植株喷雾。每月施1次复合肥或有机肥。

行家提示：冬季休眠期，可对植株进行修剪，既可防止养分消耗，又可通风透光。种子含淀粉，有毒，不可食用。

常春油麻藤
Mucuna sempervirens

种植难度：★★☆☆☆　　市场价位：★★☆☆☆
光照指数：★★★★★　　浇水指数：★★★☆☆
施肥指数：★☆☆☆☆

辨识要点： 又名常绿油麻藤，为豆科黧豆属常绿木质藤本，长可达 25 米。羽状复叶具 3 枚小叶，顶生小叶椭圆形，长圆形或卵状椭圆形，先端渐尖，基部稍楔形。总状花序生于老茎上，花冠深紫色。果木质带形。花期 4~5 月，果期 8~11 月。

莳养要诀： 扦插繁殖，春季为适期，播种可于春秋两季进行。喜温暖、湿润及阳光充足的环境，耐寒、耐瘠、耐热性稍差。生长适温 18~26℃。喜疏松、排水良好的壤土，喜湿润。定植时，最好 2~3 株植为一丛，并施入基肥，成活后短截，促发分枝。浇水掌握见干见湿的原则，每月施 1 次复合肥或有机肥。

行家提示： 冬季进入休眠期，控制浇水并停肥，并对植株适当修剪，以利于第二年春季生长。

翡翠葛
Strongylodon macrobotrys

种植难度：★★☆☆☆　　市场价位：★★★☆☆
光照指数：★★★★★　　浇水指数：★★☆☆☆
施肥指数：★★☆☆☆

辨识要点： 又名碧玉藤，豆科碧玉藤属木质大藤本。复叶，常 3 枚小叶，小叶椭圆形，绿色。花序长可达 1 米以上，着花数十朵，碧蓝色。花期春季。

莳养要诀： 播种繁殖。喜高温、湿润的环境，喜光，不耐霜冻，生长适温 20~30℃。多地栽，喜疏松、排水良好的壤土，忌黏重土壤。生长季节保持土壤湿润，干热季节每天补水，并向植株喷雾保湿。每月施 1~2 次速效肥。

行家提示： 花后进行修剪整形。

多花紫藤
Wisteria floribunda

种植难度：★★★☆☆　　市场价位：★★★☆☆
光照指数：★★★★★　　浇水指数：★★★☆☆
施肥指数：★★☆☆☆

辨识要点： 又名日本紫藤，为豆科紫藤属落叶木质大藤本。叶互生，奇数羽状复叶，对生，长椭圆形或披针形，基部圆，先端尖。总状花序，顶生或腋出，花冠蝶形，花紫色或蓝紫色，栽培种有粉红、白色及重瓣等。花期春季。

莳养要诀： 播种、扦插、嫁接繁殖，春季为适期。喜温暖及阳光充足的环境，耐寒、耐热性稍差。生长适温 16~26℃。喜排水良好的疏松壤土。移植时须带土坨，以利于缓苗。生长期保持土壤湿润，每月施肥 1 次。

行家提示： 株型过于茂盛往往开花不良，须注意修剪整形。

紫藤
Wisteria sinensis

种植难度：★★★☆☆　　市场价位：★★★☆☆
光照指数：★★★★★　　浇水指数：★★★☆☆
施肥指数：★★☆☆☆

辨识要点： 又名朱藤、藤花，为豆科紫藤属落叶木质大藤本。奇数羽状复叶，小叶卵状披针形或卵形，先端突尖，基部广楔形或圆形，全缘。总状花序下垂，花蓝紫色，有芳香。荚果扁平。花期春季，9~10 月果熟。

莳养要诀： 播种、扦插、嫁接繁殖，春季为适期。喜温暖及阳光充足的环境，耐瘠、耐寒、耐热、耐旱。生长适温 18~28℃。对土壤适应性强。定植时施底肥，植株须多带侧根，有利于缓苗。可粗放管理，一般不用浇水，如干旱可补水。生长期施肥 2~3 次，忌偏施氮肥，防止营养生长过旺，开花减少。

行家提示： 花后须将中部枝条留 5~6 个芽短截，可促进花芽形成。

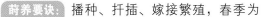

鹰爪花

Artabotrys hexapetalus

种植难度：★★☆☆☆　　市场价位：★★☆☆☆
光照指数：★★★★★　　浇水指数：★★★☆☆
施肥指数：★☆☆☆☆

辨识要点： 又名鹰爪兰、鹰爪，为番荔枝科鹰爪花属攀缘灌木。叶纸质，互生，全缘，平滑，长圆形或阔披针形。花淡绿色或淡黄色，花瓣长圆状披针形，花具芳香。果卵圆形。花期 4~8 月，果期 5~12 月。

莳养要诀： 播种繁殖为主，春季为适期。喜温暖、湿润及阳光充足的环境，耐热、不耐寒。生长适温 18~28℃。对土壤适应性强。定植前施足基肥，成活后打顶，以促发分株，株高 2 米左右时须设立支架。每年施速效肥 2~3 次，入冬施 1 次有机肥，有利于越冬。

行家提示： 耐修剪，可随时剪去徒长枝、病虫枝。

大花紫玉盘

Uvaria grandiflora

种植难度：★★☆☆☆　　市场价位：★★☆☆☆
光照指数：★★★★★　　浇水指数：★★☆☆☆
施肥指数：★☆☆☆☆

辨识要点： 又名山椒子，番荔枝科紫玉盘属攀缘灌木，长达 3 米。叶长圆状倒卵形，顶端急尖或短渐尖，有时有尾尖，基部浅心形。花单朵，紫红色或深红色。果长圆柱形。花期 3~11 月，果期 5~12 月。

莳养要诀： 播种繁殖，春季为适期。喜温暖、湿润及光照充足的环境，耐热、耐瘠、不耐寒。生长适温 20~28℃。对土壤适应性强，可粗放管理。生长期保持基质湿润，不可过干，经常向植株喷雾。每月施 1 次复合肥或有机肥。

行家提示： 花果均有较高的观赏价值，花后不要剪除花枝，可通过整形短截枝条促发侧枝。

红花栝楼
Trichosanthes rubriflos

种植难度：★☆☆☆☆　　市场价位：★★☆☆☆
光照指数：★★★★★　　浇水指数：★★★☆☆
施肥指数：★☆☆☆☆

辨识要点： 葫芦科栝楼属大型草质藤本，蔓长可达 6 米以上。叶片纸质，阔卵形或近圆形，3~7 掌状深裂，裂片阔卵形、长圆形或披针形，先端渐尖，全缘，叶基阔心形。雌雄异株，雄花苞片深红色，花萼筒红色，花冠粉红色至红色，边缘具流苏，雌花单生，花萼筒状。果实阔卵形或球形，成熟时红色。花期 5~11 月，果期 8~12 月。

莳养要诀： 播种繁殖，春季为适期。喜温暖、湿润及阳光充足的环境，耐热、耐瘠、不耐寒。生长适温 20~28℃。对土壤适应性强，可粗放管理。生长期保持土壤湿润，室外栽培一般不用浇水。苗期施肥 1~2 次，以后不用施肥。

行家提示： 根入药，具有清肺化痰、解毒散结的功效。

星果藤
Tristellateia australasiae

种植难度：★★☆☆☆　　市场价位：★★☆☆☆
光照指数：★★★★★　　浇水指数：★★★☆☆
施肥指数：★★☆☆☆

辨识要点： 又名三星果藤、三星果，为金虎尾科三星果属常绿木质藤本，蔓长达 10 米。叶对生，卵形，先端急尖至渐尖，基部圆形至心形，全缘。总状花序顶生或腋生，花鲜黄色。翅果。花期 8 月，果期 10 月。

莳养要诀： 播种、扦插或高压繁殖，以扦插繁殖为主，在生长期均可进行。喜温暖、湿润及阳光充足的环境，耐热、耐瘠、不耐寒。生长适温 22~30℃。以肥沃、排水良好的沙质土壤为佳。浇水掌握见干见湿的原则，不宜积水及长期过湿，冬季以稍干燥为佳。半个月施肥 1 次，入冬时施 1 次有机肥，有利于植株越冬。

行家提示： 植株生长快，可随时修剪，冬季休眠时可进行整形。

黑眼花
Thunbergia alata

种植难度：★☆☆☆☆　　市场价位：★★☆☆☆
光照指数：★★★★★　　浇水指数：★★★☆☆
施肥指数：★☆☆☆☆

辨识要点： 又名翼叶山牵牛、黑眼苏珊，为爵床科山牵牛属缠绕一年生草本。叶片卵状箭头形或卵状稍戟形，先端锐尖，基部箭形或稍戟形，边缘具短齿或全缘。花单生叶腋，筒状钟形，花冠 5 裂，橘黄色或淡黄色，喉部紫黑色。蒴果。花期夏至秋季，果期秋冬季。

莳养要诀： 播种繁殖为主，春季为适期。喜温暖、湿润及阳光充足的环境，耐热、耐旱、耐瘠、不耐寒。生长适温 20~28℃。不择土壤，以疏松、肥沃的壤土为佳。粗放管理，苗高 20 厘米时应搭架供其攀爬，浇水掌握见干见湿的原则，不要积水。每月施 1 次复合肥。

行家提示： 其习性强健，在南方部分地区已逸生。

黄花老鸦嘴
Thunbergia mysorensis

种植难度：★★☆☆☆　　市场价位：★★☆☆☆
光照指数：★★★★☆　　浇水指数：★★☆☆☆
施肥指数：★★☆☆☆

辨识要点： 又名跳舞女郎，为爵床科山牵牛属木质大藤本。叶对生，长椭圆形，先端尖，基部圆，绿色。总状花序，腋生，花序悬垂，花冠鲜黄色，萼片紫红色。花期春至夏季。

莳养要诀： 播种或扦插繁殖。喜温暖、湿润及阳光充足的环境，耐热性好，耐瘠。生长适温 20~35℃。对土壤要求不严，以疏松、肥沃的壤土为佳。粗放管理，苗高 20 厘米时搭架供其攀爬，浇水掌握见干见湿的原则，不要积水。每月施 1 次复合肥。

行家提示： 植株生长散乱，须经常整形。

软枝黄蝉

Allemanda cathartica

种植难度：★★☆☆☆　　市场价位：★★☆☆☆
光照指数：★★★★★　　浇水指数：★★★☆☆
施肥指数：★★☆☆☆

辨识要点： 夹竹桃科黄蝉属常绿蔓性藤本。枝长而软，长达 4 米以上。叶轮生或对生，全缘，叶片倒卵形披针形或长椭圆形，先端渐尖。聚伞花序顶生，花冠漏斗状，黄色，喉部白色。蒴果。花期 4~8 月。

莳养要诀： 扦插繁殖，春秋为适期。喜高湿及日光充足的环境，耐热、耐瘠、不耐寒。生长适温 22~30℃。不择土壤，以疏松、肥沃的壤土为佳。种植在光照充足的地方，否则开花减少。生长期土壤宜湿润，不可过干及积水，一般室外栽培不用补水。除定植施入适量基肥外，每月施肥 1~2 次。

行家提示： 植株乳汁、树皮和种子有毒，人畜食后会引起腹痛、腹泻，不要误食。

清明花

Beaumontia grandiflora

种植难度：★★☆☆☆　　市场价位：★★☆☆☆
光照指数：★★★★★　　浇水指数：★★★☆☆
施肥指数：★★☆☆☆

辨识要点： 又名比蒙藤、炮弹果，为夹竹桃科清明花属常绿木质大藤本。叶长圆状倒卵形，顶端短渐尖。聚伞花序顶生，着花 3~5 朵或更多，花冠白色。蓇葖果形状多变。花期春夏季，果期秋冬季。

莳养要诀： 播种或扦插繁殖，播种春季为适期，扦插以梅雨季节为宜。喜温暖、湿润及阳光充足的环境，耐热、不耐寒。生长适温 18~28℃。喜肥沃、排水良好的壤土。生长期宜保持土壤湿润，不可缺水及过湿。每月施肥 1~2 次。

行家提示： 如不留种，花后剪除残花，减少养分消耗。

飘香藤

Mandevilla × amabilis

种植难度：★★★☆☆　　市场价位：★★★☆☆
光照指数：★★★★☆　　浇水指数：★★★☆☆
施肥指数：★★☆☆☆

辨识要点： 又名双喜藤、文藤，为夹竹桃科巴西素馨属多年生常绿藤本。叶对生，全缘，长卵圆形，先端急尖，革质，叶面有皱褶。花腋生，花冠漏斗形，花为红色、桃红色、粉红色等。花期几乎全年，主要为夏秋两季。

莳养要诀： 扦插繁殖，生长期均可进行。喜高温、湿润及阳光充足的环境，耐热、不耐寒。生长适温 22~30℃。喜肥沃、排水良好的微酸性沙质壤土。种植时，选择地势较高的地方，防止积水。生长期保持盆土湿润，每月追施 1~2 次复合肥，注意少施氮肥，防止营养生长过旺而开花减少。

行家提示： 可于花后修剪，将残花、过弱的枝条剪掉。多年老株如开花减少，可强剪更新。

络石

Trachelospermum jasminoides

种植难度：★☆☆☆☆　　市场价位：★☆☆☆☆
光照指数：★★★★★　　浇水指数：★★★☆☆
施肥指数：★☆☆☆☆

辨识要点： 又名石龙藤、白花藤，为夹竹桃科络石属常绿攀缘藤本。叶革质或近革质，椭圆形至卵状椭圆形或宽倒卵形。二歧聚伞花序腋生或顶生，花多朵组成圆锥状，花白色，具芳香。蓇葖果双生。花期 3~7 月，果期 7~12 月。

莳养要诀： 播种于春季进行，扦插梅雨季节为适期，压条在生长期均可进行。喜温暖、湿润及阳光充足的环境，耐热、较耐寒。生长适温 18~28℃。生长季节保持盆土湿润，冬季微润即可，过湿则易烂根。一年施肥 2~3 次，土质肥沃可不用施肥，忌偏施氮肥。

行家提示： 可通过修剪进行造型，也可以整形成灌木状，还可用独干络石制作成自然的悬崖式盆景。

金香藤

Pentalinon luteum

种植难度：★★★☆☆　　市场价位：★★★☆☆
光照指数：★★★★☆　　浇水指数：★★★☆☆
施肥指数：★★☆☆☆

辨识要点： 又名蛇尾蔓，为夹竹桃科金香藤属常绿藤本，茎有白色乳汁。叶对生，椭圆形，全缘，革质，富有光泽。花冠黄色，漏斗形。花期春至秋季。

莳养要诀： 扦插繁殖，生长期均可进行。喜温暖、湿润及阳光充足的环境，耐热、不耐寒。生长适温22~30℃。喜疏松、肥沃的中性至微酸性沙质壤土。浇水掌握见干见湿的原则，不宜过湿。每月施肥1~2次。如盆栽入冬后应置于温暖的地方，低温时落叶。

行家提示： 花期过后可对植株修剪整形，对过密枝条疏剪，以利通风透光，随时剪除黄叶、枯枝等。

花叶蔓长春

Vinca major 'Variegata'

种植难度：★★☆☆☆　　市场价位：★★☆☆☆
光照指数：★★★★☆　　浇水指数：★★★☆☆
施肥指数：★☆☆☆☆

辨识要点： 夹竹桃科蔓长春花属常绿蔓性半灌木。矮生、匍匐生长，长达2米以上。叶椭圆形，全缘对生，叶缘乳黄色。小花蓝色。花期4~5月。

莳养要诀： 常用扦插法繁殖，春秋为适期。喜温暖、湿润及半日照环境，较耐热、不耐寒。生长适温20~25℃。喜肥沃、湿润的中性至微酸性土壤。如盆栽，宜数株同栽，可快速成丛，定植成活后摘心，促发侧枝。保持土壤湿润，不可积水，每月施1次复合肥。若株型变差，可重剪更新。

行家提示： 喜半日照，强光下叶片易灼伤，过阴时叶片黄色斑块色泽变浅，观赏性变差。

毛萼口红花

Aeschynanthus radicans

种植难度：★★☆☆☆　　市场价位：★★☆☆☆
光照指数：★★★★☆　　浇水指数：★★★☆☆
施肥指数：★★☆☆☆

辨识要点： 又名大红芒毛苣苔，为苦苣苔科芒毛苣苔属多年生藤本。叶对生，长卵形，全缘。花序多腋生或顶生，花萼筒状，黑紫色披茸毛，花冠筒状，红色至红橙色，从花萼中伸出。花期夏季。

莳养要诀： 扦插繁殖，春季为适期。喜温暖、湿润及半日照环境，耐热、不耐寒。生长适温 18~28℃。喜疏松、肥沃的壤土。生长期间供水要充足，保持土壤湿润，并经常向枝叶和地面喷水。每月施肥 1~2 次，有机肥及复合肥均可。花谢后应及时剪除花梗，以减少养分消耗。

行家提示： 不宜置于光线过强的环境下养护，否则会使叶片灼伤发黄；光线过暗植株徒长，生长不良，开花少。

珊瑚藤

Antigonon leptopus

种植难度：★★☆☆☆　　市场价位：★★☆☆☆
光照指数：★★★★★　　浇水指数：★★★☆☆
施肥指数：★★☆☆☆

辨识要点： 又名红珊瑚，为蓼科珊瑚藤属多年生攀缘落叶藤本，长可达 10 米。叶卵形或卵状三角形，顶端渐尖，基部心形，近全缘。花序总状，顶生或腋生，花淡红色。瘦果。花期 3~12 月，果期冬季。

莳养要诀： 播种或扦插繁殖，春季为适期。喜温暖、湿润的环境，喜光照，耐热、不耐寒、耐瘠。生长适温 22~30℃。喜肥沃的微酸性土壤。定植时施足基肥，在生长期一般不用再施肥。生长期保持盆土湿润，不可积水，冬季控制浇水并停止施肥。

行家提示： 注意修剪，通风透光有利于开花。

橡胶紫茉莉

Cryptostegia grandiflora

种植难度：★★☆☆☆　　市场价位：★★☆☆☆
光照指数：★★★★★　　浇水指数：★★★☆☆
施肥指数：★☆☆☆☆

辨识要点： 又名伯莱花、桉叶藤，为萝藦科桉叶藤属落叶藤本。叶端钝，全缘。聚散状花序，全瓣花，高脚碟状，花淡紫红色。蓇葖果。花期6~7月，果期冬季。

莳养要诀： 播种繁殖为主，春季为适期。喜高温及湿润环境，喜光照，耐热、耐瘠、不耐寒。生长适温22~32℃。不择土壤，以肥沃的沙质壤土为佳。可粗放管理，定植成活后可打顶促发分枝。保持土壤湿润，每年施肥2~3次。

行家提示： 耐修剪，如枝条散乱，也可重剪更新。一般多修剪成灌木栽培。

青蛙藤

Dischidia vidalii

种植难度：★★★☆☆　　市场价位：★★★☆☆
光照指数：★★★☆☆　　浇水指数：★★★☆☆
施肥指数：★☆☆☆☆

辨识要点： 又名爱元果，为萝藦科眼树莲属多年生小型草质藤本，株高30厘米左右。叶对生，肉质，椭圆形或卵形，先端尖，全缘，枝条上常着生变态叶，中空，似蚌壳。花簇生于叶腋，红色。蓇葖果。花期夏至秋季。

莳养要诀： 扦插繁殖，生长期均可进行。喜温暖、湿润及半日照环境，耐热、不耐瘠、不耐寒。生长适温18~28℃。喜肥沃、排水良好的沙质壤土。养护时放在较明亮的地方，不可阳光直射。生长期保持基质湿润，对肥料要求不高，每月施1次复合肥即可。

行家提示： 小苗高10厘米时搭架并摘心促发分枝，

贝拉球兰
Hoya bella

种植难度：★★★☆☆　　市场价位：★★★☆☆
光照指数：★★★★☆　　浇水指数：★★★☆☆
施肥指数：★☆☆☆☆

辨识要点： 萝藦科球兰属多年生蔓性灌木，叶对生，叶片小而薄，叶面翠绿色，叶背绿白色，先端尖，基部楔形。节间较长，茎自然下垂，花序从顶端或叶腋间伸出，花白色。花期秋季。

莳养要诀： 扦插繁殖，生长期均可进行。喜温暖、湿润及半日照环境，耐热、不耐寒。生长适温 20~28℃。多附生生长，基质可用水苔、树皮块、蛇木屑及腐叶土栽培。对温度要求较高，最好保持在 12℃以上，气温过低时叶片发红，影响生长。对水肥要求不高，生长期保持湿润，每年施肥 2~3 次。

行家提示： 球兰中的小型品种，可悬挂于墙壁或附着于树干上栽培。

球兰
Hoya carnosa

种植难度：★★☆☆☆　　市场价位：★★★☆☆
光照指数：★★★★☆　　浇水指数：★★★☆☆
施肥指数：★☆☆☆☆

辨识要点： 萝藦科萝藦属常绿攀缘灌木，常附生于树上或岩石上。叶对生，肉质，卵圆形至卵圆状长圆形，顶端钝，基部圆形。聚伞花序，腋生，花白色，多朵聚生成球状，具芳香。蓇葖果线形。花期 4~6 月，果期 7~8 月。

莳养要诀： 扦插繁殖，生长期均可进行，易成活。喜温暖、湿润及半日照环境，耐热、耐瘠、不耐寒。生长适温 18~28℃，8℃以上可安全越冬。喜疏松、肥沃的沙质壤土。浇水掌握见干见湿的原则，夏季高温生长较慢，注意控水。干燥季节多向植株喷雾，有利于生长，冬季控水。每年施 2~3 次稀薄的液肥。

行家提示： 夏季及秋季高温时遮光，防止灼伤叶片；但光照不足，生长不良，开花少。

斑叶心叶球兰

Hoya kerrii 'Variegata'

种植难度：★★★☆☆　　市场价位：★★★☆☆
光照指数：★★★★☆　　浇水指数：★★★☆☆
施肥指数：★☆☆☆☆

辨识要点： 又名花叶凹叶球兰，为萝藦科球兰属常绿木质藤本，蔓长可达 5 米以上。叶对生，肥厚，倒心形，叶绿色，边缘金黄色。伞状花序，腋生，有数十朵聚生球状，花冠淡绿色，反卷，副花冠星状，咖啡色，具芳香。花期秋季。

莳养要诀： 扦插繁殖，生长期均可进行。喜温暖、湿润的半日照环境，耐热、不耐寒。生长适温 20~28℃。喜疏松、肥沃的壤土。生长期保持基质湿润，在夏季高温及冬季低温季节，须控制水分，以稍干燥为佳，过湿及积水易烂根而导致植株死亡。对肥料要求较少，每年施 2~3 次复合肥即可。

行家提示： 叶片虽然也可用于扦插，如没有带部分枝条，则不能长成新植株。

夜来香

Telosma cordata

种植难度：★★☆☆☆　　市场价位：★★☆☆☆
光照指数：★★★★★　　浇水指数：★★★☆☆
施肥指数：★☆☆☆☆

辨识要点： 又名夜香花、夜兰香，为萝藦科夜来香属柔弱藤本。叶对生，卵状长圆形或宽卵形，顶端短渐尖，基部心形，全缘。伞状聚伞花序腋生，花多至 30 朵，花黄绿色，清香。蓇葖果披针形。花期 5~9 月，果期 9~12 月。

莳养要诀： 常用扦插法繁殖，生长期均可进行。喜高温、高湿及阳光充足的环境，耐热、不耐寒、不耐旱。生长适温 22~30℃。喜疏松、肥沃的微酸性壤土。定植时施足基肥，每盆或每穴种植 2~3 株，可快速成丛。生长期保持基质湿润，并经常向植株喷雾保湿，每月施 1 次复合肥。

行家提示： 盆栽时须经常修剪并整形，否则枝条过高，观赏性差。

蓝花藤
Petrea volubilis

种植难度：★★☆☆☆　　市场价位：★★☆☆☆
光照指数：★★★★★　　浇水指数：★★★☆☆
施肥指数：★★☆☆☆

辨识要点： 又名兰花藤，为马鞭草科蓝花藤属常绿木质藤本，藤长可达 5 米。叶对生，革质，叶粗糙，椭圆状长圆形或卵状椭圆形，顶端钝或短尖，基部钝圆，全缘或稍呈波浪形。总状花序顶生，花蓝紫色。花期 4~5 月。

莳养要诀： 扦插或压条繁殖，生长期均可进行。喜高温及阳光充足的环境，耐热、不耐寒。生长适温 22~30℃，高于 8℃以上可安全越冬。喜排水良好、肥沃的沙质壤土。生长期保持盆土湿润，表土干后浇 1 次透水，天气干热时多向植株喷水保湿。每月施 1~2 次复合肥或有机肥。随时剪去枯枝残叶，冬季可进行整形修剪。

行家提示： 冬季低温时，叶片会冻伤变黑并脱落，观赏性较差。

红萼龙吐珠
Clerodendrum speciosum

种植难度：★★☆☆☆　　市场价位：★★☆☆☆
光照指数：★★★★★　　浇水指数：★★★☆☆
施肥指数：★☆☆☆☆

辨识要点： 又名红萼珍珠宝莲，为马鞭草科大青属常绿木质藤本。叶对生，纸质，具柄，卵状椭圆形，全缘，先端渐尖，基部近圆形。聚伞花序腋生或顶生，花冠红色，花萼红色。核果。花期春至秋末。

莳养要诀： 扦插或播种繁殖，种子随采随播，扦插可在生长期进行。喜温暖、湿润及阳光充足的环境，耐热、不耐寒。生长适温 22~30℃。尽量植于向阳处，有利于冬季防寒。生长期供水要充足，表土干后马上补水，过湿时叶子黄化。每月施 1 次复合肥。

行家提示： 花后剪除残枝，以减少养分消耗，也有利于新枝萌发。

艳赪桐

Clerodendrum splendens

种植难度：★★☆☆☆　　市场价位：★★☆☆☆
光照指数：★★★★★　　浇水指数：★★★☆☆
施肥指数：★☆☆☆☆

辨识要点： 又名美丽赪桐，为马鞭草科大青属常绿木质藤本。叶对生，纸质，卵状椭圆形，先端渐尖，基部近圆形，全缘。聚伞花序腋生或顶生，花冠红色，花萼红色。核果。花期春至秋末。

莳养要诀： 以扦插繁殖为主，生长期均可进行。喜高温、湿润及阳光充足的环境，耐热、耐瘠、不耐寒。生长适温 18~28℃。喜肥沃、排水良好的沙质土壤。可粗放管理，株高 15 厘米时设立支架，可随时修剪整形。生长期保持基质湿润，每月施 1 次复合肥或有机肥。

行家提示： 花后及时剪除残花，以免影响观赏，同时也有利于第二年开花。

龙吐珠

Clerodendrum thomsonae

种植难度：★★☆☆☆　　市场价位：★★☆☆☆
光照指数：★★★★★　　浇水指数：★★★☆☆
施肥指数：★☆☆☆☆

辨识要点： 又名白萼赪桐，为马鞭草科大青属常绿攀缘状灌木，枝条长 2~5 米。叶片纸质，狭卵形或卵状长圆形，顶端渐尖，基部近圆形，全缘。聚伞花序腋生或假顶生，花萼白色，花冠深红色。核果。花期 3~5 月。

莳养要诀： 扦插或播种繁殖，种子随采随播，扦插在生长期均可进行。喜温暖、湿润及光照充足的环境，耐热、不耐寒，较耐阴。生长适温 22~30℃。喜肥沃、排水良好的壤土。定植时施足基肥，生长期保持基质湿润，但不耐水湿及渍涝。每年施 2~3 次复合肥，入秋后施 1 次有机肥，有利于越冬。每个生长季节施 2~3 次矾水肥，生长佳。

行家提示： 耐修剪，开花期剪除黄叶及枯枝，花后进行整形，以保持株型完美，一般多整形成灌木观赏。

美丽马兜铃
Aristolochia elegans

种植难度：★★★☆☆　　市场价位：★★☆☆☆
光照指数：★★★★★　　浇水指数：★★★☆☆
施肥指数：★☆☆☆☆

辨识要点： 又名烟斗花，为马兜铃科马兜铃属多年生攀缘草质藤本。单叶互生，广心脏形，全缘。花单生于叶腋，未开放前呈气囊状，花瓣满布深紫色斑点，喇叭口处有一半月形紫色斑块。蒴果长圆柱形。花期5~9月，果期6~10月。

莳养要诀： 播种繁殖，春季为适期。喜温暖、湿润及光照充足的环境，在半日照下生长良好。耐热、不耐寒。生长适温20~28℃。喜疏松、排水良好的壤土。生长期保持基质湿润，每月施肥1次。随时剪除枯枝及枯叶。

行家提示： 冬季进入休眠期，可调整株型，进行修剪。

麻雀花
Aristolochia ringens

种植难度：★★★☆☆　　市场价位：★★☆☆☆
光照指数：★★★★★　　浇水指数：★★★☆☆
施肥指数：★★☆☆☆

辨识要点： 又名孔雀花，为马兜铃科马兜铃属多年生缠绕草质藤本，茎长2米以上。叶纸质，卵状心形，顶端钝尖或圆，基部心形。花单生于叶腋，花下部膨大，上部收缩，檐二唇状，花暗褐色，具灰白斑点。花期秋季。

莳养要诀： 播种繁殖，春季为适期。喜温暖、湿润及阳光充足的环境，耐热、耐瘠、不耐寒。生长适温18~28℃。对土壤适应性强，一般土壤均可生长良好。定植时施入基肥，并搭架供其攀爬。浇水掌握见干见湿的原则。每月施肥1~2次。

行家提示： 花后可对植株进行修剪，将过密枝及病虫枝剪除，以利通风透光。

金钩吻
Gelsemium sempervirens

种植难度：★★☆☆☆　　市场价位：★★☆☆☆
光照指数：★★★★★　　浇水指数：★★★☆☆
施肥指数：★☆☆☆☆

辨识要点：又名南卡罗纳茉莉、北美钩吻，为马钱科钩吻属常绿木质藤本。叶对生，全缘。花顶生或腋生，花冠漏斗状，蕾期覆瓦状，开放后边缘向右覆盖，金黄色，具芳香。蒴果。花期10月至第二年4月。

莳养要诀：扦插繁殖为主，春至秋季均可进行。喜温暖、湿润及阳光充足的环境，耐热、耐瘠、耐寒。生长适温18~26℃，5℃以下落叶休眠。对土壤要求不严，喜疏松、排水良好的沙质壤土。浇水掌握见干见湿的原则，过干过湿影响根系生长。每月施1~2次复合肥，苗期以氮肥为主，成株以磷钾肥为主。

行家提示：在生长期施2~3次矾肥水，可防止叶片缺铁性黄化。

铁线莲
Clematis hybrida

种植难度：★★★☆☆　　市场价位：★★★☆☆
光照指数：★★★★☆　　浇水指数：★★★☆☆
施肥指数：★★☆☆☆

辨识要点：毛茛科铁线莲属多年生草本或木质藤本。叶对生，或与花簇生，3出复叶至2回羽状复叶或2回3出复叶，少数为单叶。花两性，稀单性，聚伞花序或为总状，或圆锥状，有时花单生或1到数朵与叶簇生。花有蓝色、紫色、粉红色、玫红色、紫红色、白色等。花果期6~9月。

莳养要诀：扦插繁殖为主，秋季为适期。喜温暖、湿润及光照充足的环境，不耐暑热、耐寒。生长适温15~22℃。喜肥沃、排水良好的壤土及石灰质壤土。定植后加强肥水管理，浇水掌握见干见湿的原则，忌积水及渍涝。夏季光照强烈时，最好适当遮光，防止叶片枯黄。每月施肥1~2次，以复合肥为主，有机肥更佳。花残后摘除残花，减少养分消耗。喷雾不要喷在花朵上，以防病害发生而影响观赏。

行家提示：盆栽时不要置于强光之下，以防止盆土温度过高，造成烧根现象。

绣球藤

Clematis montana

种植难度：★★★☆☆　　市场价位：★★★☆☆
光照指数：★★★★★　　浇水指数：★★☆☆☆
施肥指数：★☆☆☆☆

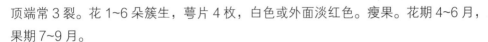

辨识要点： 毛茛科铁线莲属木质藤本。3 出复叶，小叶卵形至椭圆形，缺刻状锯齿多而锐至粗而钝，顶端常 3 裂。花 1~6 朵簇生，萼片 4 枚，白色或外面淡红色。瘦果。花期 4~6 月，果期 7~9 月。

莳养要诀： 扦插或播种繁殖。喜温暖、湿润及阳光充足的环境，生长适温 15~25℃。宜植于肥沃、疏松之地，忌排水不良。在生长季节，每月施 1~2 次有机肥或速效肥，花前以磷钾肥为主，花后以平衡肥为主。

行家提示： 植株在生长过程中，须不断整形修剪，可适当造型。

红花五味子

Schisandra rubriflora

种植难度：★☆☆☆☆　　市场价位：★★☆☆☆
光照指数：★★★★☆　　浇水指数：★★☆☆☆
施肥指数：★★☆☆☆

辨识要点： 木兰科五味子属落叶木质藤本。叶纸质，倒卵形、椭圆状倒卵形或倒披针形，很少为椭圆形或卵形，先端渐尖，基部渐狭楔形，边缘具胼胝质齿尖的锯齿。花红色。聚合果红色。花期 5~6 月，果期 7~10 月。

莳养要诀： 扦插及播种繁殖。喜冷凉及湿润环境，耐寒，不耐热，生长适温 16~28℃。对土壤要求不严，在大多数排水良好的土壤中均可良好生长。生长期保持土壤湿润，忌积水。每月施 1~2 次速效肥。

行家提示： 果后可对植株适当修剪整形，并清理残枝。

云南黄素馨

Jasminum mesnyi

种植难度：★★☆☆☆　　市场价位：★☆☆☆☆
光照指数：★★★★★　　浇水指数：★★★☆☆
施肥指数：★☆☆☆☆

辨识要点： 又名野迎春、南迎春，为木樨科素馨属常绿蔓性灌木，枝长可达5米。叶对生，3出复叶或小枝基部具单叶，革质，小叶长卵形或长卵状披针形，先端钝或圆，基部楔形。花常生于叶腋，花冠黄色，漏斗状。果椭圆形。花期11月至第二年8月，果期3~5月。

莳养要诀： 扦插繁殖为主，生长期均可进行。喜温暖、湿润及阳光充足的环境，不耐寒、耐热、稍耐阴，有一定的耐旱性。生长适温18~28℃。喜排水良好、肥沃的微酸性沙壤土。浇水掌握见干见湿的原则，土壤半干时浇1次透水。每月施1次复合肥，如植株长势较弱，可增加施肥次数。

行家提示： 耐修剪，休眠期可将过密枝、内膛枝等疏掉，也可短截促其分枝。

五叶地锦

Parthenocissus quinquefolia

种植难度：★★☆☆☆　　市场价位：★★☆☆☆
光照指数：★★★★★　　浇水指数：★★★☆☆
施肥指数：★☆☆☆☆

辨识要点： 又名美国地锦，为葡萄科地锦属木质落叶藤本，具卷须。叶为带状5小叶，小叶倒卵形、倒卵椭圆形或外侧小叶椭圆形，顶端短尾尖，基部楔形或阔楔形，边缘具粗锯齿。花序为圆锥状多歧聚伞花序，花瓣5枚。果实球形。花期6~7月，果期8~10月。

莳养要诀： 扦插、压条或播种繁殖，播种于春季进行，扦插及压条在生长期均可进行。耐寒、较耐热、耐瘠。生长适温18~26℃。不择土壤，以微酸性的沙质壤土为佳。粗放管理，除苗期外一般不用施肥。冬季落叶后清理枯枝及残枝。

行家提示： 本种攀缘能力稍差，遇大风常脱落。栽培时尽量植于背风处。

地锦
Parthenocissus tricuspidata

种植难度: ★★☆☆☆ 　 市场价位: ★★☆☆☆
光照指数: ★★★★★ 　 浇水指数: ★★★☆☆
施肥指数: ★☆☆☆☆

辨识要点: 又名爬山虎、爬墙虎,为葡萄科地锦属木质落叶藤本,具卷须。叶为单叶,通常着生在短枝上为 3 浅裂,偶有着生在长枝上的叶不裂,常倒卵圆形,顶端裂片急尖,基部心形。花序为多歧聚伞花序,花瓣 5 枚。果实球形。花期 5~8 月,果期 9~10 月。

莳养要诀: 扦插、压条或播种繁殖,播种于春季进行,扦插及压条在生长期均可进行。耐热、耐寒、耐瘠。生长适温 18~28℃。不择土壤。定植时施足有机肥,一般不用再施肥。生长期保持基质湿润。休眠期可对植株进行修剪整形,剪除残枝及枯枝等。

行家提示: 分枝性强,生长快,初期搭好支撑物供其攀爬。

长花金杯藤
Solandra longiflora

种植难度: ★☆☆☆☆ 　 市场价位: ★★☆☆☆
光照指数: ★★★★★ 　 浇水指数: ★★☆☆☆
施肥指数: ★★☆☆☆

辨识要点: 又名长筒金杯藤,为茄科金杯藤属常绿藤本,蔓长可达 10 米。叶互生,叶片椭圆形及倒卵形,长约 18 厘米,先端渐尖,基部楔形,两面无毛,全缘。花萼管状,长约 8 厘米,花冠白色,后变成黄色至棕黄色,长约 30 厘米。浆果球形。花期秋至冬季。

莳养要诀: 播种及扦插繁殖。喜光照、喜温暖,耐热、耐瘠、不耐寒。生长适温 18~30℃,可忍受轻微的霜冻。对土质要求不严,以排水良好的沙质土壤为佳。生长期保持基质湿润,雨季及时排水。每月施 1 次速效肥。

行家提示: 本种耐修剪,可整形修剪成灌木。

黄木香花
Rosa banksiae f. lutea

种植难度：★★☆☆☆　市场价位：★★☆☆☆
光照指数：★★★★★　浇水指数：★★★☆☆
施肥指数：★☆☆☆☆

辨识要点： 为蔷薇科蔷薇属攀缘小灌木，高可达 6 米。小叶 3~5 枚，稀 7 枚，小叶片椭圆形或长圆状披针形，先端急尖或稍钝，基部近圆形或宽楔形，边缘有紧贴细锯齿。花小型，多朵成伞形花序，花重瓣黄色。花期 4~5 月。

莳养要诀： 扦插繁殖，春季为适期。喜温暖、湿润及阳光充足的环境，不耐暑热、较耐寒。生长适温 15~25℃。对土壤要求不严，春季萌芽后追施 1 次有机肥，有利于开花；秋后追施 1 次有机肥，有利于越冬。生长期保持基质湿润，不可积水。花后修剪整形，去掉徒长枝、枯枝及过密枝。

行家提示： 施肥时不要偏施氮肥，以防止营养生长过于旺盛，开花减少。

薜荔
Ficus pumila

种植难度：★☆☆☆☆　市场价位：★★☆☆☆
光照指数：★★★★★　浇水指数：★★★☆☆
施肥指数：★☆☆☆☆

辨识要点： 又名凉粉果，为桑科榕属攀缘或匍匐灌木，叶两型，不结果枝叶卵状心形，薄革质，尖端渐尖；结果枝上叶革质，卵状椭圆形，先端急尖至钝形，基部圆形至浅心形，全缘。榕果单生叶腋，花生于榕果内壁，果近球形。花果期 5~10 月。

莳养要诀： 扦插及高压法繁殖，生长期均可进行。喜温暖、湿润及光照充足的环境，在半日照下生长良好。生长适温 18~28℃。不择土壤。生长期保持基质湿润，并经常喷雾，缺水时会大量落叶。每年施肥 2~3 次，以复合肥为主。2~3 年换盆 1 次，将烂根、过长根剪掉，可促发新根。

行家提示： 果可用来制作凉粉，藤、叶可入药。

使君子

Quisqualis indica

种植难度：★★☆☆☆　　市场价位：★★☆☆☆
光照指数：★★★★★　　浇水指数：★★★☆☆
施肥指数：★☆☆☆☆

辨识要点： 又名留球子，为使君子科使君子属常绿攀缘灌木，蔓长可达 8 米。叶对生或近对生，卵形或椭圆形，先端短渐尖，基部钝圆。顶生穗状花序，组成伞房花序，花瓣 5 枚，初为白色，后转为淡红色或红色。果卵形。花期初夏，果期秋末。

莳养要诀： 以扦插或分株繁殖为主，分株早春为宜，扦插于春秋进行。喜温暖、湿润及阳光充足的环境，耐热、不耐寒。生长适温 22~30℃。对土壤要求不严，以肥沃、排水良好的壤土为佳。植后浇透水，并保持土壤湿润。肥料不宜过多，每月施 1 次即可，否则生长过旺，开花减少。

行家提示： 种子入药，常用于小儿寄生蛔虫症治疗。

红宝石喜林芋

Philodendron erubescens 'Red Emerald'

种植难度：★★☆☆☆　　市场价位：★★☆☆☆
光照指数：★★★☆☆　　浇水指数：★★★★☆
施肥指数：★☆☆☆☆

辨识要点： 又名红宝石、红柄蔓绿绒，为天南星科喜林芋属多年生常绿草质藤本。叶片长心形。叶柄、叶背和新梢部分为暗红色。肉穗花序，浆果。花果期 10~11 月。

莳养要诀： 扦插繁殖，生长期均可进行。喜温暖、湿润及半日照环境，耐热、耐瘠、不耐寒。生长适温 20~28℃。喜疏松、肥沃、富含腐殖质的土壤。植后宜保持基质湿润，生长期多向叶面和周围喷水，保持较高的空气湿度。盆栽时须设立柱，供其攀爬，每盆栽植 3 株为宜，可快速成形。每月施肥 1 次，苗期以氮肥为主，成株以平衡肥为主，也可施有机肥。

行家提示： 冬季休眠，土壤宜稍干燥，并定期清洗叶片滞尘，以免影响生长。

龟背竹

Monstera deliciosa

种植难度：★★☆☆☆　　市场价位：★★☆☆☆
光照指数：★★★☆☆　　浇水指数：★★★★☆
施肥指数：★☆☆☆☆

辨识要点： 又名蓬莱蕉，为天南星科龟背竹属多年生常绿蔓性藤本。叶大型，心形或歪斜长卵形，全缘或羽状深裂，叶片上有不规则的孔洞。肉穗花序，淡黄色。浆果。花期 8~9 月，果实于第二年花期后成熟。

莳养要诀： 扦插繁殖为主。喜温暖、湿润及半日照环境，耐热、不耐寒。生长适温 20~28℃。喜肥沃、排水良好的沙质壤土。生长期保持盆土湿润，不可过干，否则叶片无光泽，观赏性差，在干热季节多喷水，冬季土壤稍干燥即可。每月施肥 1 次，有机肥、复合肥均可。

行家提示： 室内栽培易滞尘，定期清洗，保持叶面洁净。

绿萝

Scindapsus aureus

种植难度：★☆☆☆☆　　市场价位：★★☆☆☆
光照指数：★★★☆☆　　浇水指数：★★★★☆
施肥指数：★☆☆☆☆

辨识要点： 又名黄金葛，为天南星科绿萝属多年生常绿藤本。叶纸质，宽卵形，基部心形。成熟枝上叶卵状长椭圆形或心形，薄革质。具不规则条纹或黄斑点，全缘。肉穗花序。花期春季，极少见花。

莳养要诀： 扦插繁殖为主，生长期均可进行。喜温暖、湿润及半日照环境，耐热、喜湿、不耐寒。生长适温 20~28℃。喜疏松、富含有机质的微酸性和中性沙壤土。养护时不宜过阴，否则易徒长，且叶片变小。生长期保持较高的土壤湿润及空气湿度，土壤干燥生长不良，空气过干不利于气生根生长。每月施肥 1 次，复合肥即可。

行家提示： 室内栽培时，往往光线不足，须定期拿到散射光充足的地方，以防止脚叶脱落，生长不良。

合果芋
Syngonium podophyllum

种植难度：★☆☆☆☆　　市场价位：★☆☆☆☆
光照指数：★★★☆☆　　浇水指数：★★★★☆
施肥指数：★☆☆☆☆

辨识要点： 又名箭叶芋、白蝴蝶，为天南星科合果芋属多年生常绿藤本。叶互生，幼叶箭形或戟形，老叶为掌状叶，多裂。肉穗状花序，内部红色或白色，外部绿色。合果芋园艺品种极多，如白蝶合果芋、红粉佳人等。花期夏秋季。

莳养要诀： 扦插繁殖，生长期均可进行。喜温暖、湿润及半日照环境。耐热、耐瘠、不耐寒。生长适温 20~28℃。喜肥沃、疏松、排水良好的微酸性土壤。生长期要充分浇水，并向叶面喷雾，以保持较高的空气湿度。干旱时生长不良，且叶片变小，易黄化。每年施肥 2~3 次，复合肥为主。

行家提示： 幼株适合盆栽观赏，植株生长多年后可扦插更新。

洋常春藤
Hedera helix

种植难度：★★☆☆☆　　市场价位：★★☆☆☆
光照指数：★★★☆☆　　浇水指数：★★★★☆
施肥指数：★★☆☆☆

辨识要点： 又名加那利常春藤，为五加科常春藤属常绿蔓性藤本。叶为掌状裂叶，浅裂或深裂，全缘或波状缘，叶片具黄色或白色斑块或镶纹。花期秋季，第二年春季果熟。

莳养要诀： 扦插繁殖为主，生长期均可进行。喜温暖、湿润及半日照环境，耐热、稍耐寒、耐瘠。生长适温 16~26℃。喜富含腐殖质、排水良好的沙质壤土。养护时应置于较荫蔽的地方，阳光过强叶片易灼伤。除保持基质湿润外，须向植株喷雾，以保持较高的空气湿度。每月施肥 1~2 次，复合肥为主。

行家提示： 施肥时忌偏湿氮肥，否则枝叶徒长，抗性差，且叶片上的斑块褪色，观赏性下降。

常春藤

Hedera nepalensis var. *sinensis*

种植难度：★★☆☆☆　　市场价位：★★☆☆☆
光照指数：★★★☆☆　　浇水指数：★★★★☆
施肥指数：★☆☆☆☆

辨识要点： 又名中华常春藤、爬树藤，为五加科常春藤属常绿藤本，茎蔓长达 30 米。单叶互生，叶形变化较大，全缘。伞形花序，花小，淡绿白色。浆果，熟时红色或黄色。花期 8~9 月，果期翌年 4~5 月。

莳养要诀： 扦插繁殖为主，生长期均可进行。喜温暖、湿润及散射光充足的环境，耐热、耐寒、耐瘠。生长适温 18~28℃。喜疏松的中性或微酸性土壤。可粗放管理，在生长期，浇水掌握见干见湿的原则，表土干后即可补水。每月施 1 次复合肥，如土质肥沃，一般不用施肥。可摘心促花侧枝，使株型丰满。

行家提示： 全株药用，具有舒筋散风的功效。

倒地铃

Cardiospermum halicacabum

种植难度：★☆☆☆☆　　市场价位：★★☆☆☆
光照指数：★★★★★　　浇水指数：★★☆☆☆
施肥指数：★☆☆☆☆

辨识要点： 又名风船葛、野苦瓜，为无患子科倒地铃属草质攀缘藤本，蔓长可达 5 米。2 回 3 出复叶，顶生的斜披针形或近菱形，顶端渐尖，侧生的稍小，卵状或长椭圆形，边缘有疏锯齿或羽状分裂。圆锥花序腋生，花白色。蒴果。花期夏秋季，果期秋季至初冬。

莳养要诀： 播种繁殖，春季为适期。喜温暖、湿润及光照充足的环境，耐热、耐瘠。生长适温 20~30℃。不择土壤，盆栽以肥沃、排水良好的壤土为佳。定植后浇透水保湿，苗高 15 厘米时搭架，摘心促发分枝。每月施肥 1 次，苗期以氮肥为主，花芽分化后以全素肥料为主，也可追施有机肥。

行家提示： 种子有毒，误食会导致腹泻。

翅茎西番莲
Passiflora alata

种植难度：★★☆☆☆　　市场价位：★★★☆☆
光照指数：★★★★★　　浇水指数：★★☆☆☆
施肥指数：★★☆☆☆

辨识要点： 西番莲科西番莲属多年生草本，成株茎多木质化，茎具翅，蔓长可达 6 米。单叶，互生，叶片长卵形或椭圆形，长 10~15 厘米，先端尖，基部圆形，边全缘，叶腋处具卷须。花大，萼片 5 枚，内面紫红色，外面浅紫色，花瓣状，花冠丝状，紫色与白色相间。花期夏至秋季。

莳养要诀： 播种或扦插繁殖。喜充足的阳光，喜温暖，不耐寒。生长适温 18~30℃，冬季不低于 5℃。喜疏松、肥沃、排水良好的壤土。生长期保持土壤湿润，干热天气及时补水，及时搭架整形。每月施肥 1 次，营养生长期以氮肥为主，花前增施磷钾肥。

行家提示： 摘心可促发分枝。

西番莲
Passiflora coerulea

种植难度：★★☆☆☆　　市场价位：★★☆☆☆
光照指数：★★★★★　　浇水指数：★★★☆☆
施肥指数：★☆☆☆☆

辨识要点： 西番莲科西番莲属草质藤本，蔓长可达 6 米以上。叶纸质，基部心形，掌状 5 深裂，中间裂片卵状长圆形，两侧裂片略小。聚伞花序退化仅存 1 朵花，外副花冠裂片 3 轮，丝状，外轮与中轮裂片顶端天蓝色，中部白色，下部紫红色，内副花冠流苏状，裂片紫红色。浆果。花期 5~7 月。

莳养要诀： 扦插或压条繁殖，生长期均可进行。喜温暖、湿润及阳光充足的环境，耐热、不耐寒。生长适温 22~30℃。喜肥沃、排水良好的微酸性土壤。定植后保持土壤湿润，可摘心促发分枝。苗高 20 厘米时搭架。每月施肥 1~2 次，苗期以氮肥为主，成苗后增施磷钾肥。

行家提示： 棚架或盆栽时多植几株，可快速成形。

红花西番莲
Passiflora miniata

种植难度：★★★☆☆　　市场价位：★★★☆☆
光照指数：★★★★★　　浇水指数：★★★☆☆
施肥指数：★★☆☆☆

辨识要点： 又名洋石榴、紫果西番莲，为西番莲科西番莲属多年生常绿藤本，蔓长可达数米。叶互生，长卵形，先端渐尖，基部心形或楔形，叶缘有不规则浅疏齿。花单生于叶腋，花瓣长披针形，红色。副花冠3轮，最外轮较长，紫褐色并散布有斑点状白色，内两轮为白色，稍短。花期春至秋季。

莳养要诀： 播种、扦插或压条繁殖，种子采后即播，扦插与压条在生长期均可进行。喜高温及湿润的环境，全日照或半日照。生长适温22~30℃。喜疏松、排水良好的微酸性土壤。定植时施足基肥，植后浇透水并遮光，以利缓苗。生长期可摘心促发分枝，及早搭架供其攀爬，并不断整形。每月施肥1~2次，促其快速生长。

行家提示： 宜置于温暖之处，如积温不足，开花减少。

鸡蛋果
Passiflora edulis

种植难度：★★☆☆☆　　市场价位：★★☆☆☆
光照指数：★★★★★　　浇水指数：★★★☆☆
施肥指数：★☆☆☆☆

辨识要点： 又名百香果，为西番莲科西番莲属草质藤本，长约6米。叶纸质，黄绿色，顶端短渐尖，基部楔形或心形，掌状3深裂。聚伞花序退化仅存1朵花，花白色，芳香。浆果。花期6月，果期11月。

莳养要诀： 以扦插为主，生长期均可进行。喜温暖、湿润及光照充足的环境，耐热、不耐寒、耐瘠。生长适温20~30℃。喜疏松、肥沃及排水良好的土壤。生长快，可粗放管理。定植成活后，搭设棚架供其攀爬。摘心促发分枝，侧枝过多随时摘除。生长期保持土壤湿润，不可积水，雨天注意排水。每个月施肥1~2次，以磷钾肥为主，有机肥更佳。

行家提示： 如种植多年，开花少，果实变小，可重剪更新。

龙珠果
Passiflora foetida

种植难度：★☆☆☆☆　　市场价位：★☆☆☆☆
光照指数：★★★★★　　浇水指数：★★☆☆☆
施肥指数：★☆☆☆☆

辨识要点： 西番莲科西番莲属草质藤本，长数米。叶膜质，宽卵形至长圆状卵形，先端3浅裂，基部心形，边缘呈不规则波状。聚伞花序退化仅存1朵花，与卷须对生。花白色或淡紫色，具白斑。浆果卵圆球形。花期7~8月，果期翌年4~5月。

莳养要诀： 以播种为主。喜高温及阳光充足的环境，耐热、耐瘠、耐湿，生长适温20~30℃。对土质要求不严，在贫瘠的土地上也可正常生长。如生长期缺水，植株萎蔫。不用施肥，可粗放管理。

行家提示： 冬季可将植株短剪更新，第二年春季可继续生长。

蔓柳穿鱼
Cymbalaria muralis

种植难度：★★☆☆☆　　市场价位：★★☆☆☆
光照指数：★★★★★　　浇水指数：★★★☆☆
施肥指数：★☆☆☆☆

辨识要点： 又名兔子花、铙钹花，为玄参科蔓柳穿鱼属一年生蔓性植物，茎长可达60厘米。叶互生，肾形至半圆形，掌状5裂，裂片深达叶片1/3，有时侧裂片有2浅裂，叶基深心形。花单生于叶腋，花冠蓝紫色。花期春季。

莳养要诀： 扦插繁殖为主，生长期均可进行。喜温暖及湿润的气候，喜光照，耐热、耐瘠、不耐寒。生长适温18~28℃。喜疏松、排水良好的土壤。习性强健，可粗放管理，生长期保持土壤湿润，不可过湿，以防枝叶茂密不通风而下部烂叶。每月施1次稀薄液肥。

行家提示： 浇水施肥时不要玷污叶片，并随时剪掉枯黄叶片，保持植株整洁美观。

多裂鱼黄草

Merremia dissecta

种植难度：★☆☆☆☆　　市场价位：★★☆☆☆
光照指数：★★★★★　　浇水指数：★★☆☆☆
施肥指数：★☆☆☆☆

辨识要点： 旋花科鱼黄草属缠绕草本。叶掌状分裂近达基部，具小短尖头、边缘具粗齿至不规则的羽裂片 5~7 枚。花序梗腋生，1 至少花，花冠漏斗状，白色，喉部紫红色。蒴果球形。花期秋季。

莳养要诀： 播种繁殖，春季为适期。喜温暖及阳光充足的环境，耐热、耐瘠、不耐寒。生长适温 20~30℃。对土壤适应性强。粗放管理，小苗出土后控水，稍干燥，以防止徒长。苗期可适量多施氮肥，成株后以磷钾肥为主，每月施 1 次。一般土质肥沃可不用施肥。

行家提示： 苗高 10 厘米时搭架，种子成熟后及时采收。

木玫瑰

Merremia tuberosa

种植难度：★★☆☆☆　　市场价位：★★★☆☆
光照指数：★★★★★　　浇水指数：★★★☆☆
施肥指数：★☆☆☆☆

辨识要点： 又名姬旋花，为旋花科鱼黄草属常绿蔓性草质藤本，多年生下部茎木质化。叶纸质，互生，掌状深裂，裂片阔披针形。花顶生，漏斗状，鲜黄色。蒴果，果熟似干燥的玫瑰花。花期秋季，果期冬季。

莳养要诀： 播种繁殖，春季为适期。喜高温及阳光充足的环境，耐热、不耐寒、耐瘠。生长适温 22~32℃。不择土壤，一般土壤均可良好生长。播种时，种子最好用温水浸种 1 天，当小苗 20 厘米时定植。植后保持基质湿润，每月施 1 次复合肥或有机肥。秋季如遇低温，极易消苞，应注意保温。

行家提示： 果实成熟后开裂，果皮状如玫瑰，故名。可用作插花素材。

五爪金龙

Ipomoea cairica

种植难度：★☆☆☆☆　　市场价位：★☆☆☆☆
光照指数：★★★★★　　浇水指数：★★★☆☆
施肥指数：★☆☆☆☆

辨识要点： 旋花科番薯属多年生缠绕草质藤本。叶掌状 5 裂或全裂，裂片卵状披针形、卵形或椭圆形。聚伞花序具 1~3 朵花，或偶有 3 朵以上的，花冠紫红色、紫色或淡红色，漏斗状。蒴果。花果期几乎全年。

莳养要诀： 播种繁殖，春季为适期。喜温暖、湿润及阳光充足的环境，耐热、耐旱、耐瘠、不耐寒。生长适温 20~30℃。不择土壤。可粗放管理，除天气干旱外，一般不用浇水。对肥料要求较少，也不用施肥。

行家提示： 本种习性强健，侵占性强，在南方部分省区已成为有害杂草。

七爪金龙

Ipomoea digitata

种植难度：★☆☆☆☆　　市场价位：★☆☆☆☆
光照指数：★★★★★　　浇水指数：★☆☆☆☆
施肥指数：★☆☆☆☆

辨识要点： 旋花科番薯属多年生大型缠绕草本。叶掌状 5~7 裂，裂至中部以下但未达基部，裂片披针形或椭圆形，全缘或不规则波状，顶端渐尖或锐尖。聚伞花序，具少花至多花，花冠淡红色或紫红色，漏斗状。蒴果。花期春夏季。

莳养要诀： 播种繁殖。喜温暖、阳光充足的环境，耐热、耐旱、耐瘠。生长适温 15~32℃。极粗生，不择土壤，小苗出土引蔓搭架，生长期保持土壤湿润，一般不用施肥。

行家提示： 本种粗生，可自播。

茑萝

Ipomoea quamoclit

种植难度：★☆☆☆☆　　市场价位：★☆☆☆☆
光照指数：★★★★★　　浇水指数：★★★☆☆
施肥指数：★☆☆☆☆

辨识要点： 又名游龙草，为旋花科番薯属一年生柔弱缠绕草本。叶卵形或长圆形，羽状深裂到中脉，裂片先端锐尖。花序腋生，由数花组成聚伞花序，花冠高脚碟状，深红色。蒴果卵形。花期夏季，果期秋季。

莳养要诀： 播种繁殖，春季为适期。喜温暖及阳光充足的环境，耐热、耐瘠、不耐寒。生长适温 15~28℃。不择土壤。习性强健，可粗放管理。定植后须搭架，对肥水要求不严，生长期保持盆土湿润。盆栽时每月施肥 1 次，露地栽培不用施肥。种子成熟后要及时采收。

行家提示： 栽培容易，可自播，在我国大部分地区已逸生。

牵牛

Ipomoea nil

种植难度：★☆☆☆☆　　市场价位：★☆☆☆☆
光照指数：★★★★★　　浇水指数：★★★☆☆
施肥指数：★☆☆☆☆

辨识要点： 又名牵牛花、喇叭花，为旋花科番薯属一年生缠绕草本。叶宽卵形或近圆形，深或浅 3 裂，偶 5 裂，基部圆心形，中裂片长圆形或卵圆形，侧裂片三角形。花腋生，花冠漏斗状，蓝紫色或紫红色。蒴果。花期 6~10 月，果期 8~12 月。

莳养要诀： 播种繁殖，春秋季为适期。喜温暖、湿润及光照充足的环境，耐热、不耐寒。生长适温 18~30℃。喜疏松、肥沃、排水良好的土壤。5~7 片真叶时移栽，一盆最好 3~5 株，并摘心搭架。生长期保持湿润，不要积水。苗期以氮肥为主，不可过多，成株以磷钾肥为主。

行家提示： 栽培品种极多，秋季种子成熟后及时采种，并分品种保存。

金银花
Lonicera japonica

种植难度：★☆☆☆☆　　市场价位：★★☆☆☆
光照指数：★★★★★　　浇水指数：★★★☆☆
施肥指数：★☆☆☆☆

辨识要点： 又名忍冬、金银藤，为忍冬科忍冬属半常绿或落叶藤本，枝条长可达6~8米。叶纸质，叶形多变，顶端尖或渐尖，基部圆或近心形。总花梗通常单生于小枝上部叶腋，花冠白色，后变黄色，唇形。果实圆形，熟时蓝黑色。花期4~6月，果熟期10~11月。

莳养要诀： 扦插、压条、播种繁殖，以扦插为主，在生长期均可进行。喜温暖、湿润及阳光充足的环境，耐热、耐寒、耐瘠。生长适温15~28℃。不择土壤，在微酸性及微碱性土壤中均可生长。生长期基质以湿润为佳，天气干燥时向植株喷雾保持较高的空气湿度。每月施1次有机肥或复合肥。保持通风透光，可多开花。

行家提示： 植株生长散乱，须不断修剪整形，以利于侧枝产生。

叶子花
Bougainvillea spectabilis

种植难度：★☆☆☆☆　　市场价位：★★☆☆☆
光照指数：★★★★★　　浇水指数：★★☆☆☆
施肥指数：★☆☆☆☆

辨识要点： 又名簕杜鹃、毛宝巾、九重葛，为紫茉莉科宝巾属常绿攀缘灌木。单叶互生，卵形或卵状椭圆形，先端渐尖，基部圆形至广楔形。花顶生，常3朵簇生。苞片有红、橙、黄、白、紫等色。主要花期冬春两季。

莳养要诀： 扦插繁殖为主，生长期均可进行。喜温暖、湿润及光照充足的环境，耐热、耐瘠、不耐寒。生长适温20~32℃。对土壤适应性强，生长期保持基质湿润，在开花期控水，适当干旱有利于开花。肥料以复合肥为主，每月施1次，对氮肥敏感，过量营养生长过旺，开花少。

行家提示： 耐修剪，盆栽可造型。多年栽培植株可重剪更新。

凌霄

Campsis grandiflora

种植难度：★★☆☆☆　　市场价位：★★☆☆☆
光照指数：★★★★★　　浇水指数：★★★☆☆
施肥指数：★☆☆☆☆

辨识要点： 又名紫葳、女葳花，为紫葳科凌霄属落叶木质藤本。羽状复叶对生，小叶7~9枚，卵形至卵状披针形，顶端尾状渐尖。聚伞状花序集成顶生圆锥花序，花冠钟形，外橙黄色，内鲜红色。蒴果。花期5~8月，果期10月。

莳养要诀： 常用扦插及压条法，生长期均可进行。喜温暖、湿润及光照充足的环境，耐热、耐寒、耐瘠。生长适温20~28℃。喜肥沃、湿润、排水良好的壤土。移栽时须带宿土，植后牵引上架。生长期土壤宜湿润，不可过干及过湿。每月施1次复合肥。

行家提示： 冬季落叶后修剪整形，将枯枝、过密枝等剪掉，以利第二年开花。花入药，为通经利尿药。

连理藤

Clytostoma callistegioides

种植难度：★★☆☆☆　　市场价位：★★★☆☆
光照指数：★★★★★　　浇水指数：★★★☆☆
施肥指数：★☆☆☆☆

辨识要点： 紫葳科连理藤属常绿木质藤本，以3出复叶顶小叶变态的单一卷须攀缘。小叶全缘，椭圆状长圆形。顶生或腋生圆锥花序，花冠漏斗形，钟状，花淡红色至红色。蒴果长圆形。花期春季。

莳养要诀： 扦插繁殖为主，春季为适期。喜温暖及光照充足的环境，耐热、不耐寒。生长适温22~30℃。喜富含腐殖质的肥沃壤土。定植时须选择向阳处，过于荫蔽生长不良，且开花少。生长期土壤宜湿润，冬季以微润为佳，长期潮湿易烂根。

行家提示： 花后剪掉残花，并整形修剪，疏掉过密枝及病虫枝等。

紫芸藤
Podranea ricasoliana

种植难度：★★☆☆☆　　市场价位：★★★☆☆
光照指数：★★★★★　　浇水指数：★★★☆☆
施肥指数：★☆☆☆☆

辨识要点： 又名非洲凌霄，为紫葳科非洲凌霄属常绿半蔓性灌木。奇数羽状复叶，对生，小叶长卵形，先端尖，叶缘具锯齿。花顶生，花冠钟形，花粉红色至淡紫色。蒴果，种子卵形。花期秋至春季。

莳养要诀： 扦插繁殖为主，春秋为适期。喜温暖、湿润及光照充足的环境，耐热、不耐寒。生长适温 18~28℃。喜疏松、排水良好的沙质壤土。室外栽培时宜选择向阳、地势高燥的地方。生长期保持土壤湿润，每月随水施 1 次平衡肥，花芽分化时增施磷钾肥。花期过后整形修剪。

行家提示： 其枝条散乱，要经常修剪整形，成株花谢后强剪 1 次，多整成灌木栽培。

蒜香藤
Pseudocalymma alliaceum

种植难度：★★★☆☆　　市场价位：★★★☆☆
光照指数：★★★★★　　浇水指数：★★★☆☆
施肥指数：★☆☆☆☆

辨识要点： 又名张氏紫葳、紫铃藤，为紫葳科蒜香藤属常绿木质藤本。3 出复叶对生，中叶椭圆形，全缘。圆锥花序腋生，花冠筒状，花初开为紫色，后渐淡，变至白色。花期 5~11 月。

莳养要诀： 扦插繁殖为主，春至秋季为适期。喜温暖、湿润及光照充足的环境，耐热、耐瘠、不耐寒。生长适温 20~28℃。喜排水良好、肥沃的微酸性沙质壤土。定植时选择向阳地块，否则光照不足极难开花。苗期生长较慢，每月施 1~2 次氮肥促其生长。成株以磷钾肥为主，开花后以氮肥为主，促其生长。

行家提示： 其枝条散乱，须不断整形修剪，花后及时将残花剪掉。

炮仗花
Pyrostegia venusta

种植难度：★★☆☆☆　　市场价位：★★☆☆☆
光照指数：★★★★★　　浇水指数：★★★☆☆
施肥指数：★☆☆☆☆

辨识要点： 又名黄鳝藤，为紫葳科炮仗藤属常绿木质攀缘藤本，可高达 7~8 米。复叶对生，小叶卵状至卵状矩圆形，先端渐尖，茎部阔楔形至圆形。圆锥花序顶生，花冠管状至漏斗状，橙红色。花期 1~2 月。

莳养要诀： 扦插或高压法繁殖。喜温暖、湿润及光照充足的环境，耐热、耐瘠、不耐寒。生长适温 18~28℃。不择土壤。栽培时选择向阳、排水良好的地块，土壤保持湿润，枝蔓长出后要牵引上架，在生长期间不要翻蔓。苗期每月施肥 1 次，成株一般不用施肥。

行家提示： 炮仗花的枝条开花后不会再次开花，花后可将开过花的枝条剪掉，以促生新枝。

硬骨凌霄
Tecomaria capensis

种植难度：★★☆☆☆　　市场价位：★★☆☆☆
光照指数：★★★★★　　浇水指数：★★★☆☆
施肥指数：★☆☆☆☆

辨识要点： 又名四季凌霄，为紫葳科硬骨凌霄属常绿半蔓性或直立灌木，高约 2 米。奇数羽状复叶，对生，小叶卵形至椭圆状卵形，缘具齿。总状花序顶生，花冠漏斗状，橙红至鲜红色。蒴果扁线形。花期为 8~11 月。

莳养要诀： 扦插繁殖为主，生长期均可进行。喜温暖、湿润及光照充足的环境，耐热、耐瘠、不耐寒。生长适温 22~30℃。喜排水良好、疏松的沙壤土。小苗定植后加强管理，生长较快，肥水供应宜充足。盆栽时 2 年换盆，剪掉烂根及过长根，以促发新根。

行家提示： 花谢后，及时剪除残枝。本种耐修剪，截顶可促发新枝，生长多年的植株可强剪更新。

观赏灌木

蓝雪花

Plumbago auriculata

种植难度：★★☆☆☆　　市场价位：★★★☆☆
光照指数：★★★★☆　　浇水指数：★★★☆☆
施肥指数：★★☆☆☆

辨识要点： 又名蓝花丹、蓝茉莉，为白花丹科白花丹属常绿小灌木，株高 1~2 米。单叶互生，全缘，短圆形或矩圆状匙形，先端钝而有小凸点，基部楔形。穗状花序顶生和腋生，花冠淡蓝色，高脚碟状。花期 6~9 月。

莳养要诀： 扦插繁殖，春季为适期。喜温暖、湿润及阳光充足的环境，耐热、不耐寒。生长适温 22~28℃。喜富含腐殖质、排水良好的微酸性沙质壤土。定植后须摘心，可促发新枝。生长期保持土质湿润，过于干燥对植株生长不利。每月施肥 1 次，生长期以氮肥为主，花芽分化期及花期增施磷钾肥。

行家提示： 花后剪除残花，植株老化可重剪更新。

羽叶薰衣草

Lavandula pinnata

种植难度：★★★☆☆　　市场价位：★★☆☆☆
光照指数：★★★★☆　　浇水指数：★★★☆☆
施肥指数：★★☆☆☆

辨识要点： 唇形科薰衣草属常绿小灌木，株高 30~40 厘米。叶对生，2 回羽状复叶，小叶线形或披针形，灰绿色。穗状花序，花唇形，蓝紫色。花期冬至春季。

莳养要诀： 扦插繁殖，生长期均为适期，可用顶芽扦插。喜温暖、湿润及阳光充足的环境，不耐寒、较耐热。生长适温 15~26℃。喜疏松、排水良好的壤土。生长期保持盆土湿润，忌积水，土壤表面稍干时浇 1 次透水。每月施 1~2 次复合肥，忌偏施氮肥，防止徒长及开花不良。

行家提示： 浇水施肥时不要溅到叶片，防止脚叶腐烂脱落。可随时剪去枯叶及残枝。

迷迭香
Rosmarinus officinalis

种植难度：★★★☆☆　　市场价位：★★☆☆☆
光照指数：★★★★★　　浇水指数：★★★☆☆
施肥指数：★☆☆☆☆

辨识要点： 又名艾菊，为唇形科迷迭香属常绿多年生亚灌木，株高 2 米。叶片线形，全缘，革质。花近无梗，对生，少数聚集在短枝的顶端组成总状花序，花萼卵状钟形，蓝紫色。坚果。花期 11 月。

莳养要诀： 扦插繁殖为主，春秋季为适期。喜温暖、湿润及阳光充足的环境，耐热、不耐寒。生长适温 15~25℃。喜疏松、排水良好的沙质壤土。生长期土壤宜湿润，但水分过大时容易引起根腐。每月施 1 次复合肥，以平衡肥为主。如枝条较乱，可随时修剪。

行家提示： 著名的芳香植物，叶及着花的短枝可提取芳香油，常用于化妆品。

水果蓝
Teucrium fruticans

种植难度：★★☆☆☆　　市场价位：★★☆☆☆
光照指数：★★★★★　　浇水指数：★★★☆☆
施肥指数：★☆☆☆☆

辨识要点： 又名灌丛石蚕、银香科科，为唇形科香科科属常绿灌木，全株枝叶常年灰绿色。叶对生，长圆状披针形。轮伞花序，于茎及短分枝上部排列成假穗状花序，花瓣浅蓝色。花期 5~6 月。

莳养要诀： 扦插繁殖，生长期均可进行。喜温暖、湿润及光照充足的环境，较耐寒、较耐热、耐旱。生长适温 16~26℃。不择土壤，以疏松、排水良好的壤土为佳。对水肥要求较少，可粗放管理，室外栽培一般不用浇水、施肥。盆栽时生长期保持盆土湿润，每月施肥 1 次。

行家提示： 耐修剪，花后修剪整形，保持株型完美。

狗尾红
Acalypha hispida

种植难度：★☆☆☆☆　　市场价位：★☆☆☆☆
光照指数：★★★★★　　浇水指数：★★★☆☆
施肥指数：★★☆☆☆

辨识要点： 又红穗铁苋菜，为大戟科锦苋菜属常绿灌木，株高 1~3 米。叶纸质，互生，卵圆形或阔卵形，先端尖，基部阔楔形、圆钝或微心形，边缘有锯齿。穗状花序腋生，鲜红色。春、夏、秋均能见花。

莳养要诀： 扦插繁殖为主，春季进行。喜高温及光照充足的环境，耐热、耐瘠、不耐寒。生长适温 22~30℃。喜疏松、排水良好的壤土。生长期间应经常浇水，保持土壤湿润，不可积水及渍涝，高温季节向植株及周围环境喷水，以提高空气湿度。每月施 1~2 次复合肥，不要偏施氮肥，防止营养生长过旺而影响开花。

行家提示： 小苗时摘心，促发侧枝，花期过后剪掉残花，可减少养分消耗。

红桑
Acalypha wilkesiana

种植难度：★☆☆☆☆　　市场价位：★★☆☆☆
光照指数：★★★★★　　浇水指数：★★★☆☆
施肥指数：★☆☆☆☆

辨识要点： 又名铁苋菜，为大戟科铁苋菜属常绿灌木，株高 2~3 米。叶互生，长卵形或近宽披针形，古铜绿色或浅红色，常杂有色斑，顶端渐尖，基部圆钝，边缘具不规则钝齿。腋生穗状花序，花淡紫色。花期夏秋季。

莳养要诀： 扦插繁殖为主，喜高温高湿及阳光充足的环境，耐热、耐瘠、不耐寒。生长适温 20~30℃。喜疏松、排水良好的土壤。定植时疏松土壤，施入适量有机肥，并保持土壤湿润，以利缓苗。成株后，需水量较大，应及时补充水分。对肥料要求较少，每年施肥 3~5 次，以氮肥为主，配施磷钾肥。冬季控水停肥。

行家提示： 耐修剪，可于休眠期进行，多年生老化植株可重剪更新。

变叶木

Codiaeum variegatum

种植难度：★☆☆☆☆　　市场价位：★★☆☆☆
光照指数：★★★★★　　浇水指数：★★★☆☆
施肥指数：★☆☆☆☆

辨识要点： 又名洒金榕，为大戟科变叶木属常绿灌木或小乔木，株高 1~2 米。单叶互生，条形至矩圆形，边缘全缘或者分裂，波浪状或螺旋状扭曲。叶片上常具有白、紫、黄、红色的斑块和纹路。总状花序生于上部叶腋，花小，白色。花期秋季。

莳养要诀： 扦插或高压繁殖，扦插春季为适期，压条在生长期均可进行。喜温暖、湿润及光照充足的环境，耐热、耐瘠、不耐寒。生长适温 22~30℃。不择土壤，喜肥沃、排水良好的壤土。生长期土壤宜湿润，每月施肥 1 次。冬季休眠，减少浇水，土壤以稍干燥为宜，停止施肥。

行家提示： 2 年换盆 1 次，换盆时将过长根系及烂根剪掉，并对枝条短截。

一品红

Euphorbia pulcherrima

种植难度：★★★☆☆　　市场价位：★★☆☆☆
光照指数：★★★★☆　　浇水指数：★★★☆☆
施肥指数：★★★☆☆

辨识要点： 又名圣诞花，为大戟科大戟属小灌木。株高 0.5~3 米。单叶互生，叶片卵状椭圆形至宽披针形，全缘或具波状齿。杯状花序顶生，苞片有红、黄、白等色；花小，无花被。花期 11 月至第二年 3 月。

莳养要诀： 扦插繁殖为主，春至夏季为适期。喜温暖、湿润及半日照环境，耐热、不耐寒。生长适温 18~28℃。喜疏松、排水良好的壤土。一般 5~7 月定植，可通过摘心促发分枝。对水肥要求较高，生长期保持盆土湿润，过干植株极易萎蔫并导致死亡。每 10 天施 1 次复合肥。

行家提示： 雨季及潮湿天气注意防潮，否则花序极易感染灰霉病而失去观赏价值。

琴叶珊瑚
Jatropha integerrima

种植难度：★★☆☆☆　　市场价位：★★☆☆☆
光照指数：★★★★★　　浇水指数：★★★☆☆
施肥指数：★☆☆☆☆

辨识要点： 又名琴叶樱，为大戟科麻疯树属
常绿灌木，株高 1~2 米，具乳汁。叶互生，
长椭圆形、倒卵状披针形。花单生，聚伞花序排成圆锥状，顶生花冠红色或粉色。
蒴果成熟时为黑褐色。全年均可开花、结实。

蒔养要诀： 播种、扦插繁殖，春秋季为适期。喜温暖、湿润及光照充足的环境，耐热、
不耐寒。生长适温 23~30℃。对土壤适应性强，盆栽时须保持盆土湿润，每月施肥
1 次，并定期修剪。地栽可粗放管理，一般不用浇水及施肥。光照不足时植株徒长，
开花减少。

行家提示： 汁液有毒，不要接触。如碰触，严重时可出现水泡等症。

花叶木薯
Manihot esculenta 'Variegata'

种植难度：★★☆☆☆　　市场价位：★★☆☆☆
光照指数：★★★★★　　浇水指数：★★★☆☆
施肥指数：★☆☆☆☆

辨识要点： 又名斑叶木薯，为大戟科木薯属
直立灌木，株高 1~3 米。叶互生，纸质，掌
状深裂或全裂，裂片倒披针形至狭椭圆形，
顶端渐尖，全缘，叶中心有黄斑。圆锥花序顶生或腋生。蒴果椭圆形。花期秋季。

蒔养要诀： 扦插繁殖，春至夏为适期。喜温暖、湿润及光照充足的环境，耐热、耐瘠、
不耐寒。生长适温 20~30℃。喜土层深厚、肥沃的土壤。定植时施足基肥，生长期
保持土壤湿润，不可积水，否则根部易腐烂。每月施肥 1 次，苗期以氮肥为主，成
株可增施磷钾肥。冬季休眠时控制水分。耐修剪，可于早春进行。

行家提示： 摘心可促发分枝。

黄花羊蹄甲
Bauhinia tomentosa

种植难度：★★★☆☆　　市场价位：★★☆☆☆
光照指数：★★★★★　　浇水指数：★★★☆☆
施肥指数：★★☆☆☆

辨识要点： 豆科羊蹄甲属直立灌木，株高1~4米。叶近圆形，先端2裂达叶长的2/5，基部圆、截平或浅心形。花通常对生，有时1朵或3朵组成侧生的花序，花瓣淡黄色，最上面一片基部中间有深黄色或紫色的斑块。荚果带状。花期6~8月，果期秋季。

莳养要诀： 播种或扦插繁殖，播种采后即播，扦插在生长期均可进行。喜高温及阳光充足的环境，耐热、不耐寒。生长适温22~30℃。对土质要求不严，喜疏松、肥沃的微酸性壤土。栽培可粗放管理，苗期对水肥要求较高，保持土壤湿润，每月施1~2次复合肥。成株后一般不用施肥及浇水，如天气干旱适当补水。

行家提示： 冬季一般落叶，可进行修剪整形，以保持树形完美及促进开花。

金凤花
Caesalpinia pulcherrima

种植难度：★★☆☆☆　　市场价位：★★☆☆☆
光照指数：★★★★★　　浇水指数：★★★☆☆
施肥指数：★★☆☆☆

辨识要点： 又名洋金凤、蛱蝶花，为豆科云实属灌木或小乔木，高达3~5米。2回羽状复叶对生，小叶椭圆形或倒卵形。总状花序顶生或腋生，花瓣圆形具柄，淡红色或橙黄色。荚果黑色。花期5~10月，果期10~11月。

莳养要诀： 播种或扦插繁殖，播种采后即播，扦插在生长期均可进行。喜温暖、湿润及光照充足的环境，耐热、耐瘠、不耐寒。生长适温23~30℃。对土壤适应性强，喜排水良好、富含腐殖质的微酸性土壤。定植时须带宿土，成活后开始施肥，每年施肥3~5次，以复合肥为主。在天气较干旱的季节，及时补充水分。在荫蔽处栽培开花不良。

行家提示： 花后将花枝剪掉，防止消耗营养。冬季落叶后对整株修剪整形，多年栽培已老化的植株可重剪更新。

红粉扑花

Calliandra tergemina var. *emarginata*

种植难度：★★☆☆☆　　市场价位：★★☆☆☆
光照指数：★★★★★　　浇水指数：★★★☆☆
施肥指数：★☆☆☆☆

辨识要点： 又名粉红合欢，为豆科朱樱花属半落叶灌木，株高 1~2 米。2 回羽状复叶，小叶对生，歪椭圆状披针形，全缘。头状花序，花鲜红色，荚果扁平形。花期春秋季。

莳养要诀： 播种或扦插繁殖，播种于春季进行，扦插在生长季节均可进行。喜高温、湿润及光照充足的环境，耐热、耐瘠、耐旱、不耐寒。生长适温 23~30℃。对土壤适应性强。生长期保持基质湿润，过旱易落叶，过湿易烂根。每月施肥 1~2 次，复合肥、有机肥均可。冬季休眠期控水并停止施肥。

行家提示： 冬季落叶，可修剪整形，将枯枝、过密枝疏掉，并将徒长枝短截。

朱樱花

Calliandra haematocephala

种植难度：★★☆☆☆　　市场价位：★★☆☆☆
光照指数：★★★★★　　浇水指数：★★★☆☆
施肥指数：★☆☆☆☆

辨识要点： 又名美蕊花、红绒球，为豆科朱樱花属常绿灌木或小乔木，株高 1~3 米。2 回羽状复叶，小叶斜披针形，先端钝而具小尖头，基部偏斜。头状花序腋生，花冠管淡紫红色，花丝深红色。花期 8~9 月，果期 10~11 月。

莳养要诀： 播种或扦插繁殖，春季为适期。喜高温、湿润及光照充足的环境，耐热、耐瘠、不耐寒。生长适温 22~30℃。对土壤适应性强，定植时带土坨，以利于缓苗。苗期加强肥水管理，成株后粗放管理，不用施肥与浇水。

行家提示： 耐修剪，可于春季修剪整形。如植株过高，可截干更新。

锦鸡儿
Caragana sinica

种植难度：★★☆☆☆　　市场价位：★★☆☆☆
光照指数：★★★★★　　浇水指数：★★★☆☆
施肥指数：★☆☆☆☆

辨识要点： 又名金雀花，为豆科锦鸡儿属落叶灌木。株高可达 2 米。假掌状复叶，呈掌状排列，叶硬纸质，全缘，椭圆状倒卵形，先端圆具小短尖，两性花，多单生，花鲜黄色。花期 5~6 月，果熟 7~9 月。

莳养要诀： 播种繁殖为主，春至夏均可进行。喜温暖及光照充足的环境，耐寒、耐瘠、耐旱、不耐热。生长适温 16~26℃。对土壤要求不严，以肥沃、排水良好的沙质壤土为佳。耐旱性极强，苗期保持基质湿润，以利扎根，成株后不用浇水。对肥料要求不高，可根据长势决定施肥。多年生老株如老化，重剪更新。

行家提示： 花蕾可供食用。

猬豆
Erinacea anthyllis

种植难度：★★★☆☆　　市场价位：★★★★☆
光照指数：★★★★★　　浇水指数：★☆☆☆☆
施肥指数：★☆☆☆☆

辨识要点： 豆科猬豆属常绿亚灌木，垫状，株高 15~25 厘米。叶刺形，坚硬，蓝绿色。花蝶形，淡紫色，腋生。荚果。花期春季。

莳养要诀： 播种繁殖。喜冷凉及阳光充足的环境，耐寒、不耐热、耐贫瘠。生长适温 12~25℃，可耐 - 12℃低温。喜排水良好的微碱性沙质土。忌积水，生长期保持土壤略湿润。生长季节可施 1~2 次肥料。

行家提示： 植株矮小丛生，应及时清理残叶及飘落的垃圾。

双荚决明
Senna bicapsularis

种植难度：★☆☆☆☆　　市场价位：★★☆☆☆
光照指数：★★★★★　　浇水指数：★★★☆☆
施肥指数：★☆☆☆☆

辨识要点： 又名双荚黄槐，为豆科决明属灌木，多分枝。羽状复叶，小叶倒卵形或倒卵状长圆形，先端圆钝，基部渐狭。总状花序生于枝条顶端的叶腋，常集成伞房花序状，花鲜黄色。荚果圆柱状。花期 10~11 月，果期 11 月至第二年 3 月。

莳养要诀： 播种或扦插繁殖，播种于春季进行，扦插生长期均可进行。喜温暖、湿润及光照充足的环境，耐热、耐瘠、不耐寒。生长适温 22~30℃。移栽时带宿土，植后浇透水保湿。苗期可施含氮较高的肥料，成株控制氮肥的施用量，每年施肥 3~5 次，复合肥、有机肥均可。

行家提示： 耐修剪，可于早春进行，将过密枝、徒长枝及枯枝剪掉，以利通风透光。

紫荆
Cercis chinensis

种植难度：★★☆☆☆　　市场价位：★★☆☆☆
光照指数：★★★★★　　浇水指数：★★★☆☆
施肥指数：★☆☆☆☆

辨识要点： 又名满条红、裸枝树，为豆科紫荆属落叶灌木，高达 3 米。单叶互生，全缘、近圆形，叶脉掌状，顶端急尖，基部心形。花先于叶开放，4~10 朵簇生于老枝上，花玫瑰红色。荚果狭披针形，扁平。花期 4~5 月，果 10 月成熟。

莳养要诀： 播种及分株繁殖为主，春季为适期。喜温暖、湿润及光照充足的环境，耐寒、耐瘠、不耐热。生长适温 16~24℃。喜疏松、肥沃、排水良好的微酸性沙质土壤。生长期保持土壤湿润，不可积水及渍涝。早春施 1 次复合肥，开花后施肥以含氮较高的复合肥为主。

行家提示： 花后剪除部分老枝，以促发新枝。冬季休眠后修剪枯枝、徒长枝，保持树姿整齐与来年枝繁叶茂。

小金雀

Genista spachiana

种植难度：★★☆☆☆　　市场价位：★★☆☆☆
光照指数：★★★★★　　浇水指数：★★★☆☆
施肥指数：★☆☆☆☆

辨识要点： 豆科金雀儿属多年生小灌木。株高 20~40 厘米。掌状 3 出复叶，有时单叶，小叶长圆形，先端尖，基部楔形。总状花序顶生或腋生，花冠黄色。花期春季。

莳养要诀： 播种繁殖，春季为适期。喜温暖、湿润及光照充足的环境，较耐寒、不耐热。生长适温 18~25℃，5℃以上可安全越冬。生长期保持基质湿润，不可积水，防止烂根。不喜重肥，每月施 1 次稀薄液肥即可，入冬前施 1 次有机肥，对越冬有利。

行家提示： 耐修剪，花后剪除残枝，以促发新枝。

西洋杜鹃

Rhododendron × hybrida

种植难度：★★★☆☆　　市场价位：★★★☆☆
光照指数：★★★★☆　　浇水指数：★★★☆☆
施肥指数：★★☆☆☆

辨识要点： 又名西鹃、比利时杜鹃，为杜鹃花科杜鹃花属常绿灌木，株高 15~50 厘米。叶互生或簇生，长椭圆形。花有单瓣、半重瓣及重瓣，花有红、粉红、白色带粉红边或红白相间等色。花期全年。

莳养要诀： 以嫁接繁殖为主，春季及秋季为适期。喜温暖、湿润及半日照环境，较耐寒、不耐暑热。生长适温 16~25℃。喜疏松、肥沃的微酸性壤土。生长期保持基质湿润，天气干热时多向植株喷雾。冬天控水，保持稍润即可。施肥原则掌握薄肥勤施，每月施 1~2 次。炎热季节注意遮阴，以防枝叶晒伤。

行家提示： 花后修剪整形，将过密枝、徒长枝剪掉，并将植株短截，促发新枝。

毛鹃

Rhododendron × pulchrum

种植难度：★☆☆☆☆　　市场价位：★☆☆☆☆
光照指数：★★★★★　　浇水指数：★★★☆☆
施肥指数：★☆☆☆☆

辨识要点： 又名锦绣杜鹃，为杜鹃花科杜鹃花属常绿或半常绿灌木，高达 2~3 米。叶纸质，椭圆形至椭圆状披针形或矩圆状倒披针形。花 1~3 朵顶生枝端，花冠玫瑰红至亮红色，上瓣有浓红色斑。蒴果卵形。花期 4~5 月，果期 9~10 月。

蒔养要诀： 扦插繁殖为主，春秋为适期。喜温暖、湿润及光照充足的环境，耐半阴、耐寒、耐热。生长适温 18~30℃。喜疏松、排水良好的微酸性土壤。定植时须遮阴，以利缓苗。成活后粗放管理，每年补充 2~3 次矾肥水，可防止缺铁性黄化。栽培多年的植株可重剪更新复壮。

行家提示： 花后及时剪掉残花，以减少养分消耗。

杜鹃

Rhododendron simsii

种植难度：★☆☆☆☆　　市场价位：★☆☆☆☆
光照指数：★★★★★　　浇水指数：★★★☆☆
施肥指数：★☆☆☆☆

辨识要点： 又名映山红，为杜鹃花科杜鹃花属小乔木或灌木，株高 2~5 米。叶互生，常簇生顶端，卵形、椭圆状卵形或倒卵形。花 3~6 朵簇生枝顶，花冠成漏斗状，玫瑰色、鲜红或暗红色。蒴果卵球形。花期 4~5 月，果期 6~8 月。

蒔养要诀： 扦插繁殖为主，春秋为适期。喜温暖、湿润及光照充足的环境，耐半阴、耐寒、较耐热。生长适温 18~30℃。喜疏松、排水良好的微酸性土壤。粗放管理，生长期保持基质湿润，天气干旱时补充水分，每年施 2~3 次复合肥。耐修剪，可于花后进行。

行家提示： 本种为酸性土指示植物，须定期补充矾肥水，防止叶片缺铁性黄化。

海桐
Pittosporum tobira

种植难度：★☆☆☆☆　　市场价位：★★☆☆☆
光照指数：★★★☆☆　　浇水指数：★★★★★
施肥指数：★☆☆☆☆

辨识要点： 又名山矾，为海桐科海桐属常绿小乔木或灌木，高达3米。单叶互生，有时在枝顶簇生，倒卵形或卵状椭圆形，先端圆钝，基部楔形，全缘。聚伞花序顶生，花白色或带黄绿色，芳香。蒴果。花期5月，果期10月。

莳养要诀： 扦插或播种，扦插春至秋季均可进行，播种可于春季进行。喜温暖、湿润及光照充足的环境，耐热、耐瘠、耐旱、不耐寒。生长适温15~28℃。不择土壤，可粗放管理。植后浇水保湿，待新枝长出后施肥，每月施肥1次。成株不耐移植，如移植须带土球，植后遮阴并喷雾保湿。

行家提示： 耐修剪，于果期后进行，可根据需要对植株进行造型。

红木
Bixa orellana

种植难度：★★☆☆☆　　市场价位：★★☆☆☆
光照指数：★★★★★　　浇水指数：★★☆☆☆
施肥指数：★☆☆☆☆

辨识要点： 又名胭脂树，为红木科红木属常绿灌木或小乔木，株高3~7米。单叶互生、心状卵形或三角状卵形，先端渐尖，基部浑圆或近截形，全缘。圆锥花序顶生，花粉红色。蒴果卵形或近球形。花期夏秋季，果期秋冬季。

莳养要诀： 播种或高压法繁殖，播种于春季进行，高压法在生长期均可进行。喜温暖、湿润及光照充足的环境，耐热、不耐寒。生长适温22~30℃。生长期保持土壤湿润，施肥2~3次，复合肥为主。冬季落叶应修剪整形。

行家提示： 如植株过高，可重剪更新。种子外皮可做红色染料。

黄杨

Buxus sinica

种植难度：★☆☆☆☆　　市场价位：★☆☆☆☆
光照指数：★★★★☆　　浇水指数：★★☆☆☆
施肥指数：★☆☆☆☆

辨识要点： 又名瓜子黄杨、小叶黄杨，为黄杨科黄杨属灌木或小乔木，株高 1~6 米。叶革质，阔椭圆形、阔倒卵形、卵状椭圆形或长圆形，先端圆或钝，基部圆或急尖或楔形。花序头状，花密集。蒴果。花期 3 月，果期 5~6 月。

莳养要诀： 扦插繁殖为主，生长期为适期。喜温暖及阳光充足的环境，耐寒、不耐热。生长适温 15~26℃。不择土壤。定植时须带土球，以利缓苗。土壤不可过湿，以防叶片脱落。成活后粗放管理，对水肥要求不严，可根据长势情况浅水施肥。

行家提示： 耐修剪，在生长期随时可以进行，易成形。

八仙花

Hydrangea macrophylla

种植难度：★★★☆☆　　市场价位：★★☆☆☆
光照指数：★★★★☆　　浇水指数：★★★☆☆
施肥指数：★★☆☆☆

辨识要点： 又名绣球、紫阳花，为虎耳草科绣球属落叶或半常绿灌木，株高 0.5~1 米。叶椭圆形或倒卵形，边缘具钝锯齿。伞房花序顶生，球状，萼片粉红色、淡蓝色或白色，孕性花极少。花期 6~7 月。

莳养要诀： 扦插或分株繁殖，扦插可于梅雨季节进行，分株春季为适期。喜冷凉及半日照环境，较耐寒，不耐热。生长适温 15~25℃。喜肥沃、排水良好土壤。春季萌芽后注意充分浇水，保持土壤湿润，防止叶片凋萎。花期肥水要充足，每月施肥 1 次，以磷钾肥为主。生长期可对植株摘心，促发分枝。

行家提示： 花色受土壤酸碱度影响，为了加深蓝色，可在花蕾形成期施用硫酸铝；为保持粉红色，可在土壤中施用石灰。

圆锥绣球

Hydrangea paniculata

种植难度：★★☆☆☆　　市场价位：★☆☆☆☆
光照指数：★★★★★　　浇水指数：★★☆☆☆
施肥指数：★☆☆☆☆

辨识要点： 又名水亚木，为虎耳草科绣球花属落叶灌木，株高 2~3 米。叶对生，在上部有时 3 叶轮生，叶卵形或长椭圆形，先端渐尖，基部楔形，缘有锯齿。圆锥花序顶生，可育两性花小，白色，不育花大型，仅具 4 枚花瓣状萼片，白色，后渐变淡紫色。花期 8~9 月。

莳养要诀： 扦插、压条、分株繁殖，扦插及压条在生长期均可进行，分株以早春为宜。喜冷凉及阳光充足的环境，耐寒、不耐热。生长适温 16~25℃。对土壤要求不严，早春新芽萌发时，注意补水，以促其快速生长。每月施肥 1 次，复合肥或有机肥均可，雨季注意排水，防止烂根。

行家提示： 花后及时除去花茎，减少营养消耗，以促发新枝。

长春花

Catharanthus roseus

种植难度：★★☆☆☆　　市场价位：★☆☆☆☆
光照指数：★★★★★　　浇水指数：★★☆☆☆
施肥指数：★★☆☆☆

辨识要点： 又名日日新、日日春，为夹竹桃科长春花属常绿半灌木，株高 30~70 厘米。叶单叶对生，倒卵状矩圆形，全缘或微波状。聚伞形花序腋生或顶生，花有粉红色、紫红色、白色等。蓇葖双生。花果期几乎全年。

莳养要诀： 扦插或播种繁殖，扦插于生长期进行，播种春秋季为适期。喜温暖、湿润及阳光充足的环境，耐热、耐瘠、不耐寒。生长适温 20~30℃。喜肥沃、疏松和排水良好的中性至微酸性壤土。生长期保持基质湿润，不可渍涝，防止烂根。对肥料要求不高，生长期每月施肥 1 次，以复合肥为主。

行家提示： 小苗 3~4 片真叶可定植，摘心 2~3 次，促发侧枝。

重瓣狗牙花

Ervatamia divaricata 'Flore Pleno'

种植难度：★★☆☆☆　　市场价位：★★☆☆☆
光照指数：★★★★★　　浇水指数：★★★☆☆
施肥指数：★★☆☆☆

辨识要点： 又名马蹄香、豆腐花，为夹竹桃
科狗牙花属常绿灌木，株高约3米。单叶对生，
椭圆形或椭圆状矩圆形，顶端渐尖，基部楔形。
聚伞花序腋生，花白色，重瓣，高脚碟状。蓇葖果。花期5~11月。果期秋季。

莳养要诀： 扦插或高压法繁殖，生长期均可进行。喜温暖、湿润及光照充足的环境，
耐热、耐瘠、不耐寒。生长适温22~30℃。不择土壤，定植时施入基肥，并带宿土，
栽后浇透水。进入生长期后保持土壤湿润，天气干热时向植株周围喷水。对肥料要
求不严，每月施肥1次。

行家提示： 耐修剪，可随时将过密枝、枯枝剪掉，冬季休眠期时整形。

夹竹桃

Nerium indicum

种植难度：★☆☆☆☆　　市场价位：★☆☆☆☆
光照指数：★★★★★　　浇水指数：★★☆☆☆
施肥指数：★☆☆☆☆

辨识要点： 又名柳桃、柳叶桃，为夹竹桃科
夹竹桃属常绿灌木或小乔木，株高约5米。
叶革质轮生或对生。聚伞花序顶生，线状披
针形。花冠漏斗状，花色桃红色或白色，重瓣或单瓣。花期几乎全年，夏秋季最盛。
果期冬春两季。

莳养要诀： 扦插繁殖，生长期均可进行。喜温暖、湿润及光照充足的环境，耐瘠、耐
旱、稍耐寒、耐热。生长适温18~30℃。不择土壤。定植时施入基肥，并保持土壤
湿润，忌渍涝。成株可粗放管理，除天气干旱补水外，一般不用浇水与施肥。耐修剪，
可于花后进行。

行家提示： 在室内极易滞尘，应及时清洗叶面。全株有毒，且毒性极强，误食可致死。

古城玫瑰木
Ochrosia elliptica

种植难度：★★☆☆☆　　市场价位：★★☆☆☆
光照指数：★★★★★　　浇水指数：★★★☆☆
施肥指数：★★☆☆☆

辨识要点： 又名红玫瑰木，为夹竹桃科玫瑰树属常绿灌木，株高 3 米左右。叶近革质，光滑，绿色，通常为 4 叶轮生，先端渐尖，基部楔形。聚伞花序顶生，花白色。核果，成熟时呈玫瑰红色。花期 4~6 月，果期夏季。

莳养要诀： 播种或扦插繁殖，春季为适期。喜高温及光照充足的环境，耐热、不耐寒。生长适温 20~28℃。喜疏松、排水良好的沙质土壤。小苗定植后须保持土壤湿润，每月施肥 1 次，以氮肥为主。成株可粗放管理，一般不用浇水与施肥，入冬前最好施 1~2 次有机肥，可提高植株抗性。

行家提示： 耐修剪，休眠期可疏剪过密枝、徒长枝，以保持株型完美。

银脉爵床
Aphelandra squarrosa

种植难度：★☆☆☆☆　　市场价位：★★☆☆☆
光照指数：★★★☆☆　　浇水指数：★★★☆☆
施肥指数：★★☆☆☆

辨识要点： 又名银脉单药花，为爵床科单药花属多年生草本或灌木。叶大，先端尖，叶面具有明显的白色条纹状叶脉，叶缘波状。花顶生或腋生，金黄色。花期 6~7 月，果期 8 月。

莳养要诀： 扦插繁殖为主，生长期均可进行。喜高温、湿润及半日照环境，耐热、不耐寒。生长适温 22~28℃。喜疏松、肥沃的中性或微酸性土壤。生长期保持盆土湿润，室外种植时防止积水。光照过强时须遮光，防止灼伤叶片。半个月施 1 次复合肥，有机肥更佳。花后剪除残花。

行家提示： 低温及过于干旱易导致叶片脱落，注意补水及防寒。

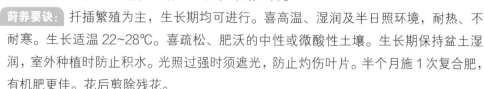

假杜鹃

Barleria cristata

种植难度：★★☆☆☆　　市场价位：★☆☆☆☆
光照指数：★★★★★　　浇水指数：★★★☆☆
施肥指数：★☆☆☆☆

辨识要点： 又名蓝钟花、洋杜鹃，为爵床科假杜鹃属常绿小灌木，株高 1~2 米。叶对生，椭圆形、长椭圆形或卵形，先端急尖，有时有渐尖头，基部楔形，全缘。花冠蓝紫色或白色，花冠 2 唇形。蒴果长圆形。花期 11 月至翌年 3 月，花期冬春季。

莳养要诀： 播种或扦插繁殖，种子随采随播，扦插于生长期均可进行。喜温暖、湿润及光照充足的环境。耐热、耐瘠、不耐寒。生长适温 20~30℃。不择土壤，生长期保持土壤湿润，每月施 1~2 次有机肥或复合肥。花期过后适当修剪。

行家提示： 多年栽培的老株株型变差，可于早春强剪更新。

珊瑚花

Cyrtanthera carnea

种植难度：★★☆☆☆　　市场价位：★★☆☆☆
光照指数：★★★★☆　　浇水指数：★★★☆☆
施肥指数：★☆☆☆☆

辨识要点： 又名巴西羽花，为爵床科珊瑚花属多年生草本或半灌木。株高 50~100 厘米。叶对生，长圆状卵形。圆锥花序顶生，花冠粉红色，形似珊瑚。蒴果。花期 6~11 月。

莳养要诀： 扦插繁殖，生长期均可进行。喜高温及阳光充足的环境，半日照下生长也佳，耐热、不耐寒。生长适温 22~30℃。喜肥沃、疏松的微酸性土壤。生长期保持土壤湿润，但不宜过湿，否则叶片易脱落，甚至烂根。对肥料要求不高，每月施肥 1 次，花期增施磷钾肥。花后要摘除残花，以免霉烂。

行家提示： 冬季休眠期可对植株修剪整形，多年老株也可短截更新。

可爱花

Eranthemum pulchellum

种植难度：★★☆☆☆　　市场价位：★★☆☆☆
光照指数：★★★★★　　浇水指数：★★★☆☆
施肥指数：★☆☆☆☆

辨识要点： 又名喜花草，为爵床科喜花草属常绿灌木，株高可达 2 米。叶对生，椭圆至卵形，顶端渐尖或长渐尖，基部圆或宽楔形并下延，具钝齿。穗状花序顶生或腋生，呈圆锥状，花冠深蓝色。蒴果。花期秋冬季。

莳养要诀： 扦插繁殖，春秋均可进行。喜高温及光照充足的环境，耐热、不耐寒。生长适温 20~28℃。喜疏松、肥沃、排水良好的微酸性土壤。定植时宜选择阳光充足之地，并施入基肥，成活后摘心促发分枝，保持基质湿润。每月施肥 1 次，以复合肥为主，冬季停肥控水。

行家提示： 温度过低时落叶，注意保温，可在冬季对植株进行修剪或强剪更新。

彩叶木

Graptophyllum pictum

种植难度：★★☆☆☆　　市场价位：★★☆☆☆
光照指数：★★★★★　　浇水指数：★★★☆☆
施肥指数：★★☆☆☆

辨识要点： 又名锦彩叶木，为爵床科紫叶属小灌木，植株高达 1 米。茎红色，叶对生，长椭圆形，先端尖，基部楔形。叶中肋泛布淡红、乳白、黄色彩斑。花期夏季。

莳养要诀： 扦插或分株繁殖，生长期均可进行。喜高温、高湿及光照充足的环境，耐热、不耐寒。生长适温 22~30℃。喜疏松、肥沃、排水良好的微酸性壤土。生长期保持基质湿润，天气干燥时多向植株喷雾，防止叶片焦枯。每月追施氮磷钾复合肥 1 次，氮肥宜稍多。

行家提示： 入冬后，叶片部分脱落，这时进入休眠期，可对枝条进行修剪，保持株型美观。

鸡冠爵床

Odontonema strictum

种植难度：★★☆☆☆　市场价位：★☆☆☆☆
光照指数：★★★★★　浇水指数：★★★☆☆
施肥指数：★☆☆☆☆

辨识要点： 又名鸡冠红、红苞花、红楼花，为爵床科鸡冠爵床属多年生常绿小灌木，株高60~120厘米。叶卵状披针形或卵圆状，对生，先端渐尖，基部楔形。聚伞花序顶生，红色。花期秋冬季。

莳养要诀： 扦插繁殖，生长期均可进行。喜温暖、湿润及光照充足的环境，耐热、耐瘠、不耐寒。生长适温18~28℃。对土壤适应性较强，生长期保持土壤湿润，不可积水。每月施1次复合肥，促其快速生长。虽然喜光，但在半日照及荫蔽处生长均佳，在光照充足之地开花良好。

行家提示： 花后剪除花枝，减少养分消耗。早春对植株进行修剪，可促发大量新枝。

金苞花

Pachystachys lutea

种植难度：★★☆☆☆　市场价位：★★☆☆☆
光照指数：★★★★★　浇水指数：★★★☆☆
施肥指数：★☆☆☆☆

辨识要点： 又名金包银、黄虾花，为爵床科厚穗爵床属多年生常绿灌木，株高50~80厘米。叶对生，长椭圆形或披针形，先端锐尖。穗状花序顶生，花苞金黄色，小花乳白色。花期从春至秋季。

莳养要诀： 扦插繁殖，生长期为适期。喜温暖、湿润及光照充足的环境，耐热、不耐寒。生长适温20~30℃。喜排水良好、肥沃的腐殖质土或沙质壤土。生长期保持土壤湿润，夏秋两季天气干燥时向叶面及周围环境喷水，以提高空气湿度。每月施1次复合肥。冬季控水并停止施肥。

行家提示： 植株老化开花减少时，可重剪更新。

金脉爵床
Sanchezia speciosa

种植难度：★☆☆☆☆　　市场价位：★★☆☆☆
光照指数：★★★★★　　浇水指数：★★★☆☆
施肥指数：★☆☆☆☆

辨识要点： 又名黄脉爵床，为爵床科黄脉爵床属常绿直立灌木，株高50~80厘米。叶对生，阔披针形，先端渐尖，基部宽楔形，叶缘具锯齿。圆锥花序顶生，花管状，黄色，苞片红色。花期春夏季。

莳养要诀： 扦插繁殖为主，生长期均可进行。喜高温及阳光充足的环境，耐热、耐瘠、不耐寒。生长适温22~30℃。喜疏松肥沃、排水良好的沙质壤土。定植时施基肥并遮阴，浇透水，以利缓苗。成活后可粗放管理，生长期不可积水及干旱。每月施肥1次，复合肥或有机肥均可。

行家提示： 耐修剪，入冬后短截，以促发分枝及更新，保持株型美观。

蓝花草
Ruellia brittoniana

种植难度：★☆☆☆☆　　市场价位：★★☆☆☆
光照指数：★★★★★　　浇水指数：★★★★☆
施肥指数：★★☆☆☆

辨识要点： 又名翠芦莉、人字草，为爵床科蓝花草属常绿小灌木，株高30~100厘米。单叶对生，线状披针形，全缘或具疏锯齿。花腋生，花冠漏斗状，蓝紫色。蒴果。花期由春至秋季，果期夏秋季。

莳养要诀： 播种、扦插或分株繁殖，播种随采随播，扦插在生长季节均可进行，分株宜在早春进行。喜温暖、潮湿及阳光充足的环境。生长适温22~30℃。不择土壤。生长期浇水掌握宁湿勿干的原则，不可缺水，在较湿的环境下也能良好生长。每月施肥1~2次，以复合肥为主。

行家提示： 冬季植株进入休眠时进行修剪，也可重剪，以可促发新芽，有利于第二年开花。

红花芦莉草

Ruellia elegans

种植难度：★★☆☆☆　　市场价位：★★☆☆☆
光照指数：★★★★★　　浇水指数：★★★☆☆
施肥指数：★☆☆☆☆

辨识要点： 又名艳芦莉、美丽芦莉草，为爵床科蓝花草属常绿小灌木。株高60~90厘米。叶椭圆状披针形或长卵圆形，对生，先端渐尖，基部楔形。花腋生，花冠筒状，5裂，鲜红色。花期夏秋季。

莳养要诀： 扦插繁殖为主，春秋季为适期。喜高温、湿润及光照充足的环境，耐热、不耐寒。生长适温22~30℃。喜富含有机质的中性至微酸性壤土或沙质壤土。定植时施入基肥，浇水掌握见干见湿的原则。对肥料要求一般，每月施肥1次，前期以氮肥为主，花期及花后增施磷钾肥。

行家提示： 早春进行修剪整形，可促发新枝，以利第二年开花。

硬枝老鸦嘴

Thunbergia erecta

种植难度：★★☆☆☆　　市场价位：★★☆☆☆
光照指数：★★★★★　　浇水指数：★★★☆☆
施肥指数：★☆☆☆☆

辨识要点： 又名蓝吊钟、立鹤花，为爵床科山牵牛属常绿灌木，株高1~2米。叶对生，卵形至长卵形，先端渐尖，基部楔形至圆形，边缘具波状齿或不明显3裂。花单生于叶腋，花冠斜喇叭形，蓝紫色，喉管部为黄色。花期几乎全年。

莳养要诀： 扦插或分株繁殖，扦插在生长季节均可进行，分株宜在春季进行。喜高温及阳光充足的环境，耐热、耐瘠、不耐寒。生长适温22~30℃。喜肥沃、排水良好的微酸性沙质土壤。定植时施基肥，保持土壤湿润。对肥料要求不高，除苗期施肥促其生长外，成株一般不用施肥。冬季休眠后进行修剪整形。

行家提示： 在干热的夏秋两季，可向植株周围及叶面喷水，以保持较高的空气湿度，有利于植株生长。

红檵木

Loropetalum chinense var. *rubrum*

种植难度：★☆☆☆☆ 　市场价位：★☆☆☆☆
光照指数：★★★★★ 　浇水指数：★★★☆☆
施肥指数：★☆☆☆☆

辨识要点： 又名红花檵木，为金缕梅科檵木属常绿灌木或小乔木，株高 4~9 米。叶互生，叶暗紫色，卵形或椭圆形，先端锐尖，全缘。花瓣 4 枚，紫红色线形。蒴果倒卵圆形。花期 4~5 月，果期 9~10 月。

莳养要诀： 多用嫁接法繁殖，也可用扦插法。喜温暖、湿润及阳光充足的环境，耐热、耐瘠、较耐寒。生长适温 16~28℃。喜疏松、肥沃的微酸性壤土。定植时带宿土并遮阴，浇透水保湿，并经常喷雾。成活后可粗放管理，一般每月施肥 1 次。

行家提示： 耐修剪，多于早春进行。生长期也可随时剪掉枯枝、病虫枝等。

金粟兰

Chloranthus spicatus

种植难度：★★☆☆☆ 　市场价位：★★☆☆☆
光照指数：★★★★☆ 　浇水指数：★★★☆☆
施肥指数：★☆☆☆☆

辨识要点： 又名珠兰，为金粟兰科金粟兰属常绿多年生亚灌木，株高 30~60 厘米。叶片长卵形或卵状椭圆形。穗状花序顶生，分枝成圆锥状，花黄绿色，芳香。花期 6~7 月。

莳养要诀： 分株、扦插或压条繁殖，分株宜在春季进行，扦插及压条在生长期均可进行。喜温暖、湿润及半日照环境，耐热、耐瘠、较耐寒。喜疏松、肥沃及排水良好的壤土，宜植于荫蔽的地方，并保持土壤湿润。雨季注意排水，防止烂根。每月施 1 次复合肥。花后修剪，以保持株型美观。

行家提示： 茎柔弱，易倒伏，在生长期可多次摘心促发侧枝，入冬后进行适当修剪。

金铃花
Abutilon striatum

种植难度：★★☆☆☆　市场价位：★★☆☆☆
光照指数：★★★★★　浇水指数：★★★☆☆
施肥指数：★★☆☆☆

辨识要点： 又名纹瓣悬铃花，为锦葵科苘麻属常绿灌木，株高 2~3 米。单叶互生，卵形，缘具粗齿，掌状 5 裂。单花腋生，有长而细的花柄，钟形，橙红色，具红色纹脉。花期春夏两季。

莳养要诀： 扦插或高压繁殖，生长期均可进行。喜温暖、湿润及阳光充足的环境，耐热、不耐寒。生长适温 18~28℃。喜肥沃、排水良好的微酸性土壤。浇水掌握见干见湿的原则，表土干后浇 1 次透水。生长期施 2~3 次复合肥即可。冬季减少浇水，并停止施肥。植株较高，必要时设立支柱。

行家提示： 株型较差，观赏性不佳，冬季可进行强剪更新。

小木槿
Anisodontea capensis

种植难度：★★★☆☆　市场价位：★★★☆☆
光照指数：★★★★★　浇水指数：★★★☆☆
施肥指数：★★☆☆☆

辨识要点： 又名玲珑扶桑、南非葵，为锦葵科玲珑扶桑属小灌木，株高可达 1.8 米，茎具分枝，绿色、紫红或棕色。叶互生，轮廓为三角状卵形，叶 5 裂，边缘具齿。花生于叶腋处，花瓣 5 枚，粉红色。花期春季。

莳养要诀： 扦插繁殖，在生长季节均可进行。喜温暖、湿润及光照充足的环境，较耐热、不耐寒。生长适温 18~26℃。喜疏松、肥沃的壤土。生长期土壤宜湿润，每月施肥 1~2 次，以补充开花消耗的养分。耐修剪，植株过高时可短截或进行造型。

行家提示： 植株具有向光性，应定期调整植株的受光面。

观赏苘麻
Abutilon hybrida

种植难度：★★☆☆☆　　市场价位：★★☆☆☆
光照指数：★★★★★　　浇水指数：★★★☆☆
施肥指数：★★☆☆☆

辨识要点： 又名大风铃花，为锦葵科苘麻属常绿灌木，株高 1~2 米，叶互生，先端渐尖，基部弯缺。花腋生，钟形，单瓣或重瓣，花冠桃红色、浅粉色、白色等。花期 5~10 月。

莳养要诀： 扦插或高压繁殖，生长期均可进行。喜温暖、湿润的环境。耐热、不耐寒。生长适温 18~26℃。喜排水良好的沙质壤土。生长期保持基质湿润，忌积水及渍涝，每月施肥 2~3 次。耐修剪，幼株可摘心促发分枝，多次摘心可矮化植株。冬季须保持在 10℃以下，低温落叶。

行家提示： 给予足够光照，否则开花不良。

木芙蓉
Hibiscus mutabilis

种植难度：★☆☆☆☆　　市场价位：★★☆☆☆
光照指数：★★★★★　　浇水指数：★★☆☆☆
施肥指数：★☆☆☆☆

辨识要点： 又名芙蓉花、拒霜花，为锦葵科木槿属落叶灌木或小乔木，株高 2~5 米。单叶互生，叶广卵形，3~5 裂，裂片三角形，基部心形，边缘具钝锯齿。花大，单生，单瓣、重瓣或半重瓣，白色或淡红色，后变深红色。蒴果。花期 10~11 月，果期 12 月。

莳养要诀： 扦插或高压繁殖，生长期均可进行。喜温暖、湿润及阳光充足的环境，耐热、较耐寒。生长适温 18~30℃。喜疏松、排水良好的壤土。定植时加强管理，保持土壤湿润，成株可粗放管理，每年施肥 2~3 次。萌蘖性强，可适当剪除部分蘖芽。

行家提示： 冬季对植株进行修剪，可根据情况进行，一般短截即可。

扶桑

Hibiscus rosa-sinensis

种植难度：★☆☆☆☆　　市场价位：★☆☆☆☆
光照指数：★★★★★　　浇水指数：★★☆☆☆
施肥指数：★★☆☆☆

辨识要点： 又名朱槿、大红花，为锦葵科木槿属常绿落叶灌木或小乔木。株高可达 2 米。叶互生，椭圆形，边缘有锯齿。花腋生，有单瓣及重瓣，有红、粉红、黄、橙、白、复色等多种花色。花期几乎全年。

莳养要诀： 扦插繁殖，生长期均可进行。喜温暖、湿润及阳光充足的环境，耐热、耐瘠、耐旱、不耐寒。生长适温 20~30℃。喜疏松、排水良好的土壤。定植成活后摘心促发分枝，多次摘心可使株型丰满。因花期长，消耗的养分较多，每月可施 2~3 次有机肥或复合肥。如植于过阴处，开花不良。

行家提示： 耐修剪，生长期可随时疏剪。植株栽培 2~3 年后，如开花不良时可重剪更新。

木槿

Hibiscus syriacus

种植难度：★☆☆☆☆　　市场价位：★☆☆☆☆
光照指数：★★★★★　　浇水指数：★★★☆☆
施肥指数：★☆☆☆☆

辨识要点： 又名朝开暮落花，为锦葵科木槿属落叶灌木或小乔木。株高 3~6 米。叶卵形或菱状卵形，先端尖，叶片不裂或中部以上呈 3 裂花单生叶腋，花冠钟状，有白、淡紫、淡红、紫红色。蒴果。花期 6~9 月，果期 9~11 月。

莳养要诀： 扦插繁殖为主。喜温暖、湿润及光照充足的环境，耐热、耐寒、耐瘠。生长适温 15~30℃。不择土壤。移植一般在早春进行，定植后保湿，易成活。可粗放管理。生长期保持土壤湿润，雨季注意排水。每年施 2~3 次复合肥。耐修剪，入冬后将枯枝、弱枝、病虫枝剪掉，以保持树形美观。

行家提示： 白色花可作为蔬菜食用。

垂悬铃花
Malvaviscus penduliflorus

种植难度：★★☆☆☆　　市场价位：★★☆☆☆
光照指数：★★★★★　　浇水指数：★★★☆☆
施肥指数：★★☆☆☆

辨识要点： 又名南美朱槿，为锦葵科悬铃花属常绿小灌木，株高 1~2 米。单叶互生，卵形至近圆形，先端长尖，基部广楔形至近圆形，边缘具钝齿。花单生于叶腋，红色，筒状，仅上部略开展，含苞状。花期全年。

蒔养要诀： 扦插繁殖，生长期均可进行。喜温暖、湿润及光照充足的环境，耐热、耐瘠、不耐寒。生长适温 20~28℃。对土壤适应性强，定植时施入有机肥。新枝抽生后可摘心促发分枝。生长期保持盆土湿润，每月施肥 1~2 次。冬季半休眠时控制浇水并停止施肥。

行家提示： 冬季低温时叶片部分脱落，观赏性下降，可进行修剪整形，多年生植株可重剪更新。

芙蓉菊
Crossostephium chinense

种植难度：★★☆☆☆　　市场价位：★★☆☆☆
光照指数：★★★★★　　浇水指数：★★★☆☆
施肥指数：★★☆☆☆

辨识要点： 又名香菊，为菊科芙蓉菊属常绿亚灌木，高 20~50 厘米。叶互生，叶片匙形或披针形。头状花序，金黄色，小球状。花果期全年。

蒔养要诀： 播种或扦插繁殖，以扦插为主，生长期为适期。喜温暖、湿润及光照充足的环境，耐热、耐旱、耐瘠、不耐寒。生长适温 18~26℃。喜肥沃、排水良好的壤土。生长期浇水掌握见干见湿的原则，天气干热时多向植株喷水，防止叶片焦枯。半个月施 1 次复合肥或有机肥。雨季防渍涝，以免烂根。盆栽时 2 年换盆 1 次。

行家提示： 耐修剪，在生长期可多次摘心，促其分株及矮化。

美丽口红花
Aeschynanthus speciosus

种植难度：★★★☆☆　　市场价位：★★★☆☆
光照指数：★★★★☆　　浇水指数：★★★☆☆
施肥指数：★★☆☆☆

辨识要点： 又名翠锦口红花，为苦苣苔科芒毛苣苔属多年生草本或亚灌木，肉质叶对生，卵状披针形，顶端尖。伞形花序生于茎顶或叶腋间，小花管状，弯曲，橙黄色，花冠基部绿色。花期7~9月。

莳养要诀： 扦插繁殖，生长期均可进行。喜温暖、湿润及半日照环境，耐热、不耐寒。生长适温 18~30℃。喜疏松、肥沃、排水良好的壤土，不可用黏质土壤栽培。在强光照下栽培，叶片易黄化，夏季及秋季注意遮阴。生长期保持土壤湿润，多向植株喷雾，入冬后土壤保持稍干燥。

行家提示： 2 年换盆 1 次，将过长根及烂根剔除，以促发新根。

蜡梅
Chimonanthus praecox

种植难度：★★★☆☆　　市场价位：★★★☆☆
光照指数：★★★★★　　浇水指数：★★☆☆☆
施肥指数：★☆☆☆☆

辨识要点： 又名腊梅、黄梅花，为蜡梅科蜡梅属落叶灌木，株高可达 5 米。叶对生，叶椭圆状卵形至卵状披针形，全缘。先花后叶，萼片花瓣状，外花被黄色，内轮紫色，蜡质，具浓香。聚合果紫褐色。花期 12 月至翌年 2 月。

莳养要诀： 嫁接、扦插或分株繁殖，以嫁接为主，春季进行为佳。喜温暖、湿润及光照充足的环境，耐寒、不耐暑热。生长适温 15~25℃。喜肥沃、排水良好的沙壤土。定植或移植宜在秋季落叶后或早春萌芽前进行，不宜过浅。生长期保持土壤湿润，每月施 1 次复合肥或有机肥。

行家提示： 蜡梅萌发力强，一般可于早春花谢后在基部保留 3 对芽，将其余部分强剪，以促发分枝。

米兰

Aglaia odorata

种植难度：★★★☆☆　　市场价位：★★☆☆☆
光照指数：★★★★★　　浇水指数：★★★☆☆
施肥指数：★★☆☆☆

辨识要点： 又名米仔兰、碎米兰，为楝科米仔兰属常绿灌木或小乔木，株高可达3米。叶互生，奇数羽状复叶，小叶3~5枚，革质，倒卵形或长圆状倒卵圆形。圆锥花序顶生或腋生，花小，黄色，极芳香。浆果。花期6~10月。

莳养要诀： 扦插或高压繁殖，扦插以梅雨季节为佳，压条在生长期均可进行。喜温暖、湿润及阳光充足的环境。生长适温22~30℃。喜疏松、肥沃的微酸性土壤。对水分敏感，不可大水或过湿，一般在基质半干时进行补水。半个月施1次有机肥或复合肥。幼苗定植及成活后注意遮阴，忌强光暴晒。

行家提示： 冬季寒冷时，如冷风吹袭，易落叶，要注意保温。

倒挂金钟

Fuchsia hybrida

种植难度：★★★☆☆　　市场价位：★★★☆☆
光照指数：★★★★★　　浇水指数：★★★☆☆
施肥指数：★★☆☆☆

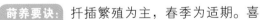
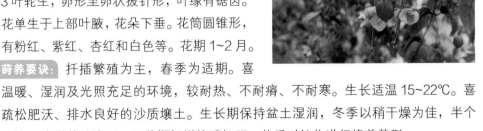

辨识要点： 又名灯笼花，为柳叶菜科倒挂金钟属亚灌木，株高30~150厘米。叶对生或3叶轮生，卵形至卵状披针形，叶缘有锯齿。花单生于上部叶腋，花朵下垂。花筒圆锥形，有粉红、紫红、杏红和白色等。花期1~2月。

莳养要诀： 扦插繁殖为主，春季为适期。喜温暖、湿润及光照充足的环境，较耐热、不耐瘠、不耐寒。生长适温15~22℃。喜疏松肥沃、排水良好的沙质壤土。生长期保持盆土湿润，冬季以稍干燥为佳，半个月施1次稀薄的液肥，开花期间增施磷钾肥。花后对植物进行修剪整形。

行家提示： 高温季节进入半休眠，土壤保持稍湿润即可，停止施肥。

结香

Edgeworthia chrysantha

种植难度：★★★☆☆　　市场价位：★★☆☆☆
光照指数：★★★★★　　浇水指数：★★★☆☆
施肥指数：★☆☆☆☆

辨识要点： 又名打结花、梦花，为瑞香科结香属落叶灌木，高达 2 米。叶纸质，互生，椭圆状长圆形或椭圆状披针形，全缘。花黄色，多数，芳香。核果。花期 3~4 月，果期 8 月。

莳养要诀： 扦插、压条或分株繁殖，扦插及分株以春季为佳，压条在生长期均可进行。喜温暖及阳光充足的环境，耐寒、不耐热。生长适温 15~25℃。喜肥沃、排水良好的土壤。定植时须带宿土，大苗带土球为佳，可提高成活率。生长期保持土壤潮湿，过于干旱易落叶，雨季注意防涝。对肥料要求不高，早春施 1 次磷钾肥，花后施含氮量较高的复合肥，可促进枝叶生长。

行家提示： 根颈处易长蘖芽，应及时去除，防止消耗养分。

马利筋

Asclepias curassavica

种植难度：★☆☆☆☆　　市场价位：★★☆☆☆
光照指数：★★★★★　　浇水指数：★★★☆☆
施肥指数：★☆☆☆☆

辨识要点： 又名莲生桂子花、金凤花，为萝摩科马利筋属多年生草本，株高约 1 米。单叶对生或 3 叶轮生，披针形或矩圆形披针形。伞形花序顶生或腋生，花冠裂片橘红色或紫红色，副花冠鲜黄色。花期 6~8 月，果期夏秋。

莳养要诀： 播种繁殖，春季为适期。喜温暖、湿润及光照充足的环境，耐热、耐瘠、不耐寒。生长适温 22~30℃。不择土壤。株高 20 厘米时摘心，可促发分枝。成株粗放管理，对水肥要求不严，虽然耐旱，但天气干旱应及时补水。在广东等部分地区已逸生。

行家提示： 全株有毒，尤以乳汁毒性较强，含强心甙，可作药用。

牛角瓜

Calotropis gigantea

种植难度：★★☆☆☆　　市场价位：★★☆☆☆
光照指数：★★★★★　　浇水指数：★★★☆☆
施肥指数：★☆☆☆☆

辨识要点： 又名羊浸树、断肠草，为萝藦科牛角瓜属直立灌木。叶对生，倒卵状长圆形或椭圆状长圆形。聚伞花序，腋生和顶生，花冠阔钟状，蓝紫色，副花冠 5 裂。蓇葖果。花果期几乎全年。

莳养要诀： 播种、扦插法繁殖，播种春季为适期，扦插在生长期均可进行。喜温暖、湿润及光照充足的环境。耐热、耐瘠、不耐寒。生长适温 22~30℃。不择土壤，可粗放管理。生长期保持土壤湿润。每年施 2~3 次复合肥，有机肥更佳。

行家提示： 根、茎、叶、果各部的白色汁液均有大毒和强烈的刺激性，食少量能引起呕吐和下泻。

钝钉头果

Gomphocarpus physocarpus

种植难度：★★☆☆☆　　市场价位：★★☆☆☆
光照指数：★★★★★　　浇水指数：★★★☆☆
施肥指数：★☆☆☆☆

辨识要点： 又名风船唐棉、气球果，为萝藦科钉头果属常绿灌木，株高 1~2 米。叶对生，线形。聚伞花序，花顶生或腋生，五星状，白色或淡黄色，有香气。蓇葖果，外果皮具软刺。花期 6~10 月，果熟期 10~12 月。

莳养要诀： 播种繁殖为主，春季为适期。喜温暖、湿润及光照充足的环境，耐热、耐瘠、不耐寒。生长适温 22~28℃。不择土壤，喜疏松、肥沃的微酸性壤土。生长期保持土壤湿润，每月施 1 次复合肥。冬季控水并停止施肥。植株过高时须设立柱，以防倒伏。

行家提示： 果期过后对植株进行修剪，也可短截，以促发新枝，有利于第二年开花。

假连翘

Duranta repens

种植难度：★☆☆☆☆　　市场价位：★☆☆☆☆
光照指数：★★★★★　　浇水指数：★★★☆☆
施肥指数：★☆☆☆☆

辨识要点： 又名金露花，为马鞭草科假连翘属常绿灌木。单叶对生或轮生，卵状披针形、椭圆形或倒卵形，全缘或上半部锯齿缘。花序为总状花序，顶生或腋出，花冠蓝紫色或白色。核果。温度适宜可全年开花。

莳养要诀： 扦插繁殖，生长期均可进行。喜温暖、湿润及光照充足的环境，耐热、耐瘠、耐旱、不耐寒。生长适温 22~32℃。不择土壤，可粗放管理。苗期水分要充足，每月追施 1 次液肥。成株管理粗放，室外定植的一般不用浇水与施肥。

行家提示： 耐修剪，可于早春进行，以促发新枝。

杜虹花

Callicarpa formosana

种植难度：★★☆☆☆　　市场价位：★★★☆☆
光照指数：★★★★★　　浇水指数：★★★☆☆
施肥指数：★★☆☆☆

辨识要点： 又名粗糠仔，为马鞭草科紫珠属落叶灌木，株高 1~3 米。叶对生，卵状椭圆形或椭圆形，先端渐尖，基部钝或圆形，边缘有细锯齿。聚伞花序腋生，花冠淡紫色，果实近球形，紫色。花期 5~7 月。果期 8~11 月。

莳养要诀： 播种繁殖为主，春季为适期。喜温暖、湿润及光照充足的环境，耐热、不耐寒。生长适温 20~30℃。喜排水良好、疏松肥沃的土壤。定植时施入适量有机肥，并适当遮阴。成株保持土壤湿润，每月施肥 1~2 次，也可于秋末冬初施 1 次有机肥。

行家提示： 耐修剪，在春季萌动前进行，将残枝、枯枝及徒长枝剪除。其枝条柔软，可造型。

臭牡丹

Clerodendrum bungei

种植难度：★☆☆☆☆　　市场价位：★☆☆☆☆
光照指数：★★★★★　　浇水指数：★★★☆☆
施肥指数：★☆☆☆☆

辨识要点： 又名大红袍，为马鞭草科大青属落叶灌木，株高 1~2 米。叶宽卵形或心形，顶端渐尖，基部宽楔形、截形或有时心形，边缘有锯齿或稍呈波状。聚伞花序密集成伞房状，花冠红色或玫瑰红色。核果。花期 7~11 月，果期 9 月以后。

莳养要诀： 播种、分株或根插繁殖，主要采用分株法，可于秋季或早春前进行。喜温暖、湿润及光照充足的环境，耐热、耐寒、耐旱。生长适温 16~26℃。喜肥沃、疏松的壤土。生长期保持土壤湿润，每年施肥 2~3 次。

行家提示： 冬季可将地上部分剪除，有利于第二年新枝萌发。

赪桐

Clerodendrum japonicum

种植难度：★★☆☆☆　　市场价位：★★☆☆☆
光照指数：★★★★★　　浇水指数：★★★☆☆
施肥指数：★☆☆☆☆

辨识要点： 又名状元红，为马鞭草科大青属多年生落叶或常绿灌木，株高 1~2 米。叶对生，宽卵形，顶端尖或渐尖，基部心形，边缘有细锯齿。圆锥状聚伞花序顶生，花红色。花期 5~7 月，果期 9~10 月。

莳养要诀： 播种、扦插或分株繁殖，播种及分株以春季为适期，扦插于生长期均可进行。耐热、不耐寒。生长适温 20~28℃。不择土壤。生长期间保持土壤湿润，夏天忌强阳光直射。每月施肥 1 次，有机肥、复合肥均可。

行家提示： 花后剪除残花，以减少养分消耗。多年老株可重剪更新。

重瓣臭茉莉

Clerodendrum philippinum

种植难度：★★☆☆☆　　市场价位：★★☆☆☆
光照指数：★★★★★　　浇水指数：★★☆☆☆
施肥指数：★☆☆☆☆

辨识要点： 又名白花臭牡丹，为马鞭草科大
青属落叶灌木，株高 50~120 厘米。叶片宽
卵形或近心形，顶端尖至渐尖，基部截形、
心形或浅心形，边缘有粗或细齿。伞房状聚伞花序顶生，花冠粉红色或近白色，有
香味。花果期 5~11 月。

莳养要诀： 扦插或分株繁殖，扦插在生长期均可进行，分株宜在早春进行。喜温暖、
湿润及光照充足的环境，耐热、耐瘠、不耐寒。生长适温 20~30℃。喜疏松、肥沃
的沙质壤土。移植时带宿土，新枝萌发后可正常管理。生长期保持土壤湿润，忌积水，
每年施 2~3 次薄肥。

行家提示： 耐修剪，可于花后进行。如株型较差，可重剪更新。

海州常山

Clerodendrum trichotomum

种植难度：★☆☆☆☆　　市场价位：★☆☆☆☆
光照指数：★★★★★　　浇水指数：★★★☆☆
施肥指数：★☆☆☆☆

辨识要点： 又名臭梧桐、泡火桐，为马鞭草
科大青属落叶灌木或小乔木，株高可达 8 米。
叶卵形、卵状椭圆形或三角状卵形，顶端渐
尖，基部截形或阔楔形，全缘或有波状齿。伞房状聚伞花序顶生或腋生，花萼初为
绿白色，后变为紫红色。核果。花果期 7~11 月。

莳养要诀： 以播种或分株繁殖为主，播种春季为适期，分株宜在秋季或早春进行。喜
温暖及阳光充足的环境，耐寒、耐瘠、不耐热。生长适温 15~26℃。对土壤适应性强，
可粗放管理。一般不用浇水与施肥，如天气干旱，应及时补充水分。

行家提示： 多年生老株如株型变差，可重剪更新。

蓝蝴蝶

Clerodendrum ugandense

种植难度：★★☆☆☆　　市场价位：★★★☆☆
光照指数：★★★★★　　浇水指数：★★★☆☆
施肥指数：★☆☆☆☆

辨识要点： 又名紫蝴蝶，为马鞭草科大青属常绿灌木，株高 50~120 厘米。叶对生，倒卵形至倒披针形，先端尖或钝圆。花冠白色，唇瓣紫蓝色，花期春夏季。

莳养要诀： 扦插繁殖，生长期均可进行。喜高温及阳光充足的环境，耐热、不耐寒。生长适温 22~32℃。喜疏松、肥沃的沙壤土。定植时施入适量有机肥，小苗带宿土，以利缓苗。生长期间保持土壤湿润，每月施 1 次稀薄复合肥。花后剪除花枝，以减少养分消耗。

行家提示： 如植株过高，观赏性变差，可重剪更新。

冬红

Holmskioldia sanguinea

种植难度：★★☆☆☆　　市场价位：★★☆☆☆
光照指数：★★★★★　　浇水指数：★★★☆☆
施肥指数：★☆☆☆☆

辨识要点： 又名帽子花，为马鞭草科冬红属常绿灌木，株高 3~10 米。叶对生，全缘或有齿缺，卵形，基部圆形或近平截。聚伞花序生于上部叶腋，花冠管状，橙红色。核果。花期秋末至春末。

莳养要诀： 扦插繁殖为主，生长期均可进行。喜高温及阳光充足的环境，全日照。生长适温 23~32℃。喜肥沃、排水良好的土壤。可裸根定植，施入基肥，浇透水保湿。成株粗放管理，可根据生长情况进行浇水与施肥。花后修剪，生长散乱的植株可重剪更新。

行家提示： 因主花期在冬季，红艳似火，故名冬红。

五色梅

Lantana camara

种植难度：★☆☆☆☆　　市场价位：★☆☆☆☆
光照指数：★★★★★　　浇水指数：★★☆☆☆
施肥指数：★☆☆☆☆

辨识要点： 又名马缨丹、臭草，为马鞭草科马缨丹属常绿小灌木，株高可达2米。叶对生，卵形或长圆状卵形。头状花序顶生或腋生，其上簇生多数小花，花冠高脚碟状，有红、粉红、黄、橙黄、白等多种颜色。核果。花期全年。

莳养要诀： 播种或扦插繁殖，播种春季为适期，扦插在生长期均可进行。喜温暖、湿润及光照充足的环境。耐热、耐瘠、耐旱、不耐寒。生长适温20~32℃。不择土壤。极粗生，可粗放管理。苗期摘心可促发分枝。一般不用施水与施肥，生长也良好。

行家提示： 耐修剪，冬季或早春进行。如植株生长散乱、老化，可重剪更新。

大叶醉鱼草

Buddleja davidii

种植难度：★★☆☆☆　　市场价位：★★☆☆☆
光照指数：★★★★★　　浇水指数：★★★☆☆
施肥指数：★☆☆☆☆

辨识要点： 又名绛花醉鱼草，为马钱科醉鱼草属半常绿灌木，株高1~5米。叶对生，狭卵形、狭椭圆形至卵状披针形，稀宽卵形，顶端渐尖，基部宽楔形至钝形，边缘具细锯齿。总状或圆锥状聚伞花序，花紫色至淡紫色，后变黄白色至白色，芳香。蒴果。花期5~10月，果期9~12月。

莳养要诀： 播种或扦插繁殖，春季为适期。喜温暖、湿润及光照充足的环境，耐寒、不耐热。生长适温18~25℃。对土壤适应性强。定植后摘心促发分枝，生长期保持土壤湿润，每年施肥2~3次，以复合肥为主。粗放管理。

行家提示： 花后剪掉残花，并适当整形修剪，过高枝条可短截。

牡丹

Paeonia suffruticosa

种植难度: ★★★★☆　　市场价位: ★★★★☆
光照指数: ★★★★★　　浇水指数: ★★★☆☆
施肥指数: ★★☆☆☆

辨识要点: 又名木芍药,为毛茛科芍药属落叶灌木,株高1~2米。叶互生,2回3出复叶,顶生小叶3裂。花单生枝顶,花大,花色有白、黄、粉、红、紫及复色,有单瓣、重瓣。蓇葖果。花期4~5月,果期夏秋季。

莳养要诀: 常用嫁接法繁殖,多于秋季进行。喜冷凉及阳光充足的环境,耐寒、不耐热、较耐旱。生长适温10~20℃。喜疏松、肥沃、排水良好的中性壤土或沙壤土。生长期保持土壤湿润,表土干后即可补水,不可积水。春到夏季以速效复合肥为主,入秋后施2次腐熟的有机肥。冬季根据生长情况定干,剪除干枯花枝,并可适当短剪或疏剪,保持树形美观。

行家提示: 盆栽时2~3年换盆1次,以秋季为宜。南方天气酷热,一般作一次性花卉栽培,花后即丢弃。

迎春

Jasminum nudiflorum

种植难度: ★★☆☆☆　　市场价位: ★★☆☆☆
光照指数: ★★★★★　　浇水指数: ★★☆☆☆
施肥指数: ★☆☆☆☆

辨识要点: 木樨科素馨属落叶灌木,高可达2米。叶对生,小叶卵形至矩圆形,先端急尖,全缘。花单生,黄色,先于叶开放。花期3~4月。

莳养要诀: 分株、压条或扦插法繁殖,扦插与分株可于春季进行,压条在生长期均可进行。喜冷凉及阳光充足的环境,耐寒、不耐热。生长适温15~24℃。不择土壤,可粗放管理。生长期保持土壤湿润,不能积水。每年施肥2~3次,入秋后最好施1次有机肥,以利于植株越冬。

行家提示: 定植后可保留基部30厘米长短截,侧枝长出后再次摘心,以促发侧枝,增加花枝数量。

茉莉花

Jasminum sambac

种植难度：★★★☆☆　　市场价位：★★★☆☆
光照指数：★★★★★　　浇水指数：★★★☆☆
施肥指数：★★☆☆☆

辨识要点： 又名茉莉，为木樨科素馨属常绿灌木，株高 0.5~2 米。单叶对生，全缘，椭圆形。聚伞花序顶生或腋生，花冠白色，单瓣或重瓣，芳香。浆果。花期 6~10 月。

莳养要诀： 扦插或压条繁殖为主，生长期均可进行。喜温暖、湿润及光照充足的环境，耐热、不耐寒。生长适温 22~30℃。喜富含腐殖质的微酸性沙质壤土。生长期除保持基质湿润外，天气干燥时多向植株喷雾保湿，休眠期控水。喜肥，盆栽时每月施 1~2 次复合肥。耐修剪，可于花后进行。如株型散乱，可重剪。

行家提示： 冬季低温时如土壤过湿，极易导致根腐及叶片脱落。

山指甲

Ligustrum sinense

种植难度：★☆☆☆☆　　市场价位：★★☆☆☆
光照指数：★★★★★　　浇水指数：★★★☆☆
施肥指数：★☆☆☆☆

辨识要点： 又名小蜡树，为木樨科女贞属半常绿灌木，植株高达 3~6 米。单叶对生，叶片纸质或薄革质，叶椭圆形或卵状椭圆形，或近圆形。圆锥花序顶生或腋生，花冠白色。浆果。花期 5~6 月，果期 11 月。

莳养要诀： 扦插、播种繁殖为主，春季为适期。喜温暖、湿润及光照充足的环境，耐热、耐寒、耐瘠。生长适温 15~28℃。不择土壤。粗放管理，对肥水要求不高，除苗期适当浇水施肥外，成株可自然生长。

行家提示： 耐修剪，可于花后进行，也可整形成绿篱栽培。

华北紫丁香
Syringa oblata

种植难度：★★☆☆☆　　市场价位：★★☆☆☆
光照指数：★★★★★　　浇水指数：★★★☆☆
施肥指数：★☆☆☆☆

辨识要点： 又名丁香、紫丁香，为木樨科丁香属落叶小乔木或灌木，高可达 4~5 米。单叶对生，椭圆形或圆卵形，端锐尖，基部心脏形，全缘。圆锥花序，花冠高脚碟状，花暗紫色，具芳香。果实椭圆形。花期 4~5 月，果期 8~10 月。

莳养要诀： 可分株、压条、嫁接、扦插、播种繁殖，以嫁接为主，6~7 月为适期。喜温暖及光照充足的环境，较寒、不耐暑热。生长适温 15~25℃。生长期保持土壤湿润，干旱天气及时补水。每月施 1 次复合肥，入秋后增施 1 次磷钾肥，忌氮肥过多，防止徒长。花后剪除残枝，并适当修剪，将弱枝、过密枝等剪除。

行家提示： 多年生老株如株型变差或植株老化，可于花后重剪更新。

含笑
Michelia figo

种植难度：★★★☆☆　　市场价位：★★★☆☆
光照指数：★★★★★　　浇水指数：★★★☆☆
施肥指数：★★☆☆☆

辨识要点： 又名香蕉花、烧酒花，为木兰科含笑属常绿灌木，株高 3~5 米。单叶互生，叶椭圆形至倒卵形。花单生于叶腋，乳黄色或乳白色，边缘常带紫晕色。花期 6~7 月，果期 9 月。

莳养要诀： 播种、高压、扦插或嫁接法繁殖，多以高压或扦插法繁殖，生长期均可进行。喜温暖、湿润及光照充足的环境，耐热、较耐寒。生长适温 18~30℃。不择土壤，以疏松、排水良好的壤土为佳。生长期每月施肥 1 次，以复合肥为主。保持土壤湿润，干旱季节须及时补充水分。冬季停肥，控制浇水，土壤稍湿润即可。

行家提示： 2 年换盆 1 次，剪除残根及枯根，有利于新根生长，花后可适当修剪。

贴梗海棠

Chaenomeles speciosa

种植难度：★★☆☆☆　　市场价位：★★☆☆☆
光照指数：★★★★★　　浇水指数：★★★☆☆
施肥指数：★☆☆☆☆

辨识要点： 又名皱皮木瓜，为蔷薇科木瓜属落叶灌木，株高达2米。单叶互生，卵形或椭圆形，先端渐尖。花簇生，粉红色、朱红色或白色，芳香。花期3~5月，果期8~9月。

蒔养要诀： 播种、扦插、高压、嫁接法繁殖，扦插为主，春季为适期。喜冷凉及光照充足的环境，耐寒、耐瘠、不耐热。生长适温15~25℃。不择土壤。对土壤要求不高，生长期保持土壤湿润，忌过湿。每月施1次复合肥，特别是花后应及时补充营养，秋季追施1次有机肥，以利于来年开花。生长期可适当疏剪过密枝条，短截1年生枝条，以控制其向上长势，有利于基部花芽萌发。

行家提示： 入秋后对植株进行修剪，将过密枝及弱枝剪除，以利通风并保持植株美观。

平枝栒子

Cotoneaster horizontalis

种植难度：★★☆☆☆　　市场价位：★☆☆☆☆
光照指数：★★★★★　　浇水指数：★★★☆☆
施肥指数：★☆☆☆☆

辨识要点： 又名铺地蜈蚣，为蔷薇科栒子属常绿或半常绿灌木，高约0.5米。叶小，厚革质，近卵形或倒卵形，先端急尖。花小，无柄，粉红色。果近球形，鲜红色。花期5~6月，果期9~10月。

蒔养要诀： 播种或扦插繁殖，以扦插为主，且以夏季为佳。喜冷凉及光照充足的环境，耐寒、不耐热。生长适温12~25℃。喜疏松、排水良好的沙质壤土。生长期保持土壤湿润，忌湿热和水涝环境。生长期每月施1次复合肥，开花前以磷钾肥为主。

行家提示： 入冬后剪掉枯枝、冗杂枝条，保持株型美观。

金边瑞香

Daphne odora f. *marginata*

种植难度：★★★★☆　　市场价位：★★★☆☆
光照指数：★★★★☆　　浇水指数：★★★☆☆
施肥指数：★★☆☆☆

辨识要点： 又名金边睡香，为瑞香科瑞香属多年生常绿小灌木，株高 60~90 厘米。单叶互生，长圆形或倒卵状椭圆形，先端钝尖，基部楔形。头状花序顶生，由数朵花至 12 朵花组成，花被筒状，花紫红色，香味浓郁。花期 3~5 月，果期 7~8 月。

莳养要诀： 常用高压及扦插法繁殖，生长期均可进行。喜冷凉及阳光充足的环境，耐寒、耐瘠、不耐暑。生长适温 18~26℃。喜疏松肥沃、排水良好的沙壤土。生长期土壤湿润即可，不可过湿，以免烂根。雨后及时排水，天气炎热时要喷水降温。生长季每月施肥 1~2 次。

行家提示： 萌发力强，耐修剪，可于花后进行。

白鹃梅

Exochorda racemosa

种植难度：★★☆☆☆　　市场价位：★★☆☆☆
光照指数：★★★★★　　浇水指数：★★★☆☆
施肥指数：★☆☆☆☆

辨识要点： 又名金瓜果，为蔷薇科白鹃梅属落叶灌木，株高 3~5 米。叶椭圆形至椭圆状卵形，全缘或中部以上有钝锯齿。总状花序，花白色。蒴果。花期 3~4 月，果期 6~8 月。

莳养要诀： 播种或扦插繁殖，可于春季进行。喜冷凉及阳光充足的环境，耐寒、耐瘠、不耐热。生长适温 16~26℃。不择土壤。生长期保持土壤湿润，雨季注意排水，每月施肥 1 次。随时将残枝、枯枝剪除，保持株型美观。

行家提示： 株型较差时注意修剪，可于花后及冬季进行，栽培 3~5 年后可重剪更新。

金叶风箱果

Physocarpus opulifolius 'Lutein'

种植难度：★★☆☆☆　　市场价位：★★☆☆☆
光照指数：★★★★★　　浇水指数：★★★☆☆
施肥指数：★★☆☆☆

辨识要点： 蔷薇科风箱果属落叶灌木，株高
1~2米。羽状复叶，小叶长椭圆形，先端渐尖，
基部楔形，边缘有细锯齿，金黄色或淡黄绿色。
顶生伞形总状花序，花白色。果实卵形。花期春季。

莳养要诀： 扦插繁殖，春季为适期。喜冷凉及光照充足的环境，耐寒、不耐热。生长
适温16~25℃。喜疏松、肥沃的壤土。生长期保持土壤湿润，干后及时补水，每月
施肥1~2次。冬季落叶后进行修剪，每个枝保留5~6个芽，以利第二年抽生壮枝。

行家提示： 光照充足时叶片金黄，在弱光或荫蔽环境中则转绿。

郁李

Prunus japonica

种植难度：★★☆☆☆　　市场价位：★★☆☆☆
光照指数：★★★★★　　浇水指数：★★★☆☆
施肥指数：★☆☆☆☆

辨识要点： 又名赤李、山梅，为蔷薇科李属
落叶灌木，株高达1.5米。叶互生，卵状披
针形，先端尾状渐尖，基部圆形，边缘有尖
锐重锯齿。春季花叶同时开放，花单生或2~3簇生，粉红色或近白色。核果。花期
4~6月，果期7~8月。

莳养要诀： 分株或扦插法繁殖，春季为适期。喜冷凉及阳光充足的环境，耐寒、耐瘠、
不耐热。生长适温15~26℃。以排水良好的沙质壤土为佳。移植最好在落叶后到萌
芽前进行，植后浇透水。成活后即可粗放管理，天气干旱时及时补水，每月施1次
复合肥。冬季适当修剪枯枝、弱枝，每3~5年可重剪更新。

行家提示： 根部萌蘖较多，应及时除去，防止消耗营养及影响株型。

榆叶梅
Prunus triloba

种植难度：★★☆☆☆　　市场价位：★★☆☆☆
光照指数：★★★★★　　浇水指数：★★★☆☆
施肥指数：★☆☆☆☆

辨识要点： 蔷薇科李属落叶灌木或小乔木，株高 3~5 米。叶宽椭圆形至倒卵形，先端尖或为 3 裂状，基部宽楔形，边缘有不等的粗重锯齿。花粉红色，常 1~2 朵生于叶腋。核果。花期春季，果熟期秋季。

莳养要诀： 常用分株及嫁接法繁殖，分株早春为适期，嫁接可于夏季进行。喜冷凉及阳光充足的环境，耐寒、耐瘠、不耐热。生长适温 15~24℃。生长旺季保持土壤湿润，开花前施磷钾肥，花后及时对花枝适度短截，以促进新枝萌发。冬季修剪过密枝、细弱枝、病虫枝。

行家提示： 植株整形非常重要，否则株型散乱。整形可于苗期进行，通过短截、修剪等手段使株型美观。

火棘
Pyracantha fortuneana

种植难度：★★☆☆☆　　市场价位：★★★☆☆
光照指数：★★★★★　　浇水指数：★★★☆☆
施肥指数：★☆☆☆☆

辨识要点： 又名火把果、救军粮，为蔷薇科火棘属常绿灌木或小乔木。单叶互生，倒卵形或倒卵状长圆形，先端钝圆开微凹，有时具短尖头，基部楔形，边缘有钝锯齿。复伞房花序，花白色。花期 4~5 月，果期 9~11 月。

莳养要诀： 播种、扦插繁殖，春季为适期。喜温暖、湿润及光照充足的环境，耐热、耐寒、耐瘠、耐旱。生长适温 18~30℃。喜排水良好、酸碱适中的肥沃土壤。除苗期注意浇水、施肥外，成株粗放管理，可根据生长情况进行浇水与施肥。如株型较散乱，可通过修剪整形，对结果枝短截，以促进新枝开花结果。

行家提示： 果实可食，磨粉可作代食品。

春花

Raphiolepis indica

种植难度：★☆☆☆☆　　市场价位：★☆☆☆☆
光照指数：★★★★★　　浇水指数：★★★☆☆
施肥指数：★☆☆☆☆

辨识要点： 又名石斑木，为蔷薇科石斑木属常绿直立灌木，株高 1~4 米。叶卵形至矩圆形或披针形，先端短，渐尖或略钝，基部狭而成一短柄，边缘有小锯齿。圆锥花序或总状花序顶生，花白色或淡粉红色。梨果。花期 4 月，果期 7~8 月。

莳养要诀： 播种或扦插繁殖，播种于春季进行，扦插在生长期均可进行。喜温暖、湿润及阳光充足的环境，耐热、耐瘠，不甚耐寒。生长适温 18~28℃。不择土壤，粗放管理，一般不用浇水与施肥。耐修剪，从苗期开始修剪整形。

行家提示： 果实可食。

鸡麻

Rhodotypos scandens

种植难度：★★☆☆☆　　市场价位：★★☆☆☆
光照指数：★★★★★　　浇水指数：★★★☆☆
施肥指数：★☆☆☆☆

辨识要点： 又名白棣棠，为蔷薇科鸡麻属落叶灌木，株高 2~3 米。叶对生，卵形至椭圆状卵形。花白色，花瓣 4 枚。花期 4 月，果期 6~7 月。

莳养要诀： 播种、分株、扦插繁殖，播种及分株于春季进行，扦插在生长期均可进行。喜冷凉及阳光充足的环境。耐寒、耐瘠、不耐热。生长适温 15~25℃。不择土壤，生长期土壤宜湿润，忌积水，雨季注意排水。每年施肥 2~3 次。冬季适当修剪整形。

行家提示： 多年栽培植株老化后应重剪更新。

现代月季
Rosa hybrida

种植难度：★★☆☆☆　　市场价位：★★★☆☆
光照指数：★★★★★　　浇水指数：★★★☆☆
施肥指数：★★★☆☆

辨识要点： 蔷薇科蔷薇属常绿或半常绿灌木，株高达 2 米。奇数羽状复叶，小叶 3~5 枚，卵状椭圆形。花常数朵簇生，单瓣或重瓣，花色极多，有红、黄、白、粉、紫及复色等。花期几乎全年。

莳养要诀： 嫁接、扦插、高压法繁殖，普通品种可用扦插法，优良品种多用嫁接及高压法，生长期均可进行。喜全日照。生长适温 15~25℃。喜肥沃、疏松的微酸性沙质土壤。生长旺盛，对肥水要求较高，生长期不能缺水，天气干旱时及时补充水分。每月施肥 2~3 次，以复合肥为主，有机肥为辅。花蕾过多应及时除掉。

行家提示： 生长期随时抹芽，剪除残枝及徒长枝。如株型变差，可重剪更新。

玫瑰
Rosa rugosa

种植难度：★★★★☆　　市场价位：★★★☆☆
光照指数：★★★★★　　浇水指数：★★★☆☆
施肥指数：★★☆☆☆

辨识要点： 又名徘徊花，为蔷薇科蔷薇属落叶灌木，株高达 2 米。奇数羽状复叶，小叶 5~9 枚，椭圆形至倒卵状椭圆形，锯齿钝。花单生或 3~6 朵集生，常为紫红色，芳香。花期 5~8 月，果期 9~10 月。

莳养要诀： 扦插或播种繁殖，扦插在生长期均可进行，播种于春季进行。喜冷凉及阳光充足的环境。耐寒、不耐热。生长适温 15~24℃。喜疏松肥沃、排水良好的微酸性沙壤土。生长期保持土壤湿润，雨季注意排水，每月施肥 1~2 次。现蕾后如花蕾过多应适当疏蕾，花后及时剪掉残花。入秋后施 1 次有机肥。

行家提示： 多年生老株衰老，可于根部重剪更新。

黄刺玫

Rosa xanthina

种植难度：★★☆☆☆　　市场价位：★★☆☆☆
光照指数：★★★★★　　浇水指数：★★★☆☆
施肥指数：★☆☆☆☆

辨识要点： 又名刺玫花、黄刺莓，为蔷薇科蔷薇属落叶灌木，株高达 3 米。奇数羽状复叶，小叶常 7~13 枚，近圆形或椭圆形，边缘具锯齿。花单生，黄色，单瓣或半重瓣。花期 5~6 月，果期 7~8 月。

莳养要诀： 常用扦插及分株繁殖，春季为适期。喜冷凉及阳光充足的环境，耐寒、耐瘠、不耐热。生长适温 15~24℃。不择土壤。定植时施足基肥，浇透水保湿。成株可粗放管理，雨季要注意排水防涝，入秋后施 1 次有机肥。花后剪掉残花及枯枝，冬季剪除老枝、枯枝及弱枝。

行家提示： 1~2 年生枝条尽量不要短剪，以免减少开花数量。

华北珍珠梅

Sorbaria kirilowii

种植难度：★★☆☆☆　　市场价位：★★☆☆☆
光照指数：★★★★★　　浇水指数：★★★☆☆
施肥指数：★☆☆☆☆

辨识要点： 又名吉氏珍珠梅、珍珠梅，为蔷薇科珍珠梅属落叶丛生灌木，株高可达 3 米。羽状复叶，小叶披针形至长圆状披针形，先端渐尖，稀尾尖，基部圆形至宽楔形，边缘有尖锐重锯齿。顶生圆锥花序，花小白色，雄蕊与花瓣等长或稍短。蓇葖果。花期 6~7 月，果期 9~10 月。

莳养要诀： 以扦插及压条法繁殖为主，以春夏季为佳。喜冷凉及阳光充足的环境，耐寒、耐瘠、不耐热。生长适温 25~26℃。对土壤适应性强。生长期保持土壤湿润，每月施肥 1 次，开花前增施磷钾肥。花后及时剪除花枝，以减少营养消耗。入冬后对植株进行修剪，将过密枝、残枝、弱枝等剪除。

行家提示： 多年生植株老化后，在靠近地面处强剪更新，促发新枝。

珍珠梅

Sorbaria sorbifolia

种植难度：★★☆☆☆　　市场价位：★★☆☆☆
光照指数：★★★★★　　浇水指数：★★★☆☆
施肥指数：★☆☆☆☆

辨识要点： 又名东北珍珠梅，为蔷薇科珍珠梅属落叶灌木，株高可达 2 米。羽状复叶，小叶对生，披针形至卵状披针形，先端渐尖，稀尾尖，基部近圆形或宽楔形，边缘有尖锐重锯齿。顶生大型密集圆锥花序，小花白色，雄蕊长于花瓣。花期 7~8 月，果期 9 月。

莳养要诀： 以扦插及压条法繁殖为主，以春夏季为佳。喜冷凉及阳光充足的环境，耐寒、耐瘠、不耐热。生长适温 25~26℃。对土壤适应性强，可粗放管理。生长期保持土壤湿润，每月施肥 1 次。花后及时剪除残花，减少营养消耗，以保持植株美观。入冬后对植株进行修剪，将过密枝、残枝、弱枝等剪除。多年生植株老化后，在靠近地面处强剪更新，促发新枝。

行家提示： 萌芽力强，可保留强壮者，剪除老株，以更新复壮。

粉花绣线菊

Spiraea japonica

种植难度：★★☆☆☆　　市场价位：★★☆☆☆
光照指数：★★★★★　　浇水指数：★★★☆☆
施肥指数：★☆☆☆☆

辨识要点： 又名日本绣线菊，蔷薇科绣线菊属落叶灌木，株高可达 1.5 米。单叶互生，卵状披针形至披针形，先端尖，边缘具缺刻状重锯齿。复伞房花序，花粉红色。蓇葖果。花期 6~7 月，果期 8~9 月。

莳养要诀： 以扦插或分株繁殖为主，扦插在生长期均可进行，分株以早春为佳。喜温暖、湿润及光照充足的环境，耐寒、较耐热。生长适温 18~26℃。喜肥沃、湿润的沙质壤土。生长期保持土壤湿润，每月施肥 1 次。花后剪除残枝。

行家提示： 生长 2~3 年，可于冬季落叶后重剪更新复壮。

棣棠

Kerria japonica

种植难度：★☆☆☆☆　　市场价位：★★☆☆☆
光照指数：★★★★★　　浇水指数：★★★☆☆
施肥指数：★☆☆☆☆

辨识要点： 又名地棠，为蔷薇科棣棠花属落叶灌木，株高达 2 米。单叶互生，卵形或卵状椭圆形，边缘具重齿。花单瓣，黄色。瘦果。花期 4~5 月。

莳养要诀： 以分株、扦插法繁殖，春季为适期。喜冷凉及阳光充足的环境，耐寒、耐旱、不耐热。生长适温 15~25℃。喜深厚肥沃、排水良好的疏松土壤。生长期保持土壤湿润，每月施肥 1 次，入秋后施 1 次有机肥，以增加植株抗性。冬季剪去枯枝、弱枝及病虫枝。

行家提示： 栽培 2~3 年后重剪更新。

白蟾

Gardenia jasminoides var. *fortuniana*

种植难度：★★☆☆☆　　市场价位：★★★☆☆
光照指数：★★★★★　　浇水指数：★★★☆☆
施肥指数：★☆☆☆☆

辨识要点： 茜草科栀子花属常绿灌木或小乔木，株高达 2 米。叶对生或 3 叶轮生，长椭圆形或倒卵状披针形，全缘。花单生于枝端或叶腋，白色，芳香。花期 5~7 月，果期 8~11 月。

莳养要诀： 扦插繁殖，生长期均可进行。喜温暖、湿润及光照充足的环境，耐热、耐旱、不耐瘠。生长适温 18~28℃。喜疏松肥沃的沙质酸性壤土。生长期要保证水分充足，表土干后即浇 1 次透水，天气干热时多向植株喷雾保湿，保持叶片光亮。每半个月施肥 1 次，最好有机肥与复合肥交替使用。

行家提示： 生长期施 2~3 次矾肥水，以防止叶片缺铁性黄化。

希茉莉
Hamelia patens

种植难度：★★☆☆☆　　市场价位：★★☆☆☆
光照指数：★★★★★　　浇水指数：★★★☆☆
施肥指数：★☆☆☆☆

辨识要点： 又名长隔木，为茜草科长隔木属多年生常绿灌木，株高 2~3 米。叶轮生，长披针形，全缘。聚伞圆锥花序，顶生，管状花橘红色。温度适宜，可全年开花。

莳养要诀： 扦插繁殖，生长期均可进行。喜高温、湿润及光照充足的环境，耐热、耐瘠、不耐寒。生长适温 20~28℃。喜排水、保水良好的微酸性沙质壤土。可粗放管理，苗期宜摘心促发分枝。如土质肥沃可不用施肥，或根据植株长势决定施肥次数。

行家提示： 萌芽力强，耐修剪，可于主花期过后进行。

龙船花
Ixora chinensis

种植难度：★☆☆☆☆　　市场价位：★★☆☆☆
光照指数：★★★★★　　浇水指数：★★★☆☆
施肥指数：★☆☆☆☆

辨识要点： 又名英丹，为茜草科龙船花属绿小灌木，株高 0.5~2 米。叶对生，椭圆形或倒卵形，先端急尖，基部楔形，全缘。聚伞花序顶生，花冠高脚碟状，红色。浆果。花期全年。

莳养要诀： 扦插繁殖为主，生长期均可进行。喜温暖、湿润及光照充足的环境，耐热、耐瘠、不耐寒。生长适温 22~32℃。喜富含腐殖质、疏松、肥沃的酸性土壤。苗期摘心促发分枝。生长期保持土壤湿润，过旱及过湿都易导致落叶。每月施肥 1 次。耐修剪，可于花后修剪，调整株型。

行家提示： 如温度过低，易引发落叶，冬季室内尽量摆放于光线充足的地方。

红纸扇

Mussaenda erythrophylla

种植难度：★★★☆☆　　市场价位：★★☆☆☆
光照指数：★★★★★　　浇水指数：★★★☆☆
施肥指数：★★☆☆☆

辨识要点： 又名红玉叶金花，为茜草科玉叶
金花属半落叶灌木，株高 1~3 米。叶对生，
椭圆形披针状，顶端长渐尖，基部渐窄。聚伞花序顶生，花萼裂片 5 枚，其中 1 枚
明显增大为红色花瓣状，花冠金黄色。花期夏季，果期秋季。

莳养要诀： 扦插繁殖为主，生长期为适期。喜高温、湿润及阳光充足的环境，耐热、
不耐寒。生长适温 22~32℃。喜排水良好、富含腐殖质的壤土或沙质壤土。室外定
植时选择向阳地块，有利越冬。生长期保持土壤湿润，每月施肥 1~2 次。如土质良好，
不用特殊管理。

行家提示： 耐修剪，花后剪除残枝。冬季温度过低时则落叶，如株型变差可重剪更新。

粉萼花

Mussaenda hybrida 'Alicia'

种植难度：★☆☆☆☆　　市场价位：★★☆☆☆
光照指数：★★★★★　　浇水指数：★★★☆☆
施肥指数：★★★☆☆

辨识要点： 又名粉萼金花，为茜草科玉叶金
花属半落叶灌木，株高 1~3 米。叶对生，长
椭圆形，顶端渐尖，基部楔形，全缘。聚伞
房花序顶生，花萼裂片 5 枚，全部增大为粉
红色花瓣状，花冠金黄色，喉部淡红色。花期 6~10 月。

莳养要诀： 扦插繁殖，生长期均可进行。喜温暖、湿润及阳光充足的环境，耐热、
不耐寒。生长适温 20~30℃。喜富含腐殖质的壤土或沙壤土。因开花较多，对水肥
要求也较高，生长期保持土壤湿润，每月施肥 1~2 次。如栽植于过阴地方，光线不
足则开花不良。

行家提示： 耐修剪，花后剪除残花并整形。如株型变差，可重剪促发新枝萌发。

虾仔花
Woodfordia fruticosa

种植难度：★★☆☆☆　　市场价位：★★☆☆☆
光照指数：★★★★★　　浇水指数：★★★☆☆
施肥指数：★☆☆☆☆

辨识要点： 又名五福花，为千屈菜科虾仔花属多年生常绿灌木，株高 3~5 米。叶对生，披针形或卵状披针形，顶端渐尖，基部圆形或心形。圆锥花序短聚伞状，鲜红色，花瓣小，淡黄色。花期春季，果期秋季。

莳养要诀： 扦插繁殖为主，生长期均可进行。喜温暖、湿润及光照充足的环境，耐热、耐瘠、不耐寒。生长适温 20~28℃。定植时施入适量有机肥，植后浇透水，保持土壤湿润，每年施肥 2~3 次即可。

行家提示： 开花多，花后可适当修剪整形，一般不需重剪。

木本曼陀罗
Brugmansia arborea

种植难度：★★☆☆☆　　市场价位：★★☆☆☆
光照指数：★★★★★　　浇水指数：★★★☆☆
施肥指数：★★☆☆☆

辨识要点： 又名大花曼陀罗，为茄科木曼陀罗属常绿半灌木，株高约 2 米。叶卵状心形，顶端渐尖，全缘，微波状或有不规则缺刻状齿。花单生，下垂，花冠长漏斗状，花白色，芳香。花期 6~10 月。

莳养要诀： 扦插或播种繁殖，扦插在生长期均可进行，播种于春季进行。喜温暖、湿润及光照充足的环境，耐热、不耐寒。生长适温 18~30℃。对土壤要求不严，定植时疏松土壤并施入有机肥。生长期土壤保持湿润，过湿根系易烂，过干老叶易黄化脱落。生长季节施肥 2~3 次，复合肥及有机肥均可。盆栽 2~3 年换盆 1 次。

行家提示： 耐修剪，植株老化或过高时可于花后重剪更新。

黄花曼陀罗
Brugmansia pittieri

种植难度：★★☆☆☆　　市场价位：★★☆☆☆
光照指数：★★★★★　　浇水指数：★★★☆☆
施肥指数：★★☆☆☆

辨识要点： 茄科木曼陀罗属常绿半灌木，株高 30~90 厘米。叶片长卵状披针形，全缘或疏锯齿。花筒状，黄色。蒴果。花期全年，春夏季最盛。

莳养要诀： 扦插或播种繁殖，扦插在生长期均可进行，播种于春季进行。喜温暖、湿润及光照充足的环境，耐热、不耐寒。生长适温 18~30℃。喜疏松、排水良好的壤土。定植时施入适量有机肥，并保持湿润，过湿时易烂根，过干时老叶易脱落。生长季节施肥 2~3 次。盆栽 2~3 年换盆 1 次。

行家提示： 耐修剪，植株老化或过高时可于花后重剪更新。

鸳鸯茉莉
Brunfelsia acuminata

种植难度：★★★☆☆　　市场价位：★★☆☆☆
光照指数：★★★★★　　浇水指数：★★★☆☆
施肥指数：★☆☆☆☆

辨识要点： 又名番茉莉、双色茉莉，为茄科鸳鸯茉莉属多年生常绿灌木，高 50~100 厘米。单叶互生，矩圆形或椭圆状矩形，先端渐尖，全缘。花单生或呈聚伞花序，初开时淡紫色，随后变成淡雪青色，再后变成白色。浆果。花期 4~10 月。

莳养要诀： 扦插或高压法繁殖，生长期均可进行。喜温暖、湿润及阳光充足的环境，耐热、耐瘠、不耐寒。生长适温 20~30℃。喜富含腐殖质、疏松肥沃、排水良好的微酸性土壤。生长季节保持水分充足，并经常向叶面喷水。雨季注意排水，冬季控水。每年施肥 2~3 次。花后修剪，以保持株型优美。

行家提示： 防止植于过阴处或偏施氮肥，以免徒长，开花不良。

黄花夜香树
Cestrum aurantiacum

种植难度：★★★☆☆　　市场价位：★★★☆☆
光照指数：★★★★★　　浇水指数：★★★☆☆
施肥指数：★☆☆☆☆

辨识要点： 又名黄瓶子花，为茄科夜香树属灌木。叶卵形或阔楔形，全缘。总状聚伞花序顶生或腋生，花萼钟状，花冠筒状漏斗形，具芳香。浆果。花期春至秋季。

莳养要诀： 扦插繁殖为主，生长期均可进行。喜高温、湿润及光照充足的环境，耐热、耐瘠、不耐寒。生长适温23~30℃。对土壤适应性强。对水肥要求不高，可粗放管理，可根据植株长势确定浇水与施肥时间。

行家提示： 花后适当进行疏枝和短剪，以保持优美株型。

洋素馨
Cestrum nocturnum

种植难度：★★☆☆☆　　市场价位：★★☆☆☆
光照指数：★★★★★　　浇水指数：★★★☆☆
施肥指数：★☆☆☆☆

辨识要点： 又名夜香树、夜丁香，为茄科夜香树属直立或近攀缘常绿灌木，株高2~3米。单叶互生，矩圆状卵形或矩圆状披针形，先端渐尖，基部近圆形或宽楔形，全缘。伞房式聚伞花序，腋生或顶生，花黄绿色，芳香。浆果。花期夏秋季，果期冬春季。

莳养要诀： 扦插繁殖为主，生长期均可进行。喜全日照。生长适温23~30℃。喜富含有机质、疏松肥沃的中性至微酸性土壤。苗期开始摘心，以促发分枝。对水肥要求不高，生长期保持基质湿润即可，每年施肥2~3次，入冬前最好施1次有机肥。盆栽2年换盆1次，剪除残根及过长根，并将植株短截。

行家提示： 枝条易散乱，过高时可重剪更新。

紫瓶子花
Cestrum purpureum

种植难度：★★★☆☆　　市场价位：★★★☆☆
光照指数：★★★★★　　浇水指数：★★★☆☆
施肥指数：★☆☆☆☆

辨识要点： 又名瓶儿花、紫夜香花，茄科夜香树属常绿灌木。叶互生，卵状披针形，先端短尖，边缘波浪形。伞房状花序，腋生或顶生，花紫红色。浆果。花期夏秋，果期4~5月。

莳养要诀： 扦插繁殖，生长期均可。喜高温、湿润及阳光充足的环境，耐热、耐瘠、不耐寒。生长适温 23~30℃。以疏松、肥沃的沙质壤土为佳。定植时施入有机肥，成活后短截促发分枝。每个生长季节施肥2~3 次复合肥即可，有机肥更佳。冬季控制浇水，并停肥。花后及时剪除残花。

行家提示： 株型较差时，可于花后修剪整形，将过高枝条短截。

棱瓶花
Juanulloa mexicana

种植难度：★★☆☆☆　　市场价位：★★★☆☆
光照指数：★★★★★　　浇水指数：★★☆☆☆
施肥指数：★★☆☆☆

辨识要点： 棱瓶花属常绿灌木，直立，枝稀疏，株高 1.5 米。单叶互生，常聚生于枝顶，椭圆形，全缘，绿色，叶背面被毛。花序短，下垂，花萼及花瓣橙色，花萼宿存可达数周。花期春季。

莳养要诀： 扦插繁殖。性喜阳光及温暖气候，耐热、不耐寒，忌霜冻。生长适温 18~30℃。栽培选用疏松、肥沃的沙质壤土。生长期保持湿润，忌过度浇水，以防烂根。每月施 1 次复合肥。花后可对植株修剪短截，以促花侧枝。

行家提示： 温度适宜，则全年可生长，以不低于 10℃为宜。

珊瑚豆

Solanum pseudocapsicum var. *diflorum*

种植难度：★☆☆☆☆　　市场价位：★★☆☆☆
光照指数：★★★★★　　浇水指数：★★★☆☆
施肥指数：★☆☆☆☆

辨识要点： 又名冬珊瑚、珊瑚樱，为茄科茄属常绿小灌木，株高可达1米。叶互生，叶披针状椭圆形，先端尖或钝。花单生或数朵簇生，花小，白色。果圆形，成熟时红色或橙红色。花期夏秋季，果期秋冬季。

莳养要诀： 播种繁殖，春季为适期。喜温暖、湿润及阳光充足的环境，耐热、耐瘠、不耐寒。生长适温15~28℃。喜肥沃、疏松、排水良好的土壤。苗期浇水不宜过多，以免徒长。摘心2~3次，促分侧枝并形成圆满株形。成株时保持土壤湿润，每月施肥1次，以复合肥为主，花期及结果期增施磷钾肥。

行家提示： 习果期过后可适当修剪整形。

糯米条

Abelia chinensis

种植难度：★★☆☆☆　　市场价位：★★☆☆☆
光照指数：★★★★★　　浇水指数：★★★☆☆
施肥指数：★★☆☆☆

辨识要点： 又名茶条树，为忍冬科六道木属落叶灌木，株高约2米。叶对生，卵形或卵状椭圆形，边缘具疏浅齿。聚伞花序顶生或腋生，花冠漏斗状，粉红色或白色，具芳香。花期7~8月，果熟期10月。

莳养要诀： 扦插或播种繁殖，播种春季为适期，扦插在生长期均可。喜冷凉及阳光充足的环境，耐寒、耐瘠、较耐热。生长适温18~26℃。喜疏松、排水良好的壤土。定植后摘心促发分枝。生长期保持基质湿润，每月施肥1~2次。苗期以氮肥为主，开花前增施磷钾肥。

行家提示： 花后剪除残花，老株可重剪更新。

猬实

Kolkwitzia amabilis

种植难度：★★☆☆☆　　市场价位：★★☆☆☆
光照指数：★★★★★　　浇水指数：★★★☆☆
施肥指数：★★☆☆☆

辨识要点： 又名蝟实，为忍冬科猬实属落叶灌木，高达 3 米。单叶对生，卵形至卵状椭圆形，基部圆形，先端渐尖，叶缘疏生浅齿或近全缘。顶生伞房状聚伞花序，每一聚伞花序有 2 花，粉红色，喉部黄色。瘦果状核果卵形。花期 5~6 月，果期 8~10 月。

莳养要诀： 扦插、分株或播种繁殖，可于春季进行。喜冷凉及阳光充足的环境。生长适温 18~25℃。不择土壤，以深厚肥沃、排水良好的土壤为佳。喜湿润，较耐旱。定植可于早春或秋季落叶后进行，并施入有机肥。生长期保持土壤湿润，雨季要注意排水。每月施 1~2 次复合肥，入秋后施 1 次有机肥，有利于植株越冬。

行家提示： 开花后如不留种，剪掉残花，并疏剪枝条，促发新枝。

金银木

Lonicera maackii

种植难度：★★☆☆☆　　市场价位：★★☆☆☆
光照指数：★★★★★　　浇水指数：★★★☆☆
施肥指数：★☆☆☆☆

辨识要点： 又名金银忍冬，为忍冬科忍冬属落叶性小乔木，常丛生成灌木状，高可达 6 米。单叶对生，叶呈卵状椭圆形至披针形，先端渐尖。花对腋生，2 唇形花冠，初开时为白色，后变为黄色。浆果球形。花期 5~6 月，果熟期 8~10 月。

莳养要诀： 播种或扦插繁殖，春季为适期。喜冷凉及阳光充足的环境，耐热、耐瘠。生长适温 18~26℃。对土壤适应性强，一般土壤均可良好生长。生长期注意保持土壤湿润。每月施肥 1~2 次，入秋后施 4 次有机肥，以利越冬。

行家提示： 多年生老株开花减少，可重剪更新。

接骨木
Sambucus williamsii

种植难度：★☆☆☆☆　　市场价位：★★☆☆☆
光照指数：★★★★★　　浇水指数：★★★☆☆
施肥指数：★★☆☆☆

辨识要点： 又名续骨草，为忍冬科接骨木属落叶灌木至小乔木，株高 4~8 米。奇数羽状复叶对生，小叶椭圆状披针形，先端尖至渐尖，基部阔楔形，缘具锯齿。圆锥状聚伞花序顶生，白色至淡黄色。浆果球形。花期 4~6 月，果期 6~9 月。

莳养要诀： 以播种、扦插繁殖为主，春季为适期。喜冷凉及阳光充足的环境，耐寒、耐瘠、不耐热。生长适温 15~24℃。对土壤要求不严。生长期保持土壤湿润，如天气干旱，及时浇水。根系较茂盛，对肥料吸收较多，每月可施 1~2 次复合肥。

行家提示： 早春对植株进行修剪，过密枝疏剪时尽量保留一二年生枝。

枇杷叶荚蒾
Viburnum rhytidophyllum

种植难度：★★☆☆☆　　市场价位：★★★☆☆
光照指数：★★★★★　　浇水指数：★★★☆☆
施肥指数：★★☆☆☆

辨识要点： 又名皱叶荚蒾、山枇杷，为忍冬科荚蒾属常绿灌木，高达 4 米。单叶对生，叶厚革质，卵状长圆形，顶端尖或略钝，基部圆形或近心形，全缘或有小齿。复伞花序，花冠白色。核果卵形。花期 5~6 月，果期 9~10 月。

莳养要诀： 常用播种、扦插法繁殖，春季为适期。喜冷凉及阳光充足的环境，耐寒、耐旱、不耐热。生长适温 18~26℃。怕风，栽培地点最好为背风处。喜深厚肥沃、排水良好的沙质土壤。生长季注意补水，忌干旱及渍涝。每月施肥 1~2 次。

行家提示： 主枝易萌发徒长枝，可随时剪除。

天目琼花

Viburnum opulus subsp. *calvescens*

种植难度：★★☆☆☆　　市场价位：★★★☆☆
光照指数：★★★★★　　浇水指数：★★★☆☆
施肥指数：★★☆☆☆

辨识要点： 又名鸡树条荚蒾，为忍冬科荚蒾属落叶灌木，高约 3 米。单叶对生，叶宽卵形至卵圆形，通常 3 裂，边缘具不规则的齿。聚伞花序，边缘有大型不孕花，中间为两性花，花冠乳白色。核果近球形。花期 5~6 月，果期 8~9 月。

莳养要诀： 常用扦插、压条法繁殖。喜光、耐旱、较耐阴、不耐热。生长适温 15~25℃。喜深厚肥沃、富含腐殖质、排水良好的壤土。定植时须施入基肥，但不能与小苗的根系接触，防止烧根。每月施肥 1~2 次，以复合肥为主。入秋施 1 次有机肥，有利于植株越冬。

行家提示： 落叶后可对植株进行疏剪，将弱枝、枯枝剪除，长枝短截。

海仙花

Weigela coraeensis

种植难度：★★☆☆☆　　市场价位：★★☆☆☆
光照指数：★★★★★　　浇水指数：★★★☆☆
施肥指数：★★☆☆☆

辨识要点： 又名五色海棠、朝鲜锦带花，为忍冬科锦带花属落叶灌木，高达 5 米。叶对生，宽椭圆形或倒卵形。花数朵组成腋生聚伞花序。花冠漏斗状钟形，初开时黄白色或淡玫瑰红色，后变为深红色。蒴果柱形。花期 5~6 月，果期 7~9 月。

莳养要诀： 以扦插及分株繁殖为主，春季为适期。耐寒，不耐热。生长适温 15~25℃。对土壤要求不严，以肥沃、排水良好的沙质壤土为佳。生长期适度浇水，雨季注意排水，防渍涝，每月施肥 1~2 次。花谢后及时剪除残花，以减少养分消耗。冬季或早春适度修剪，将枯枝、弱枝及病虫枝剪除。

行家提示： 每年秋季施 1 腐熟堆肥，可提高植株抗性。

锦带花

Weigela florida

种植难度：★★☆☆☆ 　市场价位：★★☆☆☆
光照指数：★★★★★ 　浇水指数：★★★☆☆
施肥指数：★★☆☆☆

辨识要点： 又名锦带，为忍冬科锦带花属落叶灌木，高可达 5 米。叶对生，椭圆形或卵状椭圆形，边缘有锯齿。花 1~4 朵组成聚伞花序，生于小枝顶端或叶腋。花冠漏斗状钟形，玫瑰红色。蒴果柱状。花期 5~6 月，果期 10 月。

莳养要诀： 分株、扦插繁殖为主，春季为适期。喜光照，耐寒、不耐热。生长适温 15~25℃。喜土层深厚、肥沃、排水良好的沙质土壤。生长季节保持土壤湿润，忌积水。每月施 1~2 次复合肥。花谢后剪掉残花，减少养分消耗。2~3 年可重剪 1 次，剪去 3 年以上老枝，促进植株更新。

行家提示： 花芽主要着生于 1~2 年生枝条上，早春不可重剪。

数珠珊瑚

Rivina humilis

种植难度：★★☆☆☆ 　市场价位：★★☆☆☆
光照指数：★★★★★ 　浇水指数：★★★☆☆
施肥指数：★☆☆☆☆

辨识要点： 又名蕾芬、珊瑚珠、小商陆，为商陆科蕾芬属半灌木，株高 30~100 厘米。叶稍稀疏，互生，叶片卵形，顶端长渐尖，基部急狭或圆形，边缘有微锯齿。总状花序直立或弯曲，腋生，稀顶生，花白色或粉红色。浆果，红色或橙色。花果期几乎全年。

莳养要诀： 播种繁殖，春季为适期。喜温暖、湿润及阳光充足的环境，耐热、耐瘠、不耐寒。生长适温 20~28℃。不择土壤。生长期水分要充足，不可过干，否则叶片易脱落。每个生长季节施肥 2~3 次。如株型较差，可于果期后适当修剪整形。

行家提示： 习性极强健，在部分国家及地区已逸为野生；果枝可用于瓶插观赏。

神秘果

Synsepalum dulcificum

种植难度：★★★☆☆　　市场价位：★★★☆☆
光照指数：★★★★★　　浇水指数：★★★☆☆
施肥指数：★☆☆☆☆

辨识要点： 又名奇迹果，为山榄科神秘果属常绿灌木，树高可达 2~5 米。叶倒披针形或倒卵形。花开叶腋，花乳白或淡黄色，全年开花，花有淡香。浆果，成熟后呈鲜红色。花期 2~5 月，果期 4~7 月。

莳养要诀： 播种或高压法繁殖，播种宜随采随播，高压在生长期均可。喜高温、高湿及阳光充足的环境，耐热、不耐寒。生长适温 22~30℃。喜肥沃、排水良好的微酸性沙质土壤。定植后保持土壤湿润，每月施肥 1~2 次，并适当遮阴。成株可粗放管理，根据长势进行浇水、施肥。果期过后可对植株适当修剪。

行家提示： 神秘果食后能改变人的味觉，几小时内吃酸涩植物感觉是甜的，可用作调味剂。

红瑞木

Swida alba

种植难度：★☆☆☆☆　　市场价位：★☆☆☆☆
光照指数：★★★★★　　浇水指数：★★★☆☆
施肥指数：★☆☆☆☆

辨识要点： 又名凉子木，为山茱萸科梾木属落叶灌木，高可达 3 米。单叶全缘对生，椭圆形。聚伞花序顶生，花小，白色至黄白色。核果乳白或略带蓝白色。花期 5~7 月，果期 8 月 ~10 月。

莳养要诀： 播种、扦插或压条法繁殖，播种及扦插于早春进行，压条在生长期均可。性喜冷凉、湿润及光照充足的环境，耐寒、耐瘠、不耐热。生长适温 16~25℃。对土壤要求不高。生长季节保持土壤湿润，并施肥 2~3 次。入冬前增施 1 次有机肥，可增强植株抗性。

行家提示： 冬季落叶后对植株修剪，多年老株如株型变差，可重剪更新。

茶梅

Camellia sasanqua

种植难度：★★★☆☆　　市场价位：★★★☆☆
光照指数：★★★★☆　　浇水指数：★★★☆☆
施肥指数：★★☆☆☆

辨识要点： 又名小茶梅，为山茶科山茶属常绿灌木，株高 1~2 米。叶互生，椭圆形或长椭圆形，叶缘具细锯齿。花顶生，桃红、粉红、白等色，有单瓣和重瓣之分。花期秋冬季。

莳养要诀： 常用扦插法繁殖，多于春季进行。喜温暖、阴湿及半日照的环境，耐热、稍耐寒。生长适温 16~26℃。喜富含腐殖质、排水良好的微酸性土壤。养护时注意遮阴，过强的光照会灼伤叶片。生长期土壤以湿润为佳，但不能积水或长期过湿，天气干热时向植株喷雾保湿。每月施肥 1~2 次，复合肥及有机肥交替施用。入秋最后施 1 次有机肥，有利于植株越冬。

行家提示： 如花蕾过多，及时疏蕾，花后剪除残花，防止养分消耗过多。

黄金榕

Ficus microcarpa 'Golden Leaves'

种植难度：★☆☆☆☆　　市场价位：★☆☆☆☆
光照指数：★★★★★　　浇水指数：★★★☆☆
施肥指数：★☆☆☆☆

辨识要点： 又名黄叶榕、黄斑榕，为桑科榕属多年生常绿小乔木，多作为灌木栽培。单叶互生，叶形为椭圆形或倒卵形，嫩叶呈金黄色，老叶则为深绿色。隐头花序。花期 5~6 月。

莳养要诀： 扦插繁殖，生长期均可。喜温暖、湿润及阳光充足的环境，耐热、耐瘠、不耐寒，全日照。生长适温 20~30℃。不择土壤。习性强健，可粗放管理，生长期保持基质湿润，生长季节施肥 2~3 次即可。耐修剪，多用作绿篱。

行家提示： 盆栽 2~3 年换盆 1 次，将过长根及残根剪掉，并适当修剪枝条。

石榴

Punica granatum

种植难度：★★★★☆　市场价位：★★★☆☆
光照指数：★★★★★　浇水指数：★★★☆☆
施肥指数：★☆☆☆☆

辨识要点： 又名安石榴、海石榴、若榴，为石榴科石榴属落叶灌木或小乔木，在热带则变为常绿树。树高可达 7 米。叶对生或簇生，呈长披针形至长圆形，或椭圆状披针形。花有单瓣、重瓣之分，花多红色，也有白色和黄、粉红、玛瑙等色。浆果，果期 9~10 月。花石榴花期 5~10 月。

莳养要诀： 常用扦插法繁殖，春季为适期。喜温暖、湿润及光照充足的环境，耐热、耐寒。生长适温 16~28℃。喜肥沃、排水良好的壤土。生长期须对植株整形，否则生长散乱，应将杂乱枝、徒长枝及萌蘖枝剪除并定干。土壤宜湿润，果实成熟前宜稍干燥。每月施 1 次复合肥或有机肥。

行家提示： 盆栽 2~3 年换盆 1 次，于春季萌芽前进行。

南美苏铁

Zamia furfuracea

种植难度：★★☆☆☆　市场价位：★★☆☆☆
光照指数：★★★★★　浇水指数：★★☆☆☆
施肥指数：★☆☆☆☆

辨识要点： 又名阔叶铁树、南美苏铁，苏铁科泽米铁属常绿灌木。株高 30~150 厘米。羽状复叶集生茎端，小叶近对生，长椭圆形至披针形，边缘中部以上有齿。雌雄异株。花期夏初。

莳养要诀： 常用分株及播种繁殖，春季为适期。喜温暖、湿润及光照充足的环境，耐热、不耐寒。生长适温 20~30℃。喜疏松、肥沃的沙质壤土。生长旺盛期保持盆土湿润，并向植株喷雾保湿。对肥料要求不高，生长期每月施肥 1 次。冬季停止施肥并控水。

行家提示： 幼株常用作小盆栽，成株须定时清理残枝及败叶。

美花红千层
Callistemon citrinus

种植难度：★★☆☆☆　　市场价位：★☆☆☆☆
光照指数：★★★★★　　浇水指数：★★★☆☆
施肥指数：★★☆☆☆

辨识要点： 灌木，高 1~2 米。叶互生，条形，坚硬，无毛，有透明腺点，中脉明显，无柄。穗状花序，有多数密生的花。花红色。蒴果。花期春秋季。

蒔养要诀： 扦插繁殖。喜高温及阳光充足的环境，耐潮湿，耐热，不耐寒。生长适温 18~30℃。土壤以疏松、肥料为宜，稍黏重也可。生长期多浇水，保持土壤湿润，忌干燥。每年施 1~2 次有机肥，有利于植株增强抗逆性。

行家提示： 花后修剪，对植株进行整形。

红果仔
Eugenia uniflora

种植难度：★★☆☆☆　　市场价位：★★☆☆☆
光照指数：★★★★★　　浇水指数：★★☆☆☆
施肥指数：★☆☆☆☆

辨识要点： 又名番樱桃、扁樱桃，为桃金娘科番樱桃属常绿灌木或小乔，高可达 6 米。叶卵形至卵状披针形，先端渐尖，钝头，基部圆形或微心形。花单生聚生叶腋，白色，稍芳香。浆果扁圆形，熟时深红色。花期春季。

蒔养要诀： 播种、扦插繁殖，播种春季为适期，扦插在生长期均可。喜高温、高湿及阳光充足的环境，耐热、耐寒、耐瘠。生长适温 23~30℃。喜疏松、排水良好微酸性壤土。习性强健。苗期土壤以稍湿润为佳，不可过湿，防止徒长。施肥以复合肥为佳，忌偏施氮肥。成株可粗放管理。果期过后对植株修剪。

行家提示： 果可食用，但味道不佳。

松红梅

Leptospermum scoparium

种植难度：★★★☆☆　　市场价位：★★★☆☆
光照指数：★★★★★　　浇水指数：★★★☆☆
施肥指数：★★☆☆☆

辨识要点： 又名澳洲茶树，为桃金娘科松红梅属常绿小灌木，植株高约 2 米。叶互生，线形或线状披针形。花有单瓣及重瓣之分，花色有红、桃红、粉红或深红色，花心多为深褐色，蒴果。花期 2~9 月。

莳养要诀： 常用扦插及压条法繁殖，春季为适期。喜温暖、湿润及阳光充足的环境，耐热、耐瘠、不耐寒。生长适温 18~25℃。生长期保持基质湿润，稍干燥也可正常生长，雨季注意排水。每月施 1~2 次复合肥。枝条较密，花后将细弱枝、过密枝等剪除。

行家提示： 如室内盆栽，夏季中午不要置于阳光强烈的地方，防止灼伤叶片。

桃金娘

Rhodomyrtus tomentosa

种植难度：★☆☆☆☆　　市场价位：★☆☆☆☆
光照指数：★★★★★　　浇水指数：★★★☆☆
施肥指数：★☆☆☆☆

辨识要点： 又名山稔，为桃金娘科桃金娘属常绿小灌木，株高 0.5~2 米。叶对生，椭圆形或倒卵形。聚伞花序腋生，有花 1~3 朵。花紫红色而带白晕，后期变为淡白色。浆果。花期 4~9 月。

莳养要诀： 播种繁殖为主，采后即播。喜温暖、湿润及光照充足的环境，耐瘠、耐热、不耐寒。生长适温 15~28℃。不择土壤，以微酸性壤土为佳。可粗放管理，生长期保持土壤湿润，稍干旱也可正常生长。一般不用施肥。一般果期过后对植株修剪整形。

行家提示： 果成熟后可食用。

金丝桃

Hypericum monogynum

种植难度：★★☆☆☆　　市场价位：★★☆☆☆
光照指数：★★★★★　　浇水指数：★★★☆☆
施肥指数：★★☆☆☆

辨识要点： 又名金丝海棠，为藤黄科金丝桃属半常绿或常绿灌木，高 1 米左右。单叶对生，长椭圆形，全缘，具透明油点。花单生或聚合成聚伞花序，黄色。蒴果卵圆形。花期 5~9 月，果期 8~9 月。

莳养要诀： 播种、扦插或分株繁殖，播种及分株于春季进行，扦插在生长期均可。喜温暖、湿润及光照充足的环境，较耐热、稍耐寒。生长适温 15~25℃。对土壤要求不严，以肥沃、排水良好的壤土为佳。生长期保持土壤湿润，忌过湿。每月施 1~2 次复合肥或有机液肥，冬季停肥控水。

行家提示： 花后对植株进行整剪，促其多萌发新梢和促使植株更新。

非洲芙蓉

Dombeya wallichii

种植难度：★★★☆☆　　市场价位：★★★☆☆
光照指数：★★★★★　　浇水指数：★★★☆☆
施肥指数：★☆☆☆☆

辨识要点： 梧桐科吊芙蓉属落叶或常绿灌木，株高 2~6 米。叶心形，较大，粗糙。花大型，由叶腋间抽生而出，粉红色，由 20 余朵小花构成悬重花球。花期冬春季。

莳养要诀： 扦插繁殖为主，生长期均可。喜高温、高湿及阳光充足的环境，耐热、耐瘠、不耐寒。生长适温 20~28℃。可耐短时间低温，叶片遇低温呈现古铜色并落叶。喜疏松、肥沃、排水良好的沙质土壤。对水肥要求不高，生长期保持土壤湿润，干旱天气注意补水。每个生长季节施肥 2~3 次，复合肥即可。花开败后宿存，观赏性极差，及时剪掉。

行家提示： 非洲芙蓉生长快速，可整形成小乔木；可于每年冬季落叶后重剪更新。

孔雀木

Schefflera elegantissima

种植难度：★☆☆☆☆　　市场价位：★★☆☆☆
光照指数：★★★★★　　浇水指数：★★★☆☆
施肥指数：★☆☆☆☆

辨识要点： 又名手树，为五加科孔雀木属常绿小乔木或灌木。叶面革质，暗绿色，互生，叶片掌状，具粗锯齿的叶缘，呈放射状着生。复伞状花序，生于茎顶叶腋处。黄绿色小花不明显。

莳养要诀： 高压或扦插繁殖，生长期均可。喜高温、湿润及阳光充足的环境，较耐阴、耐热、不耐寒。生长适温 22~28℃。8℃以上可安全越冬。喜疏松、肥沃的壤土。习性强健，可粗放管理。盆栽时注意水肥管理，保持土壤湿润，半干时浇 1 次透水，每月施 1 次复合肥。

行家提示： 植株过于高大时，可短截更新。

八角金盘

Fatsia japonica

种植难度：★☆☆☆☆　　市场价位：★★☆☆☆
光照指数：★★★★☆　　浇水指数：★★★☆☆
施肥指数：★☆☆☆☆

辨识要点： 又名手树，为五加科八角金盘属常绿灌木或小乔木，株高约 2 米。叶掌状，革质有光泽，深裂，裂片为卵状长椭圆形。圆锥形聚伞花序顶生，黄白色。浆果。花期10~11 月，果期翌年 4~5 月。

莳养要诀： 扦插繁殖为主，生长期均可。喜温暖、湿润环境，较耐阴、耐湿、较耐寒。生长适温 15~25℃。喜肥沃、疏松的中性至微酸性土壤。生长期保持盆土湿润，表土干后及时补水。天气干燥时，向植株喷雾，有利于新叶生长。每月施肥 1 次。

行家提示： 花后剪除花梗，减少养分消耗。

小檗
Berberis thunbergii

种植难度：★★☆☆☆　　市场价位：★★☆☆☆
光照指数：★★★★★　　浇水指数：★★★☆☆
施肥指数：★☆☆☆☆

辨识要点： 又名日本小檗，为小檗科小檗属落叶灌木，高达 2~3 米。叶片常簇生，倒卵形或匙形，顶端钝尖或圆形，有时有细小短尖头，全缘，基部急收成楔形。花序伞形或近簇生，通常有花 2~5 朵，花黄色。浆果长椭圆形。花期 4~5 月，果期 9~10 月。

莳养要诀： 播种、扦插或压条繁殖，春季为适期。喜冷凉、湿润及阳光充足的环境，耐寒、耐瘠、不耐热。生长适温 15~26℃。对土壤要求不严，以疏松肥沃、排水良好的沙质土壤为佳。生长期保持土壤湿润，雨季注意排水。生长季节施肥 2~3 次，以有机肥为主。

行家提示： 耐修剪，可于秋季落叶或早春进行。

紫叶小檗
Berberis thunbergii 'Atropurpurea'

种植难度：★★☆☆☆　　市场价位：★★☆☆☆
光照指数：★★★★★　　浇水指数：★★★☆☆
施肥指数：★☆☆☆☆

辨识要点： 又名红叶小檗，为小檗科小檗属落叶灌木。叶小全缘，菱形或倒卵形，紫红到鲜红，叶背色稍淡。花黄色，略有香味。果实椭圆形。花期 4 月，果期 9~11 月。

莳养要诀： 播种、扦插或压条繁殖，春季为适期。喜冷凉、湿润及阳光充足的环境，耐寒、耐瘠、不耐热、不耐湿涝。生长适温 15~26℃。对土壤要求不严。苗期喜光，光照强烈时注意遮阴。生长季保持土壤湿润，雨季注意排水。生长季节施肥 2~3 次，以有机肥为主。

行家提示： 耐修剪，在生长期可适度轻剪，秋季落叶或早春可重剪。

阔叶十大功劳
Mahonia bealei

种植难度：★★☆☆☆　　市场价位：★★☆☆☆
光照指数：★★★★★　　浇水指数：★★★☆☆
施肥指数：★☆☆☆☆

辨识要点： 又名土黄柏，为小檗科十大功劳属常绿灌木或小乔木，高可达 4 米。叶狭倒卵形至长圆形，具对生小叶，小叶顶端渐尖，基部阔楔形或近圆形，边缘反卷。总状花序直立，花褐黄色。浆果卵形，暗蓝色。花期 9 月至第二年 1 月，果期 3~5 月。

莳养要诀： 扦插或播种繁殖，扦插宜在梅雨季，播种可随采随播。喜温暖、湿润及光照充足的环境，耐热、耐瘠、较耐寒。生长适温 18~28℃。不择土壤。生长期保持土壤湿润，过湿时叶片黄化导致死亡。每月施 1 次复合肥。耐修剪，一般种植 2~3 年重剪更新 1 次。

行家提示： 雨季注意排水，防止积水烂根而导致植株死亡。

十大功劳
Mahonia fortunei

种植难度：★★☆☆☆　　市场价位：★★☆☆☆
光照指数：★★★★★　　浇水指数：★★★☆☆
施肥指数：★☆☆☆☆

辨识要点： 又名黄柏，为小檗科十大功劳属常绿灌木，株高可达 2 米。奇数羽状复叶，矩圆状披针形或椭圆状披针形。总状花序，花小，黄色，芳香。浆果圆形或矩圆形。花期 9~10 月，果期 11~12 月。

莳养要诀： 扦插或播种繁殖，扦插宜在梅雨季，播种可随采随播。喜温暖、湿润及光照充足的环境，耐热、耐瘠、较耐寒。生长适温 18~28℃。不择土壤。生长期保持土壤湿润，过湿时叶片黄化导致死亡。每月施 1 次复合肥。耐修剪，一般种植 2~3 年重剪更新 1 次。

行家提示： 全株入药，具有清热解毒、滋阴强壮的功效。

南天竹
Nandina domestica

种植难度：★★☆☆☆　　市场价位：★★★☆☆
光照指数：★★★★★　　浇水指数：★★★☆☆
施肥指数：★★☆☆☆

辨识要点： 又名天竺、兰竹，为小檗科南天竹属常绿灌木，高3米左右。叶互生，为2~3回奇数羽状复叶，小叶椭圆披针形，全缘。圆锥花序顶生，花白色。浆果球形。花期6~7月，果期10~12月。

莳养要诀： 以播种、分株繁殖为主，春季为适期。喜温暖、湿润及阳光充足的环境，耐阴、耐热、耐瘠、较耐寒。生长适温15~25℃。对土壤要求不严，可粗放管理。对水分要求不严，浇水掌握见干见湿的原则。喜肥，生长期每月施1~2次复合肥，入冬前施1次腐熟的有机肥，有利于植株越冬。

行家提示： 耐修剪，果期后进行。如植株经多年栽培已老化，可重剪更新。

蓝星花
Evolvulus nuttallianus

种植难度：★★☆☆☆　　市场价位：★★☆☆☆
光照指数：★★★★★　　浇水指数：★★★☆☆
施肥指数：★★☆☆☆

辨识要点： 又名星形花、雨伞花，为旋花科土丁桂属常绿半蔓性小灌木，株高30~80厘米。叶互生，长椭圆形，全缘。花腋生，花冠蓝色带白星状花纹。花期几乎全年。

莳养要诀： 扦插繁殖为主，生长期均可。喜温暖、湿润及阳光充足的环境，耐热、耐瘠、不耐寒。生长适温18~26℃。对土壤要求不严。生长期间保持土壤湿润，雨季防渍涝，冬季控水。每月施肥1~2次，以复合肥为主。

行家提示： 早春修剪，如植物老化可重剪更新。

红花玉芙蓉

Leucophyllum frutescens

种植难度：★★☆☆☆　　市场价位：★★☆☆☆
光照指数：★★★★★　　浇水指数：★★★☆☆
施肥指数：★★☆☆☆

辨识要点： 又名玉芙蓉，为玄参科常绿小灌木，株高 30~150 厘米。叶互生，椭圆形或倒卵形，全缘，微卷曲。花腋生，花冠钟形，五裂，紫红色。花期夏秋两季。

莳养要诀： 扦插或高压法繁殖，生长期均可。喜高温、高湿及阳光充足的环境，耐热、不耐寒。生长适温 22~32℃。喜疏松、排水良好的壤土。生长期保持土壤湿润，但须注意排水。每月施肥 1~2 次。

行家提示： 花期过后可修剪整形。

炮仗竹

Russelia equisetiformis

种植难度：★☆☆☆☆　　市场价位：★★☆☆☆
光照指数：★★★★★　　浇水指数：★★★☆☆
施肥指数：★★☆☆☆

辨识要点： 又名爆竹花、爆仗花，为玄参科炮仗竹属常绿亚灌木，株高 1 米左右。叶对生或轮生，狭披针形或线形。总状花序，花小，红色。花期 6~10 月。

莳养要诀： 分株、扦插或压条繁殖，在生长期均可。喜温暖、湿润及光照充足的环境，较耐阴、耐热、不耐寒。生长适温 22~30℃。喜疏松肥沃的土壤。生长期保持土壤湿润，雨季注意排水，防渍涝，以免烂根。每月施肥 1 次，复合肥为主。花谢后对植株进行适当修剪，将残枝、枯枝剪除。

行家提示： 2 年换盆 1 次，剪除残根、烂根，可促发新根，以利于植株复壮。

石海椒

Reinwardtia indica

种植难度：★★☆☆☆　　市场价位：★★☆☆☆
光照指数：★★★★★　　浇水指数：★★★☆☆
施肥指数：★☆☆☆☆

辨识要点： 又名黄亚麻、迎春柳，为亚麻科
石海椒属灌木，株高达 1 米。单叶互生，椭
圆形或倒卵状椭圆形，先端急尖或近圆形，
有短尖，基部楔形，全缘或有细齿。花 1 至数朵生叶腋及枝顶，黄色。蒴果球形，
花果期 4 月至翌年 1 月。

莳养要诀： 以扦插、分株法繁殖为主，扦插在生长期均可，分株以早春为佳。喜温暖、
湿润及阳光充足的环境，耐阴、耐热、不耐寒。生长适温 20~28℃。生长期保持土
壤湿润，以及较高的空气湿度，并给以充足光照。如过阴，开花不良。每月施 1 次
稀薄液肥。

行家提示： 耐修剪，于花后进行。

银毛野牡丹

Tibouchina aspera var. *asperrima*

种植难度：★★★☆☆　　市场价位：★★☆☆☆
光照指数：★★★★★　　浇水指数：★★★☆☆
施肥指数：★★☆☆☆

辨识要点： 野牡丹科树野牡丹属常绿灌木，
株高 1~3 米。叶对生，宽卵形，两面密被银
白色茸毛。聚伞式圆锥花序顶生，花冠淡紫
色。花期夏秋季，果期秋冬季。

莳养要诀： 播种或扦插繁殖，播种于早春进行，扦插生长期均可。喜高温、高湿及阳
光充足的环境，耐热、耐瘠、耐旱。生长适温 20~30℃。喜疏松、排水良好的沙质土壤。
定植时施入有机肥，成活后打顶可促进分枝。生长期保持土壤湿润，每月施肥 1~2 次，
复合肥、有机肥均可。入冬后修剪，如多年生老株开花少，株型变差，可重剪更新。

行家提示： 叶片茸毛较多，浇水施肥时不要溅到叶片上，以防叶片腐烂。

巴西野牡丹

Tibouchina semidecandra

种植难度：★★★☆☆　　市场价位：★★★☆☆
光照指数：★★★★★　　浇水指数：★★★☆☆
施肥指数：★☆☆☆☆

辨识要点： 又名金石榴、山石榴，为野牡丹科绵毛木属常绿小灌木，株高 30~60 厘米，也可达 1 米以上。叶对生，长椭圆至披针形，全缘。花顶生，花冠紫蓝色，中心白色。蒴果。花期春季。

莳养要诀： 扦插繁殖为主，生长期均可。喜高温、高湿及阳光充足的环境，耐热、不耐寒。生长适温 20~30℃。喜疏松、排水良好的土壤。生长期间提供充足光照，并保持土壤湿润，冬季控水，忌积水，防止烂根。每月施肥 1 次，以复合肥为主。

行家提示： 植株过高时可短截促发新枝，花后剪除残花。

野牡丹

Melastoma malabathricum

种植难度：★☆☆☆☆　　市场价位：★★☆☆☆
光照指数：★★★★★　　浇水指数：★★★☆☆
施肥指数：★☆☆☆☆

辨识要点： 又名山石榴，为野牡丹科野牡丹属多年生灌木，高 0.5~1.5 米。叶对生，宽卵形，基部浅心形，先端急尖，全缘。伞房花序，花两性，聚生于枝顶，粉红色。蒴果。花期 5~7 月，果期 10~12 月。

莳养要诀： 播种或扦插繁殖，播种以春季为佳，扦插生长季节均可。喜温暖、湿润及阳光充足的环境，耐热、耐瘠、不耐寒。生长适温 20~30℃。对土壤要求不严，喜疏松的微酸性土壤。生长期只要不过干旱不用浇水。如土质较肥沃，不用施肥。

行家提示： 花后剪除残花；多年生老株重剪更新。

代代

Citrus aurantium 'Daidai'

种植难度：★★★☆☆　　市场价位：★★★★☆
光照指数：★★★★★　　浇水指数：★★★☆☆
施肥指数：★★★☆☆

辨识要点： 又名回青橙、代代酸橙，为芸香科柑橘属常绿灌木，株高 2~5 米。叶互生，革质，椭圆形至卵圆椭圆形，边缘有波状缺刻。花 1 朵或几朵簇生枝顶或叶腋，总状花序。花白色，具浓香。果实扁圆形。花期 5~6 月，果期 12 月。

莳养要诀： 常用嫁接法繁殖，生长期均可。喜温暖、湿润及光照充足的环境，耐热、喜湿、不耐寒。生长适温 22~30℃。喜疏松、肥沃的微酸性壤土。定植时须使根系与土壤密切接触，以利发根。盆土以半干半湿为佳，过干过湿均不利于根系生长。天气炎热时，多喷雾，以保持较高的空气湿度。10 天施肥 1 次，复合肥及有机肥均可，最好交替使用。

行家提示： 生长期施 2~3 次矾肥水，防止叶片缺铁性黄化。

佛手

Citrus medica var. *sarcodactylis*

种植难度：★★★☆☆　　市场价位：★★★★☆
光照指数：★★★★★　　浇水指数：★★★☆☆
施肥指数：★★☆☆☆

辨识要点： 又名佛手柑、五指柑，为芸香科柑橘属常绿小乔木，株高 1 米左右。单叶互生，长椭圆形，先端圆钝或微凹，叶缘有波状锯齿。花单生或簇生，总状花序，花有白、红、紫色。果实长形，上部分裂如掌，具芳香。花期 4~9 月，果期 11~12 月。

莳养要诀： 嫁接繁殖，生长期均可。喜温暖、湿润及阳光充足的环境，耐热、不耐寒。生长适温 22~30℃。喜排水良好、肥沃湿润的酸性沙质壤土。浇水掌握见干见湿的原则，待土壤表层土壤干后浇 1 次透水，天气干热时向植株喷雾保湿。半个月施 1 次复合肥或有机肥。如花蕾过多，及时疏掉，以集中养分供应。

行家提示： 生长期浇施 2~3 次矾肥水，以防止叶片缺铁性黄化。

金橘
Fortunella margarita

种植难度：★★★☆☆　　市场价位：★★★★☆
光照指数：★★★★★　　浇水指数：★★★☆☆
施肥指数：★★☆☆☆

辨识要点： 又名金柑，为芸香科金橘属常绿
灌木。叶卵状披针形或长椭圆形，顶端略尖
或钝，基部宽楔形或近于圆。单花或 2~3 花
簇生，花白色。果椭圆形或卵状椭圆形。花期 3~5 月，果期 10~12 月。

莳养要诀： 多采用嫁接繁殖，生长期均可。喜温暖、湿润和阳光充足的环境条件，耐
热、稍耐寒、不耐旱。喜富含腐殖质、疏松、肥沃和排水良好的微酸性土壤。生长
期保持土壤湿润，不可过干及过湿，以免落花落果。天气干燥时喷水降温保湿。生
长期施肥 2~3 次，复合肥或有机肥均可。

行家提示： 春季进行修剪，将过密枝、枯枝及交叉枝剪掉，同时过高的枝条可短截。

九里香
Murraya paniculata

种植难度：★☆☆☆☆　　市场价位：★★☆☆☆
光照指数：★★★★★　　浇水指数：★★★☆☆
施肥指数：★☆☆☆☆

辨识要点： 又名千里香，为芸香科九里香属
常绿灌木或小乔木，株高 1~2 米。奇数羽状
复叶互生，小叶卵形、匙状倒卵形或近菱形，
全缘。聚伞花序顶生或腋生，花白色。浆果。花期 7~10 月，果期 10 月至翌年 2 月。

莳养要诀： 以播种、扦插繁殖为主，播种于春季或秋季进行，扦插在生长期均可。喜
温暖、湿润及阳光充足的环境，耐热、耐瘠、不耐寒。生长适温 16~28℃。喜疏松
肥沃、排水良好的中性壤土。生长期土壤保持湿润，孕蕾前适当控水，促其花芽分化，
孕蕾期及花果期，土壤以稍偏湿润而不积水为佳。每月施 1 次复合肥即可。花后修剪，
将枯枝、徒长枝、过密枝剪除。

行家提示： 忌偏施氮肥，以免营养生长过旺，开花减少。

日本茵芋

Skimmia japonica

种植难度：★★☆☆☆ 　市场价位：★★☆☆☆
光照指数：★★★★★ 　浇水指数：★★☆☆☆
施肥指数：★★★☆☆

辨识要点： 常绿灌木，高 1~2 米，偶可高达 6 米，树冠圆阔。叶有柑橘叶香气，革质、光亮，椭圆状披针形。花芳香，密集呈顶生圆锥花序，开放前淡红色或淡紫红色，盛开时乳黄色至紫白色。花期 4~5 月，果期 10~12 月。

莳养要诀： 播种、扦插、分株繁殖。喜温暖、湿润及光照充足的环境，稍耐阴，不喜高温，耐寒。生长适温 16~26℃。喜疏松、肥沃、富含腐殖质的微酸性沙质土壤。浇水掌握见干见湿的原则，干热季节多向植株喷水。每月施 1 次复合肥，在高温及冬季均停止施肥。根据植株长势，可适当修剪。

行家提示： 温度超过 30℃时进入休眠状态，应置于通风凉爽处。

兰屿肉桂

Cinnamomum kotoense

种植难度：★★★☆☆ 　市场价位：★★★☆☆
光照指数：★★★★☆ 　浇水指数：★★★☆☆
施肥指数：★★☆☆☆

辨识要点： 又名平安树，为樟科樟属常绿小乔木，常作灌木栽培，株高可达 10~15 米。叶片对生或近对生，卵形或卵状长椭圆形，先端尖，厚革质。

莳养要诀： 播种或高压法繁殖，播种多于秋季进行，高压在生长期均可。喜温暖、湿润及半日照环境，耐热、喜湿、不耐寒。生长适温 20~30℃。喜疏松肥沃、排水良好、富含有机质的酸性沙壤土。对水分要求较高，生长期除保持土壤湿润外，宜多向植株喷雾保湿，防止叶片焦枯无光泽。夏秋季节光照强烈时遮光，防止灼伤叶片。每月施 1~2 次含氮量较高的复合肥。

行家提示： 如置于室内较暗的环境下养护，须定期拿到光线充足的环境栽培，以恢复树势。

黄钟花
Tecoma stans

种植难度：★★★★☆   市场价位：★★★☆☆
光照指数：★★★★★   浇水指数：★★★☆☆
施肥指数：★★☆☆☆

辨识要点： 又名金钟花，为紫葳科黄钟花属常绿灌木或小乔木，株高 1 ~ 2 米。叶对生，奇数羽状复叶，小叶长椭圆形至披针形，先端渐尖，基部楔形，缘有锯齿。总状花序顶生，花冠鲜黄色，钟形。蒴果线形。一年多可多次开花。

莳养要诀： 播种繁殖为主，春季为适期。喜高温、高湿及光照充足的环境。耐热、不耐寒。生长适温 23 ~ 32℃。喜疏松肥沃、排水良好的壤土。生长期间给予充足光照，积温不足不易结实。土壤宜保持湿润。每月施 1 次稀液肥，如土质肥沃，一般不用施肥。

行家提示： 每次开花后轻剪，将残花剪除，以利于养分积累。

朱砂根
Ardisia crenata

种植难度：★★★☆☆   市场价位：★★★★☆
光照指数：★★★★★   浇水指数：★★★☆☆
施肥指数：★★☆☆☆

辨识要点： 又名富贵籽、红铜盘、大罗伞，为紫金牛科紫金牛属常绿灌木，株高 30~150 厘米。单叶互生，薄革质，长椭圆形，边缘有皱波状钝锯齿。伞形花序腋生，花冠白色或淡红色，有微香。核果球形，鲜红色。花期 6~7 月，果期 10~12 月。

莳养要诀： 以播种、扦插法繁殖为主，播种于春季进行，扦插在生长期均可。喜温暖、湿润及光照充足的环境，耐热、耐瘠、较耐寒。生长适温 15~25℃。对土壤要求不高。生长期保持土壤湿润，多向植株喷雾，使叶片保持光亮。每月施 1~2 次复合肥，也可与有机肥交替施肥。

行家提示： 多年生植株较高，观赏价值逐渐降低，可短截更新。

观赏乔木

无刺枸骨

Ilex cornuta 'Fortunei'

种植难度：★★☆☆☆　　市场价位：★★☆☆☆
光照指数：★★★★★　　浇水指数：★★★☆☆
施肥指数：★☆☆☆☆

辨识要点： 冬青科冬青属常绿灌木或小乔木，高 3~4 米。叶长椭圆状，革质，先端尖，基部楔形，全缘。花单性，雌雄异株，花小，黄绿色。果实圆球形，成熟时鲜红色。花期 4~5 月，果熟期 9~10 月。

莳养要诀： 播种或扦插繁殖，播种春季为适期，扦插以梅雨季节为佳。喜温暖、湿润及光照充足的环境，耐热、耐瘠、较耐寒。生长适温 15~26℃。喜排水良好、肥沃的微酸性土壤。须根较少，移栽时防止土球散掉，并剪去部分枝叶，以减少蒸腾。生长期保持基质湿润，每月施 1 次腐熟基肥。

行家提示： 耐修剪，可采用绑扎等方法进行造型。

栗豆树

Castanospermum australe

种植难度：★★☆☆☆　　市场价位：★★☆☆☆
光照指数：★★★★★　　浇水指数：★★★☆☆
施肥指数：★☆☆☆☆

辨识要点： 又名绿元宝，为豆科栗豆树属常绿阔叶乔木。1 回奇数羽状复叶，小叶呈长椭圆形，近对生，全缘，革质。种球自基部萌发，如鸡蛋般大小，革质肥厚，宿存盆土表面。圆锥花序生于枝干上，小花橙黄色。花期春夏季。

莳养要诀： 播种繁殖为主，春季为适期。性喜高温及阳光充足的环境，耐阴、耐热、不耐寒。生长适温 22~30℃。喜疏松、肥沃的壤土。生长期保持盆土湿润，不要积水，天气干热时可喷雾保湿。每月施 1~2 次稀薄的液肥。

行家提示： 我国多栽培幼株欣赏，成株较少栽培，种子多从国外进口。

鸡蛋花

Plumeria rubra 'Acutifolia'

种植难度：★★☆☆☆　　市场价位：★★★☆☆
光照指数：★★★★★　　浇水指数：★★★☆☆
施肥指数：★☆☆☆☆

辨识要点： 又名缅栀子、蛋黄花，为夹竹桃科鸡蛋花属落叶灌木或小乔木，株高可达 4 米。叶互生，披针形，簇生于枝头顶端，全缘，两端尖。聚伞花序顶生，花冠筒状，花瓣外白内黄，具有浓郁的芳香。花期 5~10 月。

莳养要诀： 扦插繁殖为主，生长期均可。喜温暖、湿润及光照充足的环境，耐热、不耐寒。生长适温 22~30℃。对土质要求不严，以排水良好的肥沃土壤为佳。生长期土壤以微润为佳，过湿易烂根，雨季注意排水。冬季控制水分，以稍干燥为宜。每月施 1 次稀薄的液肥。

行家提示： 广东、广西民间常采其花晒干泡茶饮，有治湿热下痢和解毒、润肺的功效。

金心也门铁

Dracaena arborea cv.

种植难度：★★★☆☆　　市场价位：★★★☆☆
光照指数：★★★★☆　　浇水指数：★★★☆☆
施肥指数：★★☆☆☆

辨识要点： 龙舌兰科龙血树属常绿小乔木，株高约 2 米。叶宽条形，绿色，中间有黄色条带，具光泽。伞形花序，花小，黄绿色。花期 6~8 月。

莳养要诀： 扦插繁殖，生长期均可，生产上常采用组培法。喜温暖、湿润及半日照环境，耐热、不耐寒。生长适温 20~30℃。喜疏松、肥沃的壤土。生长期须保持较高的温度，并保持土壤湿润，不可强光直射，以免灼伤叶片。每月施 2~3 次稀薄液肥，以平衡肥为主。

行家提示： 冬季低温时尽量置于阳光充足的地方，并经常擦洗叶片，保持叶片光亮。

巴西铁

Dracaena fragrans

种植难度：★★★☆☆　　市场价位：★★★☆☆
光照指数：★★★★☆　　浇水指数：★★★☆☆
施肥指数：★★☆☆☆

辨识要点： 又名香龙血树，为龙舌兰科龙血树属常绿小乔木，株高可达 4 米。叶宽线形，先端尖，绿色，聚生茎干上部。穗状花序，黄绿色。花期初春。

莳养要诀： 扦插繁殖，生长期均可，生产上常采用组培法。喜温暖、湿润及半日照环境，耐热、较耐阴、不耐寒。生长适温 18~28℃，5℃以上可安全越冬。喜疏松、排水良好的沙质土。对水分要求较高，以润而不湿为佳，过湿易烂根，冬季盆土微润即可。每月施 1~2 次稀薄液肥，以复合肥为主。

行家提示： 对于金心及金边品种，要少施氮肥，防止叶片徒长及斑纹暗淡。

马拉巴栗

Pachira glabra

种植难度：★★☆☆☆　　市场价位：★★★☆☆
光照指数：★★★★★　　浇水指数：★★★☆☆
施肥指数：★☆☆☆☆

辨识要点： 又名发财树、瓜栗，为木棉科瓜栗属小乔木，株高 4~5 米。小叶 5~11，长圆形至倒卵状长圆形，渐尖，基部楔形，全缘。花单生枝顶叶腋，花瓣淡黄绿色。蒴果近梨形。花期 5~11 月，果先后成熟。

莳养要诀： 播种或扦插繁殖，种子采后即播，扦插生长期均可。喜温暖、湿润及光照充足的环境，耐热、耐旱、不耐寒。生长适温 20~30℃。喜肥沃疏松、排水良好的微酸性沙壤土。生长期保持土壤湿润，忌过湿，否则根茎极易腐烂。冬季天气寒冷时控水，防止茎腐。每年施肥 2~3 次。

行家提示： 耐修剪，如株枝散乱，可重剪更新。

灰莉

Fagraea ceilanica

种植难度：★★☆☆☆　　市场价位：★★☆☆☆
光照指数：★★★★☆　　浇水指数：★★★☆☆
施肥指数：★☆☆☆☆

辨识要点： 又名华灰莉、非洲茉莉，为马钱科灰莉属灌木或小乔木，株高可达 12 米。叶对生，稍肉质，长圆形、椭圆形至倒卵形，顶端渐尖。花冠白色，漏斗状，具芳香。花期 5 月，果期 10~12 月。

莳养要诀： 扦插繁殖为主，生长期均可。喜温暖、湿润及阳光充足的环境，耐半阴、耐热、耐旱、不耐寒。生长适温 18~28℃。喜疏松、肥沃、排水良好的壤土。定植时应选择排水良好的地块，生长期保持土壤湿润。每月施 1 次复合肥。耐修剪，修剪后如遇强光，下部叶片极易灼伤，注意遮阴。

行家提示： 灰莉不耐水渍，雨季注意排水。

白兰花

Michelia × alba

种植难度：★★☆☆☆　　市场价位：★★☆☆☆
光照指数：★★★★★　　浇水指数：★★★☆☆
施肥指数：★☆☆☆☆

辨识要点： 又名白缅桂、白兰，为木兰科含笑属常绿乔木，株高 15~20 米。叶薄革质，狭椭圆形或椭圆形，先端急尖或稍钝。花腋生于近枝端，花被片淡黄色。聚合果。花期长 6~10 月。

莳养要诀： 高压或嫁接繁殖，在生长期均可。喜温暖、湿润及光照充足的环境，耐热、不耐寒。生长适温 20~30℃。喜排水良好、疏松、肥沃的微酸性土壤。幼株夏季要注意水分充足，炎热时还应向植株周围喷水，以提高空气湿度。每月施肥 1 次，复合肥为主，秋季施 1 次腐熟的有机肥更佳，有利于植株越冬。

行家提示： 定期清洁叶面，防止滞尘；每年施 2~3 次矾肥水，以防叶片缺铁性黄化。

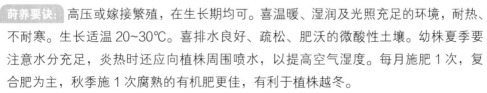

夜合花
Magnolia coco

种植难度：★★★☆☆　　市场价位：★★☆☆☆
光照指数：★★★★☆　　浇水指数：★★★☆☆
施肥指数：★☆☆☆☆

辨识要点： 又名夜香木兰，为木兰科木兰属常绿灌木或小乔木，株高 2~4 米。叶革质，椭圆形、狭椭圆形或倒卵状椭圆形，先端尾状渐尖，基部狭楔形，全缘。花单朵，顶生，白色或微黄色，有浓香。聚合果。花期全年，夏季最盛。

莳养要诀： 嫁接或压条法繁殖，生长期均可。喜温暖及半阴的环境，耐热、不耐寒。生长适温 20~30℃。喜肥沃、疏松和排水良好的微酸性土壤。浇水掌握见干见湿的原则，天气干热时多喷水保湿。每月施 1 次复合肥。每年施 2~3 次矾肥水，可防止缺铁性黄叶。入秋施 1 次有机肥，有利于提高植株抗性。

行家提示： 入秋后逐渐进入半休眠期，可对植株修剪整形。

异叶南洋杉
Araucaria heterophylla

种植难度：★★☆☆☆　　市场价位：★★★☆☆
光照指数：★★★★★　　浇水指数：★★★☆☆
施肥指数：★☆☆☆☆

辨识要点： 又名南洋杉，为南洋杉科南洋杉属常绿大乔木，株高可达 30 米。幼树呈整齐的尖塔形，老树呈平顶状。叶有二型：幼树或侧枝上的叶为钻形、针形或三角形；大树或老枝上的叶卵形或三角状卵形。球果卵形。花期不定，一般果熟期夏季。

莳养要诀： 播种或扦插繁殖，以播种为主，春季为适期。喜温暖、湿润及光照充足的环境，耐热、不耐寒。生长适温 18~28℃。喜肥沃、排水良好的壤土。虽然耐旱，但生长期盆土须保持湿润。每月施肥 1 次，以促进植株生长。

行家提示： 一般不用修剪，以免破坏株型。

桃花
Amygdalus persica

种植难度：★★☆☆☆　　市场价位：★★★☆☆
光照指数：★★★★★　　浇水指数：★★★☆☆
施肥指数：★☆☆☆☆

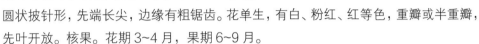

辨识要点： 又名毛桃、白桃，为蔷薇科桃属落叶小乔木，株高可达 8 米。单叶互生，椭圆状披针形，先端长尖，边缘有粗锯齿。花单生，有白、粉红、红等色，重瓣或半重瓣，先叶开放。核果。花期 3~4 月，果期 6~9 月。

莳养要诀： 播种或嫁接繁殖，播种春季为适期，嫁接以春夏为佳。喜温暖、湿润及光照充足的环境，耐寒、耐热。生长适温 15~26℃。喜肥沃、排水良好的壤土或沙质壤土。粗放管理。生长期保持土壤湿润。每年施肥 2~3 次，入秋后最好施 1 次腐熟的有机肥。耐修剪，可于花后进行。

行家提示： 桃花为广东重要的年宵花之一，常截干后出售，插在大型花瓶中观赏。

苏铁
Cycas revoluta

种植难度：★★★☆☆　　市场价位：★★★☆☆
光照指数：★★★★★　　浇水指数：★★★☆☆
施肥指数：★☆☆☆☆

辨识要点： 又名铁树、凤尾蕉，为苏铁科苏铁属常绿乔木，高可达 20 米。叶丛生于茎顶，羽状复叶，大型，小叶线形，初生时内卷，后向上斜展，边缘向下反卷，先端锐尖。花顶生，雌雄异株，雄球花圆柱形，黄色；雌球花扁球形，上部羽状分裂。花期 7~8 月，种期 10 月。

莳养要诀： 播种、分蘖繁殖，播种于春季进行，分蘖生长期均可。喜温暖、湿润及阳光充足的环境，耐热、耐旱、不耐寒。生长适温 20~30℃。喜疏松、肥沃的微酸性壤土。生长期要多浇水，保持土壤湿润，多向叶面喷水，保持较高的空气湿度。每个生长季节施肥 2~3 次，入秋后控制浇水。

行家提示： 苏铁种子有小毒，不可食用。

茶花
Camellia japonica

种植难度：★★★☆☆　　市场价位：★★★☆☆
光照指数：★★★★☆　　浇水指数：★★★☆☆
施肥指数：★★☆☆☆

辨识要点： 又名山茶，为海石榴、耐冬，为山茶科山茶属灌木或小乔木，株高达9米。叶革质，椭圆形，先端钝急尖，基部楔形或阔楔形，边缘具锯齿。花1~2朵生于小枝近顶端，红色。蒴果。花期2~3月，果期9~10月。

莳养要诀： 多用嫁接法繁殖，生长期均可。喜温暖、湿润及半日照环境，耐热、较耐寒。生长适温15~25℃。喜富含腐殖质、排水良好的微酸性土壤。生长季保持土壤湿润，注意排水，否则容易烂根。干旱期注意叶面喷水。生长期每月适当施肥1~2次，秋季施1次磷钾肥或有机肥，有利于花芽分化。花后及时除去残花。

行家提示： 现蕾后，如花蕾过多，须适当疏蕾。

晃伞枫
Heteropanax fragrans

种植难度：★★☆☆☆　　市场价位：★★★☆☆
光照指数：★★★★★　　浇水指数：★★★☆☆
施肥指数：★★☆☆☆

辨识要点： 又名罗伞枫、幌伞枫，为五加科幌伞枫属乔木，高8~20米。叶为多回羽状复叶，小叶纸质，对生，椭圆形，先端短渐尖，基部楔形，全缘。圆锥花序顶生，伞形花序在分枝上排列成总状花序，花瓣5枚。果微侧扁。花期3~4月。果期冬季。

莳养要诀： 扦插或播种繁殖，扦插于生长期进行，播种春季为适期。喜温暖、湿润及阳光充足的环境，耐热、耐旱、不耐寒。生长适温18~30℃。不择土壤，喜疏松、肥沃的沙质土壤。对水肥要求不高，生长期土壤宜湿润，并经常向植株喷雾保湿。每月施1~2次复合肥。耐修剪，在冬季进入半休眠时把病弱枝、枯死枝、过密枝剪掉。

行家提示： 如室内过于荫蔽，应定期置于室外光线充足的地方养护。

紫薇
Lagerstroemia indica

种植难度：★★☆☆☆　　市场价位：★★★☆☆
光照指数：★★★★★　　浇水指数：★★★☆☆
施肥指数：★☆☆☆☆

辨识要点： 又名百日红、怕痒树，为千屈菜科紫薇属落叶小乔木，株高 3~7 米。叶对生或近于对生，椭圆形、阔矩圆形或倒卵形，顶端短尖或钝形，基部阔楔形或近圆形。花圆锥状，顶生，花鲜红、粉红或白色。蒴果。花期 7~9 月，果期 9~12 月。

莳养要诀： 播种、扦插繁殖，播种春季为适期，扦插在生长期均可。喜温暖、湿润及光照充足的环境，耐热、耐旱、耐瘠。生长适温 15~30℃，喜肥沃、排水良好的壤土。幼树可将茎干下部的侧芽摘除，使植株快速生长。生长期保持基质湿润，不可积水，怕渍涝。每年施 2~3 次复合肥，入冬前施 1 次有机肥，有利于植株越冬。

行家提示： 花后剪掉残花，并整形修剪。

海南菜豆树

种植难度：★★★☆☆　　市场价位：★★★☆☆
光照指数：★★★★★　　浇水指数：★★★☆☆
施肥指数：★★☆☆☆

辨识要点： 又名绿宝树、大叶牛尾树，为紫葳科山菜豆属多年生常绿乔木，株高 6~20 米。叶为 1~2 回羽状复叶，有时仅有小叶 5 片，小叶纸质，长圆状卵形或卵形，顶端渐尖，基部阔楔形。花序腋生或侧生，总状花序或少分枝的圆锥花序。花萼淡红色，花冠淡黄色，钟状。花期 4 月，果期秋季。

莳养要诀： 以播种繁殖为主，春季为适期。喜温暖、湿润及光照充足的环境，耐热、不耐寒。生长适温 20~28℃。喜疏松、排水良好的沙质壤土。盆栽时宜 3~5 株植于一盆，可快速成丛。生长期保持盆土湿润，忌干燥。冬季休眠，盆土保持稍干燥。如室内光线过暗，会造成落叶。每月施 1~2 次复合肥，有机肥更佳。

行家提示： 夏秋气候干燥时，多向植物喷雾保湿，可保持叶片光亮。